产品形象设计

（第 2 版）

陈 根 著

电子工业出版社·

Publishing House of Electronics Industry

北京·BEIJING

内 容 简 介

产品形象设计是以产品设计为核心而展开的系统形象设计，是为了让企业的产品建立一个系统、独特的视觉识别系统，从而使产品在竞争中获得优势。因此，产品形象在现代企业的产品规划与设计中非常重要，也是中国制造创新升级的一个核心要素。

本书基于产品形象设计这一现代产品竞争元素，本着完善现代企业形象的想法，更新了第 1 版大部分内容，全书分基础篇、主题篇和专题篇进行系统、详细的论述。本书图文并茂、案例典型实用、理论与实际结合、系统全面、可读性强，为解决企业在产品形象建设过程中的产品形象设计方法和程序、设计评价研究、品牌形象等各方面的问题，起到积极的指导作用。

本书可作为企业形象战略研究和文化建设的参考书，可作为从事设计管理、品牌管理、形象管理、营销策划等相关人员的工作指导书，还可作为高校广告、传播、营销、管理类专业的教材，也可作为营销咨询公司、设计公司、策划公司相关从业人员的工作指南。

图书在版编目（CIP）数据

产品形象设计 / 陈根著. —2版. —北京：电子工业出版社，2017.2

ISBN 978-7-121-30821-5

Ⅰ. ①产… Ⅱ. ①陈… Ⅲ. ①产品设计 Ⅳ.①TB472

中国版本图书馆CIP数据核字（2017）第009930号

责任编辑：许存权　　　特约编辑：谢忠玉 等
印　　刷：北京虎彩文化传播有限公司
装　　订：北京虎彩文化传播有限公司
出版发行：电了工业出版社
　　　　　北京市海淀区万寿路 173 信箱　邮编　100036
开　　本：787×1 092　1/16　印张：19　字数：496千字
版　　次：2013 年 5 月第 1 版
　　　　　2017 年 2 月第 2 版
印　　次：2024 年12月第 4 次印刷
定　　价：89.00 元

再版前言

　　中国制造业经历近 30 多年的发展，从最初的模仿，到引进消化，再到今天的自主创新，每个阶段都伴随着科技创新与设计创新。创新推动了商品竞争的不断优化，同时给消费者带来了更多的自主选择机会。今天的消费者在进入商场超市时，会在每个类别区域面对众多的商品选择。此时，如何快速地让商品吸引消费者的眼球，并让消费者产生记忆与联想，这成为现代商品竞争成败的一个关键要素。尤其在现代这样一个商品过剩的时代，以及消费者特具个性需求的时代，对商品的需求早已从过去的功能需求转变为精神、视觉和体验的需求，而这种需求的转变对商品设计的附加价值提出了更高的要求，但是由于新媒体的不断创新发展，消费者对商品信息的接收渠道也发生了明显的变化，广告的成本越来越高，而所带来的销售业绩却并不理想。因此，通过企业形象识别系统的统一与延续，通过产品形象的视觉统一与延续，成为当前中国制造业提高商品竞争与降低品牌传播成本的一个有效手段。

　　面对我们熟悉的宝马、奔驰，以及曾经红遍世界的诺基亚手机，或者现在正热卖的苹果、阿莱西产品，不需要看 LOGO，甚至在众多的同类产品中混合展示，我们都能快速地通过视觉识别出这个产品所属的品牌，并且联想到其品牌的属性。例如，我们行走在马路上，当一辆宝马轿车从身边飞驰而过时，我们从它的汽车设计风格、形象上就能识别出这是宝马车，并且会联想到它是一辆高档的、具有驾驶体验的车。但是，当一辆国产车从身边飞驰而过时，如果没注意观察其商标，我们很难通过视觉识别出其产品风格、形象所归属的品牌，更难联想其品牌属性背后的思想。因此，产品形象对于现代企业品牌的建立与传播起着关键的作用，如何通过产品视觉让消费者快速认知品牌，而不必借助大量的广告与醒目的 LOGO，这就是本书所要探讨的核心问题。

　　产品形象 PIS 理论的提出与应用，是继 VI、SCI 形象体系之后，伴随着商品竞争而发展起来的一个基于商品视觉识别与认知的理论体系。产品形象理论在欧美日等发达国家的商品竞争中有着充分的应用，但在我国还未得到足够的重视与应用，因此，作者基于多年对全球制造业和中国制造业发展的研究，并结合中国制造业的实际情况编写此书，希望能帮助中国制造的商品参与国际竞争，并取得优势，同时，希望帮助中国企业通过产品形象理论的导入与应用，有效地降低商品的品牌传播费用，并能快速地借助系统的产品形象体系在消费者心中建立有效认知与记忆。

　　本书从构思到定稿历时多年，期间经历五次大修订，原因是照搬照抄欧美的成熟体系并不适合中国制造业，因此，我结合自身多年在制造业从业的经历及研究成果，最终完成了这本具有一定实际应用价值的书籍。跟随世界产品设计的脚步，此次，又进行了精心的内容修订。但由于本人水平与知识有限，书中难免有对产品形象理论与应用讲解不到位的地方，以及所阐述的内容存在不详与偏颇，不当之处还望读者与专家批评指正，同时也欢迎读者来信交流探讨。

　　在本书的写作过程中，得到了诺基亚、宝马、苹果、B&O、阿莱西等公司的支持，参考了他们提供的一些资料，在此表示感谢。

　　最后，祝愿中国制造业早日具备商品附加价值的国际竞争力。

E-mail：chengenxm@163.com

新浪微博：陈根微博

陈　根

目　录

第 1 章
产品形象概述

1

1.1　产品形象的概念

　　众所周知，一个人要有形象，一个企业要有形象，一个品牌要有形象，同样一个产品也需要有形象。产品形象的统一与建立，可以使一个企业的产品族在复杂繁乱的市场产品竞争中很快地被人识别出来。当然，产品形象不是一个孤立的概念，而是一个综合的概念，也是一个新兴的关于现代商业竞争领域的一门专业理论，它的形成融合了很多学科门类知识。对产品形象的认知方面，我们可以从早已熟知的企业形象（CI）相关理论获得借鉴，来对产品形象的理论进行推理和演化。但在深入探讨产品形象之前，我们必须先弄清楚什么是"形象"。

1.1.1　形象概念的内涵与外延

　　形象的概念本身并不是人们平常想象的那样深奥和复杂。广义来讲，一切外在的事物通过视觉的识别与传递，都会在人的大脑中留下一些印象，这些印象其实就是一种形象，只不过有些形象我们很快忘却，有些形象我们却牢牢地记在了脑海里。产品一旦形成了自己的形象风格，人们不需要通过商标与广告就能认出产品的所属品牌，例如，对于图1.1中的产品，我们马上就能识别出产品的所属品牌——宝马轿车；同样，没有形成产品形象风格的产品，例如，对于图1.2的某一国产轿车，我们却很难识别其所属品牌。

图1.1　宝马轿车

图 1.2　国产轿车

形象是人与人、人与物之间的沟通方式，形象具有超越地域、文化、语言的沟通能力，形象具有强大的信息表达能力。我们就是生活在一个形象化的世界里，通过不断地认识、筛选、存储对人、事、物的形象与外界交流沟通。

因此，关于形象的概念，我们可以从两方面来做初步理解。广义的形象是指人们对外界事物综合的认识和印象，它既包括视觉的形象，也包括人其他感官（听觉、触觉、味觉、嗅觉）所能感知到的形象，通常是借用历史与文化。例如，望梅止渴的故事，曹操就是借用（食品文化）人们曾经吃过梅子，留下的"酸"的形象，想起梅子的酸味，就好像真的吃到了梅子一样，口里顿时生出了不少口水而大振士气（见图 1.3）。狭义的形象主要是指人们通过视觉认知而对外界物体所建立的视觉形象认知。

图 1.3　三国"望梅止渴"的故事

社会学家、经济学家哈耶克认为形象是宇宙及人类社会"外在秩序"之形状与"内在秩序"之象征的统一。具体讲，一个概念包括内涵与外延两个部分，内涵是概念对某一类事物本质属性的规定；外延则是这一规定所涵盖的对象范围。概念的内涵与外延呈反比关系，但是形象则不然，它的内涵与外延不具有这种量变的直接同一性，相反则呈现出一种正比例关系，即内涵越大，外延越小；内涵小，外延就越大。而形象的内涵是指这一内涵之所以为这一形象的本质属性，是因为它构成了不同形象之间的差异性，具体而言就是形象独特的感性特征，是一产品不同于另一产品最根本的东西，是设计师明确赋予产品的、直接呈现于用户面前的部分。

形象也可以通俗地理解为产品的精神塑造，例如，Chevrolet Spark（见图1.4），所塑造的是一种休闲、卡通的汽车观念；再看卡车设计又不一样，卡车造型设计所要表达的精神是牛一样的力量感（见图1.5），如果去购买卡车时候看到的是Spark这样的一种精神表达时，此时卡车传递给我们的视觉认知就会使我们怀疑其性能。

图1.4　Chevrolet Spark　　　　　　　图1.5　卡车造型设计

形象的外延是指形象以其独特的感性特征所涵盖的一般，即特殊所暗示的普遍意义，它是设计师没有明确表达出来的部分，是用户对形象进行解码以后所获得的信息。

以手机为例，如可以通话、发短信、玩游戏、拍照、体积小、方便携带等，构成了这个产品形象的内涵。而由此所显现出来的意义，即用户在使用了手机以后，由手机这一形象所形成的审美感受及其中所蕴涵的意义或体验和感悟等，就是其外延，即手机的功能、性能、加工工艺、技术水平等。

1.1.2　产品形象的定义

产品形象的定义是指：

① 在人们心目中印象的总和。

② 在消费者心目中有着特殊的地位。

③ 能从功能和情感上获得利益。

根据前面对形象概念的界定，可以对产品形象设计的概念定义作出如下描述：产品形象是为实现企业总体形象目标的细化，是以产品设计为核心而展开的系统形象设计。

把产品作为载体，对产品的功能、结构、形态、色彩、材质、人机界面及依附在产品上的标志、图形、文字等，能客观、准确地传达企业精神及理念的设计。对产品的设计、开发、研究的观念、原理、功能、结构、构造、技术、材料、造型、加工工艺、生产设备、包装、装潢、运输、展示、营销手段、产品推广、广告策略等进行一系列统一策划、统一设计，形成统一的感官形象，也是产品内在的品质形象与产品外在的视觉形象和社会形象形成统一性的结果。围绕着人对产品的需求，更大限度地适合消费者个体与社会的需求而获得普遍的认同感，能够起到提升、塑造和传播企业形象的作用，使企业在经营信誉、品牌意识、经营谋略、销售服务、员工素质、企业文化等诸多方面显示企业的个性，强化企业的整体素质，造就品牌效应，赢利于激烈的市场竞争中。

1.1.3　产品形象的内容

　　产品形象是企业形象的核心，必然受到企业形象理论架构的影响，有关企业形象的构成和相关理论，对我们研究产品形象有着深刻的借鉴意义。

　　CIS（Corporate Identity System），企业识别系统，或"企业形象统一战略"，由美国IBM 公司首创，20 世纪 80 年代传入我国，几十年来，在国内为广大企业所接受并成为发展潮流。CIS 系统分为理念识别（MI，Mind Identity）、行为识别（BI，Behavior Identity）和视觉识别（VI，Visual Identity）。这种分类方法是基于品牌形象为核心，而不是基于产品形象为核心。实际上产品形象正是品牌形象的载体，产品形象同样构成了企业形象的一部分，而且是非常关键的一部分。不过在许多情况下，品牌形象和产品形象常常糅合在一起呈现在我们面前，让我们一直忽视了对产品形象的关注和研究。

　　产品形象是由产品的视觉形象、产品的品质形象和产品的社会形象三方面构成的（见图 1.6）。

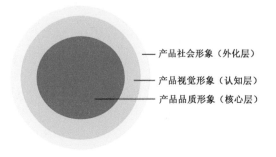

——产品社会形象（外化层）

——产品视觉形象（认知层）

——产品品质形象（核心层）

图 1.6　产品形象构成

产品的视觉形象是人们对形象认知部分，通过视觉、触觉和味觉等感官能直接了解到产品形象，诸如产品外观、色彩、材质等，属于产品形象的初级阶段层次；产品的品质形象是形象的核心层次，是通过产品的本质质量体现的，人们通过对产品的使用，对产品的功能、性能质量和在消费过程中所得到的优质服务，形成对产品形象一致性的体验；产品的社会形象是产品的视觉形象、产品的品质形象从物质的层面综合提升为精神层面，是非物质的，是物质形象外化的结果，最具有生命力（见图1.7）。

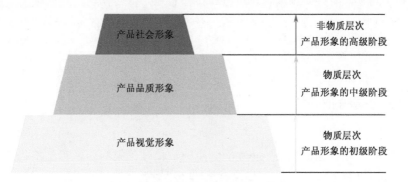

图1.7　产品形象层次

因此，就像企业形象由三个部分组成一样，产品形象也可以有自己的理念识别、视觉识别和界面识别，在这里我们可以借用这些词汇，将产品形象的内容概括为如图1.8所示。

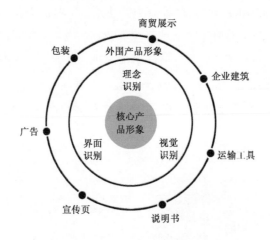

图1.8　产品形象的内容

1. 核心产品形象

（1）理念识别层面

理念识别层面主要是指产品向消费者提供的核心价值或传达的主要信息，包括产品中所包含的企业理念、精神、远景、文化，以及品牌的观念，它构成了产品形象的核心，一是要体现自身特征，以区别于其他企业；二是广为传播，以使社会公众普遍认同。

（2）视觉识别层面

视觉识别层面，即产品主体本身所呈现的特色视觉形象，为了与后面的界面识别层面形成区别，这里将视觉识别层面限定为产品的形态、色彩和质感，它们构成了产品视觉形象的主体。

（3）界面识别层面

用户界面主要是指人与产品之间多种互动方式的物化表象，它们构成了产品视觉形象的辅助部分。这里单独列出，是因为界面不仅包括视觉的感知，还包括触觉和听觉的感知，根据不同的人机互动方式，用户界面主要可以分为三种形式，即实体用户界面、图形用户界面和声音用户界面。

2．外围产品形象

外围产品形象是指与产品主体相关联事物的视觉形象，它主要包括产品附件、说明书、包装、宣传单、展示、发布、广告等。

构成产品视觉形象的两大部分中，核心产品形象起着主导性的作用，外围产品形象是对核心产品形象的补充和完善，也是不可或缺的。

PIS（Production identity system）是在 CIS 基础上建立起来的一套具有市场针对性的形象系统，更适合中国市场运作和国内企业的需求。相对于 CIS 来讲，如果将 CIS 比作一艘航母的话，那么 PIS 是一艘鱼雷快艇，高效、灵活，同时检测和评估也更直观。有利于企业的战略调整和投入控制。

由于当今的市场已进入"买方市场"，产品同质化程度更高。企业形象的塑造牵涉太大的人力、财力、物力的投入，同时需要相当长时间的积累和市场运作才能慢慢树立。对于一个急于入市出效益的企业来说太长了，而且有相当多的企业急于获得最初的资金积累，从而扩大产业发展，PIS 的概念正好顺应了这种需求，它的提出是市场和时代的需要，更适合现代消费观。

那么 PIS 它包含些什么呢？PIS 具有一体化的整体战略模式，涵盖如下。

① 产品文化内涵定位。

② 产品卖点定位。

③ 包装色彩定位。

④ 包装主体元素制定及设计。

⑤ 印刷工艺制定及成本测算。

⑥ 终端系列展示及设计。

⑦ 包装形式分类制定。

⑧ 产品视觉风貌制定。

⑨ 广告及媒体的传播视觉设计等。

⑩ 试销期产品跟踪测试及年度评估。

从以上可以看出，PIS 更关注产品在终端上的表现能力，以及配合促销的力度，制定良好的产品形象，从目标上能使企业有明确的市场方向；从战略上，能最大化地配合企业整体形象；从形式上，更为细化，分类更详细；从传播上，能将产品以系列、整体的风貌，以视觉最大化的方式展现在消费者面前。从而变潜在消费为实际消费，变偶然购买为长期购买。而在投入上，能以较小的投入，以合力的作用迅速启动市场。

产品形象包括以下几方面的内容，见图 1.9。

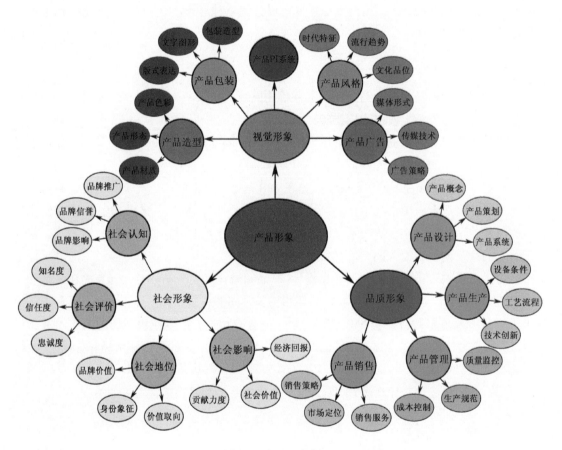

图 1.9　产品形象树

① 产品的视觉形象，包括产品造型、产品风格、产品 PI 系统、产品包装、产品广告等。

② 产品的品质形象，包括产品规划、产品设计、产品生产、产品管理、产品销售、产品使用、产品服务等。

③ 产品的社会形象，包括产品社会认知、产品社会评价、产品社会效益、产品社会地位等内容。

1.1.4　产品形象的特点

产品形象设计是透过在产品上所设计出的带有企业自身文化和价值观的独特且明显的特征来实现产品的差异性，并不断地、延续地在企业不同产品层级上横向与纵向的应用与发展，以此来形成稳定、统一的产品形象，从而实现公众对企业产品形象的识别。由此可见，差异性和延续性是产品形象的两个重要特点（见图1.10）。

图 1.10　产品形象的特点

1. 差异性

随着现代科技的高速发展以及网络时代的来临，产品同质化的问题越来越突出，一个企业，一种品牌，一件产品要想脱颖而出，必然要具有自己的个性特色。只有个性鲜明的产品形象，才能创造出与同行业竞争者之间的区别，也才能具有一定的辨识度。产品形象通过产品内部无形理念的继承与外部有形特征的呈现，承载独特的企业文化，从而形成产品形象的差异性，实现消费者对其识别。可见是否形成差异性是产品形象是否能发挥其效果的关键。

2. 持恒性

产品形象在消费者心目中的塑造并不是一朝一夕即可迅速完成的，它需要将理念统一、风格统一的产品设计，持续不断地传递给用户。其中"理念统一"意味着产品在设计时所赋予产品的内在理念是相对稳定的；同样"风格统一"则意味着产品在外观造型的设计上，不同产品之间对于设计的风格、特征元素的应用都是有延续性，只有这样才有利于在用户心中形成稳定的产品形象，便于认知与识别。但这里所谓的"持恒性"更侧重于相对稳定、延续，而并不是一味的强调一成不变，产品形象需要根据市场情况、企业情况、消费者需求、技术发展等多方面的因素来做不断的调整和改变。

1.2 产品形象的作用

产品形象系统（PIS）在现代商战中的作用日趋显著，企业本身已有意或无意地在塑造麾下产品的形象。由于 CIS 太过遥远，太过庞大，对于国内的中小型企业来说，他们更关注自身拥有的有限产品。

1.2.1 产品形象在市场经济中的作用

产品形象在市场经济竞争中的作用主要表现为通过产品形象使企业或利益集团获取更高、更多的经济回报，使企业和利益集团的整体形象得到提高，并不断扩大社会影响力，从而占领更大的市场份额，促进社会发展。

1. 产品形象带来经济回报

产品形象是在市场经济竞争中带来的回报，真正的效率、整体性和持久性是产品形象带来的重要回报。

产品形象不是光靠广告和营销部门就能创立起来的，这一点至关重要。在今天，品牌仅仅是消费者熟记于心中的一个名字，即所说的心理认知度。每一天，消费者的脑子里会接收到成千上万种产品的刺激，因此，消费者对某一产品形象的认知度也是一直不断变化的。要想成为一个形象鲜明的产品，不仅要不断地提起消费者对产品形象的注意，还要在消费者通过购买和使用某种产品或服务，从精神或功能上获得这一特定利益的满足，此后在其心目中形成一种与众不同的内在印象和认知的总和，使消费者心目中占有某一种产品与众不同的位置。

产品形象具有提升价值的作用。使消费者在使用中受益，产品形象特色越明显，就越容易获得消费者的认知。从认知度—信任度—知名度—忠诚度的转变，成为企业发展壮大，赖以长久生存的原动力，如图 1.11 所示的产品形象促进企业的发展。

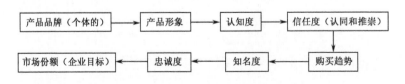

图 1.11　产品形象促进企业的发展

产品独具的魅力，产生于形象，在个人或者企业轻易完成困难工作的能力中，可以看到魅力。当企业达到了显著的高效时，魅力存在于流畅的生产线中，存在于企业生命体的均衡和运动中。

魅力，产生于形象，可靠性和一致性是它的根基。拥有魅力（不管是企业还是个人），他们的创造力就不会在冲突中消散，也不会浪费能量。

通过形象法则来运作企业，企业或者个人都能保持健康，这样的健康本身就是一种财富。企业和个人是一样的，这样的财富可以通过很多方式来衡量，远不只是用金钱来衡量这种方法。通过生产力，通过创造，通过对消费者、市场、各行业、社会的特别贡献，消费者对形象的认识得以产生。可以说，形象的影响深深地根植于信任中。产品形象是建立品牌信誉和价值的有效途径，是形成无形资产的重要因素。形象就是资产，它是操纵者，是精心营造的可兑换的商品。从产品形象显现出自身的生命力，使企业的资产最大化。

2. 产品形象使企业的整体形象提高

企业和个人都受制于形象，形象是企业和个人无法回避的重心，它决定着人们和人们所做的每一件事。

根据企业管理大师劳伦斯·D·阿克曼在《形象决定命运》一书中所创立的塑造个性化企业形象的八条法则之"形象法则"所提出：产品形象的产品价值及社会财富符合相互的关系。从根本上说，形象法则完全是相互作用的，不可分割的。循环法则同时意味着挑战和机遇。就比较而言，从形象到价值到财富再回到形象的连续循环，赋予企业"生命循环"概念新的含义。产品形象控制价值，价值产生财富，财富推动产品形象的提升，图1.12 所示为产品形象与价值财富的关系。

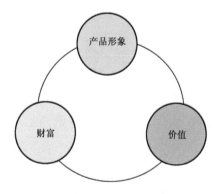

图 1.12　产品形象与价值财富的关系

从视觉上说，形象的循环法则是一个封闭的系统，是一个完整的圆。它是对形象掌握企业和生命最为精确的描述。这个循环与形象的相关性及它对管理层的特殊影响，表现在循环自身的三个基本特征上。

循环的第一个特征是效率。完成一个"精确的圆"后就能够看到这个特征。圆与其他的几何图形相比显得更紧凑。同样，循环法则意味着当生命体的各个部分协调工作时，就会产生效率——真正的效率。

循环的第二个特征是完整。圆本身就表达了完整或完全的意思。同样，根据循环法则，生命体是完全的、完整的。当知道作出决定和采取行动的基础与形象是一致的时候，感觉到一种完整性，这种完整性是力量的长久源泉。其实，成功的企业领导者，都自觉或不自觉地将自己固有的形象作为他们生活的重心。可口可乐公司，赫尔曼·米勒（Herman Miller）公司和迪斯尼公司就是这样的例子。

循环的第三个特征是持久。循环，特别是生命循环，是一个无限的概念。对于人和企业来说，循环法则意味着类似的持续力量。也许人们不能在肉体上体现这个法则，但是可以在精神上得到体现。对于所有的企业来说，保持持久所面临的挑战是巨大的。在理解循环法则下，企业完全有可能永远生存下去。

如果将循环法则作为理解生命和企业运行的基本框架，那么它将带来巨大的成功和财富。相反，如果忽视循环法则，那么人们的生命就不会完整，企业的前程也会被葬送。总之，循环法则必然决定人们的命运，也必然决定企业的命运。按形象的本性来说，形象是按不能拆散来理解的。不管是形式还是应用，形象都是一个整体——个人独特的智力、体力和情感特征结合在一起的结果。形象是可以被认识的，要认识和检验形象法则，一个人首先必须理解它们，然后经历它们、试验它们、应用它们，也就是揭掉形象的神秘面纱，让形象无穷的力量能够为人所理解、为人接触到，并最终受人们控制。

要理解形象，并且使行为与形象保持一致，形象是起点也是终点，对于个人和企业来说都是一样，形象是他们独特的贡献能力的源泉，是他们潜能的源泉，也是这些潜能中蕴含机会的源泉。形象同样也是自身力量的受益者。通过实践和充分地展现，形象会变得更丰富、更广泛和更有力量。

3. 产品形象促进社会的发展

产品形象越来越被推向全球，形成共同的偶像，其结果是世界范围内人们的生活方式越来越相似。产品形象全球化趋势不只是财富经济的一种机能，产品在世界范围内流通，也在改变着许多发展中国家的生活方式。因此，麦当劳和奔驰车在北京如同在德国汉堡一样得到认可。它们对全球贸易及其社会发展产生了深远的影响，形象成为了推动全球化经济发展的动力。

1.2.2　产品形象设计在企业运营中的地位和作用

1. 产品形象设计的地位

企业形象是企业通过经营理念、行为方式，以及统一的视觉识别而建立起对企业的总体印象，它是一种复合的指标体系，可以把它区分为内部形象和外部形象。内部形象是企业内部员工对企业自身的评价和印象，外部形象是社会公众对企业的印象和评价；内部形象是外部形象的基础，外部形象是内部形象的目标。

　　对产品形象的研究大都基于企业形象统一识别系统，就是企业通过传达系统，如各种标志、标识、标准字体、标准色彩，运用视觉设计和行为展现，将企业的理念和特性视觉化、规范化和系统化，来塑造公众认可、接受的产品形象，从而创造最佳的生产、经营、销售环境，促进企业的生存发展。

　　（1）产品形象在企业战略中的地位

　　产品形象是企业形象的重要组成部分，是企业在特定的经营与竞争环境中，设计和塑造企业形象的有力手段，通过各种传播方式和传播媒体，通过产品形象将企业存在的意义、经营思想、经营行为、经营特色与个性进行整体性、组织性、系统性的传达，以获得社会公众的认同、喜爱和支持，用良好企业形象的无形资产，创造更辉煌的经营业绩。

　　（2）产品形象在企业管理中的地位

　　管理功能不是泛指企业行为的一般管理或日常性事务管理，而是一种统观全局、事关企业生存与发展的战略性管理。它从企业文化视角出发，通过总结和提炼企业的发展历史、经营理念、价值观、道德行为规范、发展方向和目标，形成全体员工的共识和行为规范，确定企业与众不同的鲜明个性和差异化优势，为提高整体性、长期性、组织性、系统性的企业行为和企业及员工素质，提供科学而有效的管理方式。产品形象战略管理不同于投资、市场营销、人事、财务、后勤等管理，也不只是在某一领域产生效益，是一种高层综合管理，它设计的管理准则是约束全体员工行为的"宪法"。它所管理的内容是提供和增加企业难以用价值计算却又创造价值的无形资产，它所管理的重点是一种事关企业生死荣辱的战略性资源，因此，其实质就是保证企业自觉朝着正确方向发展，巩固和发展竞争优势，创造更多经济效益和社会效益的基石性管理。

　　（3）产品形象在企业识别中的地位

　　在企业运营过程中，产品形象战略能够随时、随地向企业员工和社会公众传递信息，为人们提供识别和判断的信号。但在产品形象战略产生之前，这种传递是自发的、随机的和杂乱无章的。产品形象战略的导入和实施，使企业信息传递成为一种自主、有目的、有系统的组织行为，它通过特定方式、特定媒体、特定内容和特定过程传递特定信息，把企业的本质特征、差异性优势、独具魅力的个性，针对性极强地展现给社会公众，引导、教育、说服社会公众形成认同，对企业充满好感和信心，以良好企业形象获取社会公众的支持与合作。

　　（4）产品形象在企业协调中的地位

　　产品形象战略的导入产生两方面重要的协调功能，从企业内部关系协调看，共同的企业使命、经营理念、价值观和道德行为规范，创造一种同心同德、团结合作的良好氛围，强化企业的向心力和凝聚力，产生强烈的使命感、责任感和荣誉感，使全体员工自觉地将自己的命运与企业的命运联系在一起，从而形成一种坚不可摧的组织力量，为推动企业各项事业的发展提供动力源；从企业外部关系协调看，塑造良好的企业形象的实质是企业以社会责任为己任，时刻不忘自己的社会使命，用优质产品和服务及尽可能多的公益行为满足社会各界的需要，促进经济繁荣和社会进步。完整、系统、有目的、有计划地实施 CIS

战略，必然赢得社会公众的好感，密切企业与消费者和社会公众之间的关系，为企业长期、健康的发展奠定广泛而深厚的社会基础。

（5）产品形象在企业传播中的地位

良好企业形象不是自发形成的，它依赖于企业长期有目的、有计划、有步骤、有措施的传播与塑造，它是一个完整而复杂的系统工程。产品形象战略的实施，充分发挥企业信息的传名播誉的作用，它通过科学的传播定位、统一性的传播方式与媒体、精心设计的传播内容、系统性的传播手段、恰如其分的时空选择及合理的传播频率与强度，将反映企业本质特性和竞争优势的信息，准确无误地传递给社会大众，在提高企业的知名度、美誉度中发挥其他因素难以产生的巨大作用。

产品视觉形象的统一性（PI）是企业形象在产品系统的具体表现，在企业形象的视觉统一识别（VI）基础上，以企业的标志、图形、标准字体、标准色彩、组合规范、使用规范为基础要素，应用到产品设计要素的各个环节上。产品的特性及企业的精神理念透过产品的整体视觉传达系统，形成强有力的冲击力，将具体可视的产品外部形象与其内在的特质融汇成一体，以传达企业的信息。产品视觉形象的统一性是以视觉化的设计要素为中心，塑造独特的形象个性，以供社会大众识别认同。

2. 产品形象设计的作用

产品的形象设计实现企业总体形象目标的细化。

（1）良好的产品形象有助于企业形象的建立

当企业显示出强烈的社会责任感，注重维护公众利益，为市场提供实用、便利、经济、安全、卫生的高品质产品和服务时，便在市场上树立了良好的企业形象，增强了顾客对企业的美誉度和信任度。这种经验、感知、印象在顾客购买行为中，往往起着决定性和长期性的作用。它不仅使企业保持原有的忠实顾客群，而且能吸引更多的新顾客；不仅在原有产品销售中赢得更多的货币选票，而且能加快新产品推进市场的速度，减少销售推广费用和市场风险；不仅能巩固原有的购买信心，而且能在广度和深度上影响公众态度，形成新的顾客群。

（2）良好的产品形象有助于增强企业的凝聚力

具有良好产品形象的企业，企业员工有荣誉感和归属感，从而产生强大的磁铁效应，培育起"企业如家"、"荣辱与共"的归属感和使命感，形成强大的向心力和凝聚力。正是这种强大的向心力和凝聚力，不仅形成内聚的黏合效应，而且吸引各类优秀人才加盟企业，为创造市场竞争优势提供人才支持。创造一种团结进取、竞争向上的组织氛围，为员工营造施展聪明才智的良好环境。

（3）良好的产品形象有助于提高企业的竞争能力

由于科技进步和劳动生产率的提高，产品制造业进入成熟化和标准化阶段，产品成本、功能、质量、款式及服务日益趋同，企业之间差距日益缩小，由此导致企业之间的竞争从质量、功能、价格、技术、规模转向企业声誉和企业形象。在其他情况基本相同的情况下，具有良好产品形象的企业更容易为市场承认和接受，具有良好品牌声誉的产品更容易为广大消费者所喜爱和竞相购买，从而大大提高企业竞争实力，使其在激烈的市场竞争中立于不败之地。

（4）良好的产品形象有助于企业获得社会效益

企业经营运作不仅仅是企业自身的行为，它涉及社会的方方面面，离开社会各界的喜爱、信任、支持和帮助，企业很难生存和发展。经过长期努力建立起企业与各界公众之间令人满意的关系状态，并以此为基础形成的良好的产品形象，是企业最宝贵的无形财富。企业凭借它，可以得到股东、金融机构在资金方面的支持；可以与中间商的合作，高效率地提高市场份额；可以得到社区居民、民间组织、社会团体的信任和喜爱，赢得更广泛的社会支持；可以借助新闻媒体之力，扬企业美名之誉；可以得到政府在财政、税收、政策等方面的扶持与帮助。

（5）良好的产品形象有助于提高企业管理水平

传统营销管理理论强调产品、定价、促销和分销渠道的整体组合管理，旨在顺从和适应企业的外部环境。现代营销管理理论在 4PS 基础上，重点强调了另外两个 P，即权力（Power）和公共关系（Public Relations），旨在综合运用经济、政治、心理和公共关系手段，树立良好的公众形象，以影响和改变企业经营环境，寻求社会各界更广泛的支持与合作，创造一种有利于企业长期发展的社会氛围和外部环境。企业公众形象如同 4PS 一样是企业的可控因素，但它是一种高层次管理。其一，企业形象以 4PS 为基础，不仅反映4PS 的经营管理水平，而且综合反映企业整体实力及先进的经营思想和管理方式。其二，企业形象是一种高层次竞争策略，"虚"其实并不虚，而是一种可感知的客观存在，就像室内的空气一样，可以使人感到清爽，也可以使人感到郁闷。良好的产品形象同样能够带来丰厚的利润回报。其三，产品形象绝非自然形成，从规划设计到传播塑造必须进行科学的管理，也要得到包括消费者在内的社会大众的承认和喜爱。因此，产品形象塑造属于高级、复杂、综合的营销管理。注重产品形象的塑造和管理，对提高管理人员素质和营销管理水平具有十分重要的推动作用。

1.3　产品形象的发展趋势

1.3.1　建立有创新而又具有延续性的产品形象

产品形象的形成需要一个较长时期的过程，在整个过程中，一方面必然要随着外部环境的变化而变化，另一方面，这种变化（或称为创新）又必须具有一定的延续性。只有创新才能跟上时代，满足人们日益变化的需求，也只有延续才能在市场中形成稳定的概念，树立一定的形象。因此，企业要建立一个良好的品牌形象，有赖于对其产品进行既有创新又有延续的形象设计。总体来讲产品形象是一个相对稳定的概念，也可将产品形象设计理解为企业推向市场的各种产品在具创新的基础上保持其系统的延续性，从而在市场与消费者心目中建立起特色鲜明、风格统一的形象。

以 MINI Cooper 为例，这款车凭借独特的外观、灵巧的操控性能和出色的安全性能赢得了众多年轻一族的青睐，而出身名门的显赫身份以及周身散发的英国式的尊贵气息，更能让人感受到他的绅士风度。那么，多年来，无论内外装饰、色彩和功能、操作界面如何改变，代表这款车的产品形象的核心造型特点，始终得到了延用和继承，即略微方正的外型加上椭圆形的大灯，3699 毫米、1683 毫米、1407mm 毫米的车身尺寸，2467 毫米的车身轴距（见图 1.13）。

(a) 经典 MINI 三门版五门版

(b) 经典 MINI 特别版 SEVEN

(c) MINI COUNTRYMAN　　　　　　(d) MINI CLUBMAN

(c) MINI CABRIO　　　　　　(f) MINI PACEMAN

图 1.13　MINI Cooper 的众多车型

1.3.2　整合产品语义符号，建立产品整体形象

产品形象语义包含企业文化等内在和外在的视觉形态两方面，形象设计实质就是通过分析企业文化、经营战略与设计理念、制造水平等方面的内涵，对各种造型符号进行编码，综合产品的形态、色彩、质感肌理等视觉要素，表达出产品的实际功能，说明产品的特征，从产品方面传递企业形象。

如图 1.14 所示，是手工制作的苹果系列产品原木充电器，除了 shuffle，兼容 iphone 3G 手机和其他 ipod 设备，原木材质是杉树，让你有种重新回到大自然的感觉。产品的形态和质感肌理说明了产品独特、环保的特征。

图 1.14　手工制作的苹果系列产品原木充电器

1.3.3　企业文化、设计主题的融入

绿色、环保已经成为当今设计的共同主题，绿色设计是以节约资源和保护环境为宗旨的设计理念和方法。而其他诸多方面，如时尚风格、民族特征、传统特色等文化因素也成为设计的潮流。设计者应该从上述多种方面入手，将人文、科技、环保等主题融入产品形象中，更多的传达企业对社会的关注和对美好未来的追求，树立良好的企业产品形象。

例如，惠普推出的牡丹笔记本，就是一款令人惊艳的时尚手袋式电脑，它不仅是电脑，还是一个漂亮的装饰品（见图 1.15）；苹果 ipod touch 的娱乐主题设计，就集强大的娱乐功能于一身，并迅速得到消费者的亲睐（见图 1.16）。

图 1.15　惠普牡丹笔记本电脑——时尚设计主题

图 1.16　苹果 ipod touch——娱乐设计主题

1.3.4　非物质发展趋势——成为无形资产的因素

　　产品形象成为建立和维护产品信誉的一种有效手段。一方面，产品形象作为有形的物质功能部分，具有形式和功能，满足人们的物质基本要求；另一方面，产品形象作为无形的精神部分，影响和左右着人们的生活态度和价值取向。

　　在可预见的将来，建立产品形象信誉和价值，将是形象经济的一项重要工作，企业将不得不用更多精力来管理这些无形资产。通过产品形象建立在消费者心目中对产品的忠诚度，使企业不断创造出持久的经济价值。

第 2 章

产品形象的具体构成

2

2.1 产品的视觉形象

　　产品的视觉形象是消费产品在市场上的推广过程中，给消费者的视觉感受。这里包括产品形态、产品风格、产品包装和产品广告，它是通过色彩、形状、诉求语言的视觉达成等来体现的。在产品的市场推广过程中，消费者是被动接受的，只能让消费者通过视觉传达让消费者感受到我们的产品品质，产品品牌的内涵，产品的时代特点和产品要和消费者沟通的内容。例如，消费者是什么年龄，是男性还是女性等，设计师就要针对其年龄特点和性别特点用消费者喜欢和容易接受的色彩、形状和诉求来设计产品展示的色彩语言、形状语言和诉求语言。

2.1.1 产品形态

1．产品形态的涵义

　　产品形态作为传递产品信息的第一要素，它能使产品内在的品质、组织、结构、内涵等本质因素上升为外在表象因素，并通过视觉使人产生一种生理和心理过程。与感觉、构成、结构、材质、色彩、空间、功能等密切相联系的"形"是产品的物质形体，对于产品造型是指产品的外形；"态"则指产品可感觉的外观形状和神态，也可理解为产品外观的表情因素。

　　形的建构是美的建构，而产品形态设计又受到工程结构、材料、生产条件等多方面的限制，当代工业设计师只有在更高层次上对科学技术和艺术整合，才能创造出可变而多样化的产品或创意。工业设计师通常利用特有的造型语言进行产品形态设计，并借助产品的特定形态向外界传达自己的思想与理念。设计师只有准确地把握形和态的关系，才能求得情感上的广泛认同。

2．产品形态的基本要素

　　现代产品一般给人传递两种信息，一种是知识，即理性信息，如通常提到的产品的功能、材料、工艺等，是产品存在的基础；另一种是感性信息，如产品的造型、色彩、使用方式等，其与产品的形态生成有关。从技术美学的角度来看，好的工业设计应该首先给用户带来最佳的问题解决方案。产品造型设计正是以此为基础而展开，融合了技术、材料、工艺等成就了一种系统的和谐美。产品造型设计不同于纯造型艺术，纯造型艺术追求纯感性美，可以是自然存在的，也可以由艺术家的灵感产生。作为产品造型设计则必须满足用户的使用需求，形成技术解决方案。可以说，产品造型设计需要用理性的逻辑思维来引导感性的形象思维，以提供问题的解决方案为标准，不可能天马行空地任意发挥。

产品形态美不再仅仅是一种视觉感受，它要体现在产品上和与用户的交互过程中，而不是有一个成果了事。产品造型设计是通过形、色、质三方面体现的。

（1）形——空间形态和造型艺术的结合

产品的形是营造主题的一个重要方面，主要通过产品的尺度、形状、比例及层次关系对心理体验的影响，让用户产生拥有感、成就感、亲切感，同时还应营造必要的环境氛围使人产生夸张、含蓄、趣味、愉悦、轻松、神秘等不同的心理情绪。例如，对称或矩形能显示空间严谨，有利于营造庄严、宁静、典雅、明快的气氛（见图2.1）。

圆形和椭圆形能显示包容，有利于营造完满、活泼的气氛（见图2.2）。

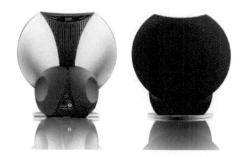

图 2.1　对称形音箱设计　　　　图 2.2　半球形音箱设计

用自由曲线创造动态造型，有利于营造热烈、自由、亲切的气氛。特别是自由曲线对人更有吸引力，它的自由度强，更自然、也更具生活气息，创造出的空间富有节奏、韵律和美感。流畅的曲线既柔中带刚，又能做到有放有收、有张有弛，完全可以满足现代设计所追求的简洁和韵律感。曲线造型所产生的活泼效果使人更容易感受到生命的力量，激发观赏者产生共鸣（见图2.3）。

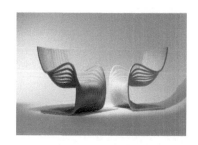

图 2.3　危地马拉设计师 Alejandro Estrada 为制造商 Piegatto 设计的 Pipo 木椅

利用残缺、变异等造型手段便于营造时代、前卫的主题。残缺属于不完整的美，残缺形态组合会产生神奇的效果，给人以极大的视觉冲击力和前卫艺术感（见图2.4）。

造型艺术能够表现出引人投入的空间情态，如体量的变化、材质的变化、色彩的变化、形态的夸张或关联等，都能引起人们的注意。产品只有借助其所有外部形态特征，才能成为人们的使用对象和认知对象，发挥自身的功能。

图 2.4　DIY 砸蛋灯

通过产品形态体现一定的指示性特征，暗示人们该产品的使用方式、操作方式。通过造型形态相似性，如裁纸刀的进退刀按钮设计为大拇指的负形并设计有凸筋，不仅便于刀片的进退操作，还暗示了它的使用方式（见图 2.5）。许多水果刀或切菜刀也设计为负形以指示手握的位置（见图 2.6）。通过造型的因果联系，如旋钮的造型采用周边侧面凹凸纹槽的多少、粗细这种视觉形态，以传达出旋钮是精细的微调还是大旋量的粗调；容器利用开口的大小来暗示所盛放东西的贵重与否、用量多少和保存时间长短等（见图 2.7）。

图 2.5　裁纸刀进退刀按钮设计

图 2.6　德国 Troika 月光女神水果刀　　　　图 2.7　容器

通过产品形态特征还能表现出产品的象征性，主要体现在产品本身的档次、性质和趣味性等方面。通过形态语言体现出产品的技术特征、产品功能和内在品质，包括零件之间的过渡、表面肌理、色彩搭配等方面的关系处理，体现产品的优异品质、精湛工艺。通过形态语言把握好产品的档次象征，体现某一产品的等级和与众不同，往往通过产品标志、常用的局部典型造型或色彩手法、材料甚至价格等来体现，如标志"Braun"象征剃须刀无与伦比的档次，象征物主的富有和地位（见图 2.8）。

通过产品形态语言也能体现产品的安全象征，在电器类、机械类及手工工具类产品设计中具有重要意义，体现在使用者的生理和心理两个方面，著名品牌、浑然饱满、整体形态、工艺精细、色泽沉稳都会给人以心理上的安全感，合理的尺寸、避免无意触动的按钮开关设计等会给人生理上的安全感。

图 2.8　Braun 剃须器

（2）色——情感与文化的象征

颜色作为产品的色彩外观，不仅具备审美性和装饰性，而且还具备符号意义和象征意义，不同的色彩组合可以表现不同的身份和消费价值，如倡导至尊体验的礼品用富丽堂皇的金色、黄色，高科技产品使用神秘的蓝色。作为视觉审美的核心，色彩深刻地影响着人们的视觉感受和情绪状态。人类对色彩的感觉最强烈、最直接，印象也最深刻，产品的色彩来自色彩对人的视觉感受和生理刺激，以及由此而产生的丰富经验联想和生理联想，从而产生复杂的心理反应。色彩是人因素学中的重要内容之一，产品设计中的色彩，包括色相明度、纯度，以及色彩对人的生理、心理的影响。色彩对室内空间意境的形成方面有很重要的作用，它服从于产品的主题，使产品更具生命力。色彩给人的感受是强烈的，不同的色彩及组合会给人带来不同的感受，红色热烈、蓝色宁静、紫色神秘、白色单纯、黑色凝重、灰色质朴，表达出不同的情绪成为不同的象征。

色彩影响人们对产品的感知方式，通过色彩设计可以控制用户按照约定方式去感知对象的结构。例如，通过颜色暗示人们的使用方式和提醒人们的注意，通过颜色表现比例和方向，表现结合或分离的结构关系等。如传统照相机大多以黑色为外壳表面，显示其不透光性，同时提醒人们注意避光，并给人以专业的精密严谨感，而现代数码相机则以银色、灰色及更多鲜明的色彩系列作为产品的色彩呈现（见图 2.9）。

图 2.9　相机（左一为传统色彩相机）

色彩设计还应依据产品表达的主题，体现其诉求。同时，色彩也是文化的一种美学象征，对色彩的感受还受到所处时代、社会、文化、地区和生活方式、习俗的影响。例如，日本人喜欢红、白、橙、黄等颜色，禁忌黑白、深灰和绿色，而意大利人却喜欢绿色和灰色。

（3）质——材料质感和肌理的传递

人对材质的知觉心理过程是不可否认的，而质感本身又是一种艺术形式。如果产品的空间形态是感人的，那么，利用良好的材质与色彩可以使产品设计以最简约的方式充满艺术性。材料的质感肌理是通过表面特征给人以视觉、触觉感受、心理联想及象征意义。产品形态中的肌理因素能够暗示使用方式或起警示作用。人们早就发现手指尖上的指纹使把手的接触面变成了细线状的凸起物，从而提高了手的敏感度，并增加了把持物体的摩擦力，这使产品尤其是手工工具的把手获得有效的利用并作为手指用力和把持处的暗示（见图 2.10）。

图 2.10　螺钉旋具把手

通过选择合适的造型材料来增加感性、浪漫成分，使产品与人的互动性更强。在选择材料时不仅用材料的强度、耐磨性等物理量来评定，而且考虑材料与人的情感关系远近作为重要评价尺度。不同的质感肌理能给人不同的心理感受，如玻璃、钢材可以表达产品的科技气息，木材、竹材可以表达自然、古朴、人情意味等。

设计师 Eneida Tavares 将两种手工艺无缝融合，创造了一系列独特的拼接花瓶和容器。人们形象地称为 Caruma——即葡萄牙的松针。

取材于从卡尔达斯赖尼亚森林摘来的葡萄牙松针，结合安哥拉篮子编织技术。用针线直接编织到传统的陶器陶瓷上的形式，成为两种手工方法之间"跨文化对话"的例子（见图 2.11）。

图 2.11　Eneida Tavares 将两种手工艺无缝融合创造了独特的拼接花瓶和容器

材料质感和肌理的性能特征将直接影响到材料用于所制产品后最终的视觉效果。工业设计师应当熟悉不同材料的性能特征，对材质、肌理与形态、结构等方面的关系进行深入地分析和研究，科学合理地加以选用，以符合产品设计的需要。

优良的产品形态设计，总是通过形、色、质三方面的相互交融而提升到意境层面，以体现并折射出隐藏在物质形态表象后面的产品精神。这种精神通过用户的联想与想象而得以传递，在人和产品的互动过程中满足用户潜意识的渴望，实现产品的情感价值。

（4）界面——人文关怀在细节上的体现

界面是人与产品交互的介质，是传达产品理念、操作方式等信息的综合方式，它直接影响产品使用的便利性，而人们总是能对使用方便的产品留下深刻的印象，从而起到对产品形象识别的作用。

常见的界面设计，包括按键的大小、排布、位置，文字的大小、字体、位置，发音孔和散热口的形状、位置，各种端口的间距、排布、位置，显示屏的大小、色彩、材质，指示灯的色彩、位置等。

这些产品必备元素的设计对产品形象起着重要作用，在产品形象设计中需要对其作统一的规划和布局，从而形成整体的协调性和一致性。

企业通过在同期推出的产品以及系列产品之间保持操作方式相同或相似的界面设计，可以使用户在产品使用过程中保持原有的认知和操作习惯，熟悉和亲切的使用体验可以增加用户对产品的信任，进而成为产品识别设计的一种方式。

随着数字时代多媒体技术的迅速发展，界面识别的重要性愈加明显，诸如现在智能手机、平板电脑等产品没有一个按键，所有操作都是通过显示屏幕来完成，界面设计的好坏已经成为影响消费者购买此类产品的主要因素，而诺基亚在智能手机上的全面溃败很大程度上就是由于消费者并不满意其操作系统的界面设计。界面设计作为用户与产品之间的介质，与用户的接触是最直接和最频繁的，它不但具有静态的表现，如产品中 GUI 指示符号的设计，也体现出动态的特点，如操作的流程设计等。

作为最早推出车载人机交互系统的汽车厂商，宝马集团在 2015 拉斯维加斯消费电子展览会 CES 期间，展示了最新的 iDrive 人机交互指令输入系统，在不久的将来，BMW 汽车的消费者不仅可借助 iDrive 控制器、语音输入指令与车辆对话，还可通过触摸屏、手势识别系统控制车辆的各项功能，由此带来更加便捷、安全的操控体验。

体感游戏是电玩迷们非常熟悉的装备，先进的传感器科技已能够识别人体的动作并与电子游戏程序完美整合。宝马集团在本届 CES 展出了与此类似的手势识别功能，不过当前的目的不是为了游戏消遣，而是通过车载系统对驾驶员手势的识别，实现对车辆导航、信息娱乐系统的控制——驾驶者或前排乘客在换挡杆、方向盘和控制显示屏之间的空间内做出规定的指向动作，安装在车顶上的 3D 传感器即能识别出与其相对应的导航、信息娱乐系统指令，并完成操作。例如，旋转动作可改变收音机音量，在空中点一下手指即可接听电话，而滑动手指则会拒接来电（见图 2.12）。由此，新一代宝马信息娱乐系统的操作效率和便捷性、安全性得到进一步提升。

图 2.12　手势识别指令输入功能

随着平板电脑和智能手机的迅速普及，数字设备用户的习惯在过去几年中发生了根本性的变化。在许多领域，键盘、鼠标或触摸板等输入装置早已被速度更快、反应更精准的触摸屏所取代。宝马集团已经意识到这一变化，并在 2015 CES 上，为车迷们推出了装备触摸屏的 iDrive 人机交互系统（见图 2.13）。

图 2.13　触摸屏设计

新的系统允许用户自由选择通过 iDrive 中央控制器滚动选择，以及直接在触摸屏上输入数字。当用户伸手靠近屏幕时，系统会立即打开一个虚拟键盘；输入过程中可随时在 iDrive 控制器、控制器触摸板和触摸屏之间切换。因此，几种操作模式互为补充，从而提高了用户的选择自由度，而且无论哪种方式都符合宝马关于行驶中输入的严格安全规定。显示屏的位置以及相应优化的字号均体现出经过深思熟虑的人体工程学设计，为 iDrive 控制器及触摸屏输入提供最佳支持。

3．形态观塑造的必要性

设计意味着创新，这决定了必须用发展的观点来看待设计及其形态，不然，所设计的产品就会丧失生命力。消费者在选购产品时，往往也通过产品形态所表达出的某种信息来判断和衡量是否与其内心所希望的一致，从而最终做出购买的决策。不同的时代都有自己的设计语言，时代在发展，决定着设计师应不断地培植新型形态观，成为引领消费的先行者。以苹果公司个人电脑的设计为例。在 G3 时代，人们看到的是多彩、透明、绚丽的外观，体现活泼的气氛、给人时尚的感受（见图 2.14）；在 G4 时代，呈现的是半透明、银灰色的外观，每个细节都体现着科技时尚。两个相比，人们会觉得 G3 电脑已不属于当前时代，因为它在视觉上已体现不出当前时代的气息，缺乏属于当前时代的设计语言；G4 电脑则体现出理性、前卫，引领时尚潮流（见图 2.15）。

图 2.14　G3 时代苹果电脑造型　　　　　图 2.15　G4 时代苹果电脑造型

意大利玛莎拉蒂汽车公司最早由玛莎拉蒂家族创建于 1926 年，是专门生产运动汽车的公司，在欧洲具有很高的知名度。玛莎拉蒂运动汽车在造型设计上，将自己的传统风格与流行款式相结合，在外观造型、机械性能、舒适安全性等各方面，在运动汽车中都是一流的。

玛莎拉蒂汽车有一个与其他汽车的不同之处，就是它同时具有轿车和跑车的特点。玛莎拉蒂轿跑车的车身造型特色鲜明。从车前看，两边前灯配上别具一格的格栅，格栅中间安置着公司的皇冠标志，整个装饰有种庄重威严的气势；从侧面看，车身侧围呈凹型，形似蜂腰，着力改善空气动力性能，具有典型的跑车形态（见表 2.1）。

表2.1　玛莎拉蒂各车型

玛莎拉蒂 GranCabrio 敞篷跑车	玛莎拉蒂 GranTurismo S 跑车	玛莎拉蒂 GranTurismo 跑车

玛莎拉蒂轿跑车的最大特点还是车内装饰。扫描车内装备，处处反映出意大利的文化色彩：用胡桃木做成的方向盘，镶嵌着胡桃木的仪表板，镀金的菱形时钟，皮革座椅再配以宽敞的车厢，整个布局丝毫没有奔放的风格，全是一种现代与古典、豪华和雅致的柔和感觉。

以玛莎拉蒂 GranCabrio 敞篷跑车为例，来看一下它的外形和内饰。

（1）外形：兼具动感活力与优雅气质

玛莎拉蒂 GranCabrio 敞篷跑车融合了动感活力与优雅气质（见图2.16）。该款车型的灵感来自完美诠释现代、奢华与激情的经典车型——GranTurismo 跑车。

图2.16　玛莎拉蒂 GranCabrio 敞篷跑车外形设计

GranCabrio 敞篷跑车由汽车设计大师宾尼法利纳倾力打造，采用软顶设计，彰显了 GranCabrio 与玛莎拉蒂优良传统之间的呼应与传承。

软顶闭合时，后柱收缩进设计巧妙、前倾式的软篷中，令 GranCabrio 的外观更为炫目。

软顶一旦开启，GranCabrio 摇身一变，成为一部令人惊艳的敞篷跑车，肆意彰显着野性的曲线之美。更小的离地间隙和加长的发动机罩使得侧面的视野更加开阔。时尚的 V 字造型指向格栅，格栅中央嵌有大气的镀铬三叉戟。

车身侧面也采用镀铬设计，使得 GranCabrio 外观更加熠熠生辉。协调的镀铬装饰完美包覆座舱，与第三刹车灯巧妙融合，提升了整体美感。

车尾部的三角形车灯由 96 个 LED 组成，扩散器更宽，更加凸显该车的运动风范。此外，同样采用了三叉戟设计的 20 英寸轮毂，豪放大气，令该车的运动气质尽显无遗。

（2）内饰：为前后排乘客缔造至尊舒适的乘坐体验

玛莎拉蒂 GranCabrio 是同类车型中唯一一款可舒适容纳四位成年人的敞篷跑车，并且拥有优雅而豪华的座舱（见图 2.17）。车内空间宽敞，遥遥领先于同级别车型，令后排乘客也能享受最舒适的乘坐体验。

图 2.17　玛莎拉蒂 GranCabrio 敞篷跑车内饰设计

左右两侧乘客之间纵向延伸的中央凹槽，将车内空间一分为二。仪表盘横向延伸，上半部分饰有玛莎拉蒂标志性的 V 字造型。

GranCabrio 敞篷跑车的座舱带来愉悦的视觉美感，让您爱不释手。内饰均采用上乘材质，皮革由 Poltrona Frau 手工打造，仪表盘、车门面板和后侧细节均采用精心挑选的名贵木材。仪表盘开关和方向盘采用了镀铬镶边，方向盘换挡拨片背面则配以 Alcantara 饰条，处处体现了玛莎拉蒂的精湛工艺和对细节的孜孜追求。

帆布软顶的设计带来更为舒适的驾乘体验，三层帆布结构实现了出色的隔音效果。当软顶收起且车内只有两人时，还可以使用专为 GranCabrio 敞篷跑车开发的车内挡风板配件，最大程度减少车内气流。

玛莎拉蒂 GranCabrio 敞篷跑车的空调系统经过改进，在软顶敞开或闭合时均能提供最舒适的感受。空调系统可识别车辆的使用状况，自动重设空气及其他气体排放量，维持设定的温度。

从苹果和玛莎拉蒂轿跑车的例子，可以看出工业设计师的形态观是社会生活文化时尚的缩影，需要这种积极向上的形态观，要走在时尚前面。

4．形态观的塑造历程

（1）领悟生活的真谛

工业设计要以用户为中心，为人与技术之间的沟通而提供解决方案，让理性的技术获得一种感性的表达。而这是建立在设计师对生活深入理解的基础之上，源于生活体验和对事物的深刻洞察力。因此，设计师应该做生活的先行者。

　　三菱汽车设计部经理布雷一向以提供触动人心、尽情享受人生、充满情感与灵性的汽车为其设计理念。他认为上流的时尚并非源自上流社会，而是源自街头普通人群，设计师应当从各种艺术中吸取设计灵感。他为三菱打造了全新的汽车设计概念——3P 精神，即 Precision、Performance、Passion（完美精确、极致表现、富于热情）。每一辆三菱车的设计都体现这种精神，我们能感受到这种 3P 精神是领悟了生活的真谛，是对生活的一种完美追求（见图 2.18）。

图 2.18　三菱最新汽车

　　书籍、电影、图片、电视、网络等传递的各种信息，正悄悄地改变着整个世界，当我们观看一场电影、一场球赛，当聆听音乐或轻盈漫步时，都可能获得体验，正是这些体验会激发创意灵感。作为工业设计师，最重要的就是对这些体验加以理解和升华，以感性赋予产品使其造型充满人文关怀。

　　（2）对传统文化的传承和对新生文化的创造

　　文化是工业设计的核心所在。工业设计是其民族文化的形象写照。工业设计在反映民族文化的同时又创造着新生文化。在设计史上出现的各种设计风格，都是在科学技术发展所带来的新生文化之下诞生的。如文艺复兴时期的设计，受到文艺复兴运动的影响，一反中世纪刻板的风格，追求富有人情味的曲线和优美的层次。17 世纪中期以后，欧洲进入了一个新的历史时期，出现了巴洛克（见图 2.19）和洛可可（见图 2.20）等浪漫主义的设计风格。

　　注：巴洛克建筑是 17～18 世纪在意大利文艺复兴建筑基础上发展起来的一种建筑和装饰风格。其特点是外形自由，追求动态，喜好富丽的装饰和雕刻、强烈的色彩，常用穿插的曲面和椭圆形空间。主要特色是强调力度、变化和动感，强调建筑绘画与雕塑，以及室内环境等的综合性，突出夸张、浪漫、激情和非理性、幻觉、幻想的特点。打破均衡，平面多变，强调层次和深度。使用各色大理石、宝石、青铜、金等，装饰华丽、壮观，突破了文艺复兴古典主义的一些程式与原则。

　　洛可可建筑风格于 18 世纪 20 年代产生于法国并流行于欧洲，是在巴洛克建筑的基础上发展起来的，主要表现在室内装饰上。洛可可风格的基本特点是纤弱娇媚、华丽精巧、甜腻温柔、纷繁琐细。它以欧洲封建贵族文化的衰败为背景，表现了没落贵族阶层颓丧、浮华的审美理想和思想情绪。洛可可装饰的特点是细腻柔媚，常常采用不对称手法，喜欢用弧线和 S 形线，尤其爱用贝壳、旋涡、山石作为装饰题材，卷草舒花，缠绵盘曲，连成一体。天花和墙面有时以弧面相连，转角处布置壁画。

图 2.19　巴洛克建筑

图 2.20　洛可可建筑

接下来的资产阶级革命，推动了资本主义的发展和大工业生产，促进了技术革新和各种新思潮新思想的出现，现代主义、后现代主义及各种风格流派等设计都因为新技术的运用、新产品的出现、新思想的传播，形成了新的文化主流。正是在传统文化的基础上形成的新生文化，使设计师产生了新鲜的灵感，时尚、前卫的设计便由此诞生。中国设计师钱轶冉的一款镂空的手表设计，有一个不一般的名字：eye of the storm。全黑的设计，侧面有一个小按钮，当按下按钮的时候，手表显示两个不同大小的灯，表明时针、分针。设计师的设计思想是为了表达手表只是为了知道时间，对于中间表盘区域，过去的设计加重了产品设计的重量和材料。而现在的设计，则是节省了宝贵的材料，降低生产成本（见图 2.21）。2010 年推出的富勒 F1 无线折叠激光鼠标除了极具创新的可折叠设计之外，考虑到年轻用户差异化的审美诉求，富勒 F1 无论是在颜色上的诠释，还是材质等外在元素上都进行了精心设计。该产品机身主体采用光学级的 PC 材料和专用着色材料，形成特殊的色系，同时辅以高光喷涂 UV 处理工艺，机身晶莹靓丽，颇显档次；富勒 F1 鼠标中键采用镀银精致橡皮滚轮，手感极佳；该产品有魔法黑、梦幻紫、宝石红、羽光粉、极速白、跃动黄这六种可选颜色，这在目前以黑、灰色为主导的鼠标市场上，无疑是一道靓丽的风景线（见图 2.22）。

图 2.21　eye of the storm 概念表　　　　　　图 2.22　富勒 F1 鼠标

中华民族五千多年的历史，不仅拥有优秀的造型艺术累积，也有着优秀的文化传统。中华民族特有的传统文化是我们开发现代文化和现代设计的巨大资源和宝贵财富。作为工业设计师要真正理解和消化我们的传统艺术，追根寻源，把握传统文化的精神内核融入我们的产品设计之中。在重新整合的基础上注入新的形态艺术元素，以创造出更具民族精神和美感的优秀设计。一件产品要更贴切反映时代或引领时尚，必须以传统文化为原点，清晰了解其来龙去脉，并预测其趋势走向。空间意境、时代气息、科学技术、哲学历史、文化传统、风土人情等都为造型设计提供源泉，用这种观念去思考设计产品的形态，定会给用户带来意外的惊喜。"翼"板凳，设计师保留了它最原始简单的造型，同时用现代化的设计方法加以改进。不但解决了传统条凳中存在的问题，而且不失现代感。重新设计后的条凳外形恰似明代建筑的屋檐，极具中国韵味。这个结构不但简单易用，而且采用原木材质，精心打磨后，触感更加舒服（见图 2.23）。

图 2.23　"翼"板凳

（3）本土化与国际化相结合

科学技术进步加速了文化的发展与沟通。不同文化的相互碰撞与融合需要设计师具备开放的设计观。在我们民族原有的生活方式与外来文化和生活方式的对立、交流与整合过程当中，工业设计师应当在吸取和借鉴中走向现代化，并最终形成具有本民族特色的新型产品形态观和设计观。本土的环境氛围和历史文化是设计师思考的一部分，同时也要开放，尝试用国际现代设计语言表达我们的感受、美学意识及文化背景。中国人爱好饮茶（见图 2.24），西方人爱好喝咖啡（见图 2.25），随着中西文化交流发展的日益深入，茶具和咖啡具的设计也逐渐融为一体，兼具泡茶和冲咖啡的双重功能（见图 2.26）。陆宝品牌的西式茶具系列，线条轮廓都有如建筑般时尚，呈现北欧极简风格，兼顾东方文化柔美气质。

图 2.24　中式茶具

图 2.25　西式咖啡具

图 2.26　陆宝品牌充满都会时尚感的咖啡壶组

文化以经济为基础。随着经济全球化，外来文化的冲击会越来越大，但这并不意味着必须抛弃我们的文化去模仿西方的设计思想。只有植根于本民族优秀文化的基础之上，又不断吸收当代先进的设计思想、理念，才能真正提升本土的工业设计水平，立于世界文化之林。

在人类发展的早期，我们的祖先便尝试打制石器的"减法"造型和陶冶的"加法"造型。人类对形的认识和形的塑造（造型）经过了一个漫长的进化过程。仔细审视这一过程，不难发现，造物活动实际上就是造型活动，而这种活动正是建立在对形的感受和认识基础之上。大自然是最杰出的设计师，自然形态作为设计造型的优秀模本是经过千万年的缓慢进化而来，人造形态的变化则越来越快，是日新月异。在设计的过程中，人们一面创造着众多现实形态；另一面又参照着自然形态，在表现、模仿、整合的基础上创造出新的形态。如何创造和设计出使人感到美好和愉悦的形态，对于设计师而言不仅仅是一个形态问题，从本质上讲，要为人类创造新的生活和培养人类对形态新的感知方式。

工业设计师形态观的塑造是一个长期的积累过程，同时又是一个滚动发展的过程。它应该与时俱进，又同本土文化一脉相承，形成一种互动关系。在反映设计文化的同时，推动着设计文化的创新，在互动过程中形成默契。科学技术与艺术的结合是在不断的进步中展开和提升，新的设计形态观必将随着时代的发展、科技和人文艺术的发展而更新。

2.1.2　产品风格

1.　产品风格的涵义

产品设计因满足人—环境—社会的普遍要求而体现着它存在的价值意义，是技术、艺术、社会、人文、时代、观念的结合和统一。设计必须调节制约的所有因素与表达造型风格的关系，才能有效地突出设计的价值和个性魅力。因此，突破限定因素的制约以凸显产品的形象个性和内质是设计努力追求的基本方向。技术、材料、工艺、形态、色彩、造型艺术等语言形式，是组成产品形象符号的要素，产品设计风格就是"形象的语言形式在外在形态的个性设计中反复、充分的体现"。产品的设计风格表现的是一种复合的语言形式对形象符号系统的描述过程，在此过程中它要求用形象的本质特征对产品的风格取向作出明确的界定。

设计风格的向度是多元化的（见图2.27），其形成的条件可以在人类智能的进化、科技文明的进步、人文观念的转变、社会历史的演进和民族地域文化中找到相应的根据，它在产品中的直接体现就是形象形式多样化的价值并存。人们对设计风格的认识，是通过对产品造型的特征和构成外部形态的形式个性的直觉感受开始，进而通过形态语义所表达的使用功能、操作方式、审美趣味的意向指示来深入地理解产品的内涵特点，以判别产品的形式风格，是对产品的综合价值不断地在直觉—理性—感性中的转换认同过程。现代产品造型是风格设计艺术化、科技实用化、文化地域化、经济社会化价值的综合体现，是孕育多元灿烂风格的沃土。

图2.27　依次为北欧、法国、韩国产品设计

（1）日本民族对可利用的有限资源的认识，长期以来逐渐形成了节俭的生活方式和"以小为美"的审美心理，在"轻薄、短小、精巧"的设计理念影响下的产品设计逐渐转变为现代风格和时尚，而且在生产和消费过程中减少了资源的浪费（见图2.28）。这种理念和风格，在全球倡导的可持续发展的思潮和观念中，得到了世界的普遍认同和推崇。

图 2.28　日本设计

（2）美国与日本则形成着鲜明的对比，其产品宽敞的尺度、大气的造型、材质昂贵豪华的设计风格（见图 2.29），迎合了这个富有国家人们追求舒适、气派、奢华的生活方式。

图 2.29　美国设计

（3）日尔曼民族富于哲学和理性的性格，充分表现在德国的产品设计中，形成了中规中矩、理性、形态和线条硬朗的造型风格（见图 2.30）。

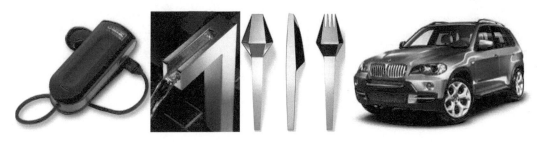

图 2.30　德国设计

（4）文化艺术的历史积淀，对美的敏感和重视，影响了意大利设计师在产品设计中的浪漫主义情怀的表达，时尚、激情、富于艺术想象力使产品带有典型浓烈的艺术气质和浪漫风格（见图 2.31）。

图 2.31　意大利设计

（5）对现代技术效能的崇拜，产生了裸露结构的设计形式，这种风格体现了科技精神的力量和技术美学的趣味（见图 2.32）。

（6）信息时代，产品设计的人工智能化发展趋势，使得人机交互式沟通方式更趋于人性要求，人与产品的物性关系将逐渐被人与艺术形态的精神抽象关系所取代，造型风格将向艺术的自由和个性化方向发展（见图 2.33）。

以上实例可以论定，风格的形成具有自身的规律性，它的任何存在形式都将建立在科学技术、设计艺

图 2.32　手表的裸露结构设计形式

术观念与生活方式合理的结合之中。因此，某一时代设计风格的形成主要取决于对科学技术、设计艺术观念和生活方式之间辨证关系的理解和把握。

图 2.33　数字化产品

2．产品风格的历史演绎

每个时代的社会与人文发展都将形成这一时代特定的审美观念，而审美观念是主导审美趣味、审美理想产生的决定因素，并将其投射到人的生活中，对设计产生着直接影响。审美风尚和趣味的时代性反映在设计领域中，又成为引导新的生活方式和形成新时代审美风尚的重要方法和思想主流。

在远古时代，石器的打造，体现了人类在这一时期对工具的朴素要求，工具的形态效能得到了直接体现并决定了工具单纯的物性设计（见图 2.34）。造型、功能、取材的自然特性，形成了这一时期单纯朴素的风格特征。

图 2.34　远古时代石器

工艺时代以后，生活方式和本土文化的积淀成型，产生了各具民族风格特色的生活用具设计。人类开始把宗教信仰和思想情感通过设计注入工具之中，热衷于把图腾符号、自然动植物形象精雕细刻地表现在建筑、生活器皿或工具形态的表面，其形式体现了宗教信仰和人文主义思想和精神（见图 2.35），成为手工艺时代风格的直接成因。

工业时代以科学技术为支撑的机械化生产方式从根本上改变了手工艺时代传统的设计思想和方法，设计因迎合了制造技术的标准和特点而得

图 2.35　图腾信仰在古代器具中的应用

以普及和发展，设计价值的社会意义开始得到根本体现。"外形追随功能"是"包豪斯"设计思想的重要原则之一（见图 2.36），造型因受功能的制约决定了现代工业产品设计"简约、抽象、单纯"的造型风格，在消费的普遍认同和推崇中成为国际化的主流趋势。但现代设计思想对传统手工艺造物思想的取代，也导致了对传统设计风格的抹杀，产品的个性特征开始在现代技术的加工方式中被削弱和丢失，因此，到了后工业时代对产品形象风格的个性诉求（形态美的特征、人的情感、适宜性）便成为迫切的需要。

图 2.36　经典包豪斯椅子设计

信息技术从根本上改变了人的生活方式和价值观，当我们已习惯于现代的生活方式和节奏时发现，传统的方式习惯被现代工具剥离得所剩无几，过去的生活离我们越来越远。为在设计中得到物质和精神的双重满足，调整人—产品—环境—社会的关系，是产品造型风格的艺术特质和个性化成为人类情感交流的最好方式。设计风格个性指向的满足，才是

广泛的社会生活本质意义的体现。风格这种带有明确的时代特征，并随时代的发展而改变正是其文化精神之所在。例如，随着计算机科学和手机通信、材料科学技术的迅猛发展，手机逐渐融入了许多以前电脑才有的功能。例如，视频聊天、动感游戏等，电脑也向轻、薄、小型化发展，出现了平板电脑、掌上电脑（图 2.37）。相信随着科技的不断进步，手机和电脑将逐步融合诞生新的综合型产品。

图 2.37　ipad Pro 与 iphone6s

3．产品风格的价值认同

产品对人和社会的意义决定价值的存在形式，一种新产品在满足了人的生活需求和审美追求的背后，是给制造商带来更大的利润和商业价值。有效地运用产品的形象识别系统是这种商业价值获取的重要方法和途径。在这一系统中产品造型的外在形式，是直接利用服务于人的手段和方法，建立与人良好的和谐关系，同时对产品形象特征所产生深刻的印象，使人对产品的有效性能产生美好愿望和情感依赖。单纯的技术，只能制造产品冰冷的结构和机能，而无法改变其呆板和冷面的表情。因此，以造型艺术语言的手法融入人的情感，才能改变理性而严肃的技术对人感性的疏离状态，使产品形象更具亲和力，拉近人和产品的距离，通过形态风格的感受使产品的技术性能和品质变得易于接受和理解。现代许多成功的设计证实了技术品质与形象形式的完美结合，使人对其产品情感和品质认同的提高。产品的设计风格对品质、有效价值和形象的个性特征的表现，可以在思维和感性中得到认识和评价。形象艺术的精神价值和特有的内在气质在消费选择中被认同，是消费评价的直接标准，就像远古时代人类把太阳、月亮、火、水尊崇为神灵一样，因为它们都是有益于人类生命和生活的要素。无疑产品的风格也像它的效能价值一样给人的生活带来帮助和满足。

成熟企业的新品开发是围绕市场的发展战略展开的，但同时又必须满足人类和社会的利益需要。产品开发与创新是面向全社会的系统工程，因为它的产生和影响要对整个人类、社会环境的生存与发展负责。而产品创新设计的难度在于企业自身利益和社会利益的双重目标的共同实现。产品形象风格的产生与演化发展，风格定势的认同对消费的连贯影响，家族血脉在产品类分中的延续，产品形象的整体与细分个性化的关系，统一在企业文化和市场规划的主线上来加以改善和优化，是达到风格形象目标的关键。

（1）从企业文化导入设计风格

企业文化是在一个企业中形成的某种文化观念和历史传统，共同的价值准则、道德规范和生活信息，将各种内部力量统一于共同的指导思想和经营哲学之下，汇聚到一个共同的方向。随着企业文化的不断建设和发展，它已成为社会公众认知的企业理念和企业形象，是公众认知企业的重要途径和企业传播的重要手段。产品造型的意义是明确功能指向的同时来显示企业自己的存在，产品对人的影响。在拥挤不堪的市场交流通道和有限的生活空间中，企业自身的文化特色和经营理念是主导统一产品造型风格的根基。定义本企业产品造型的美学含义，统一产品形象的审美意象特征，以此为媒介，是有效传播企业文化品质和品牌质量、确立市场地位的有效手段和方法。企业精神是企业文化的灵魂，说到底，企业文化是精神产品，企业文化的体现要以物质产品为载体。因此，用企业产品诠释企业文化，企业文化丰富产品内涵，使产品和企业文化之间形成互动影响，互为体现，互为促进。

以苹果公司为例。乔布斯接受苹果公司的管理职位后，将他的旧式战略真正贯彻于新的数字世界之中，采用的是高度聚焦的产品战略、严格的过程控制、突破式的创新和持续的市场营销。创新文化，使得苹果公司几乎每年都有新的产品问世。苹果公司推出的几乎每一款产品，都带给客户最新的体验，引领着时代的潮流。1978 年 4 月推出的苹果 II 是当时最先进的电脑；1983 年推出的丽萨（Lisa）电脑也是当时世界上最先进的；1984 年推出的麦金托什电脑（Macintosh），设计精美、技术领先，是当时最容易使用的电脑。乔布斯回归苹果公司之后，先于 2001 年 1 月份发布了用于播放、编码和转换 MP3 文件的工具软件 iTunes，改变了流行音乐世界；2001 年 11 月推出了引领音乐播放器革命的 iPod，以及用于将 MP3 文件从 Mac 上传输到 iPod 上的工具软件 iTunes2；2007 年 6 月推出了改变智能手机市场格局的 iPhone；2010 年 4 月发布的 iPad 则让平板电脑成为一种潮流，极有可能改变 PC 行业的未来发展。以 iPod 为例，它的工业设计可以说是非常出色，其设计理念打破了以往电子产品如 MP3、笔记本电脑等厚重的黑色和冰冷的金属质感为主的外观模式，以介于纯白和乳白色的经典苹果白作为整个 iPod 系列的主线和标志，从耳机到轮盘式的控制盘，到整个机身表面，简洁白色配上光滑通透的材质，给人轻快温暖而又不失时尚的感觉。每一款 iPod 的外观设计思路都是全新的，不同于任何市面上已有的数字播放器产品（见图 2.38）。

图 2.38　从左到右依次为 iPod shuffle、iPod nano7、iPod classic、iPod touch

即便在经营最困难的时候，苹果公司也不曾改变创新；即便在产品非常畅销的时候，苹果也依然推陈出新。对创新的热爱，以至于偏执，是苹果公司能够坚持到今天的一个关键因素。乔布斯的设计理念是"苹果公司设计的产品是面向活生生的个人，而不是木头。"正因为他的执著，精益求精，所以"苹果"才有那么多追随者。

（2）产品造型语言个性化的作用

人的视、触觉是辨别产品形态特征的重要感觉器官。消费者初识某一品牌产品，在识别—认知—体验—认同的过程中，品牌随品质认同而注入人的记忆后，产品造型的个性化便成为消费者选择和挑剔的条件。因此，贯穿企业产品造型语言的有别于其他品牌同类产品的独特特征和整体风格特征应予以保留和传承，这样，才能保证企业品牌在市场和消费者心中的地位和影响的继续扩大。

（3）产品创新与风格的血脉延续

文化观念、技术创新、行为方式的时代特点，是导致人对品牌价值期盼不断改变的直接因素。产品的创新不是重复过去，而是创造未来。在产品的开发设计中，形象特征的新旧更替使人需要转换到新的视角来认识它新的存在价值。此时，产品造型风格的血脉延续与创新同等可贵和重要。但在设计中创新需要革新洗面、脱胎换骨，风格血脉的延续就取决于能否对具有典型风格意义的造型细部和产品的内在精神气质加以传承，并能融入新的设计，使创新与风格延续在企业市场发展战略指导下并行不悖地推进。

系列化推出并不断延伸深化的诺基亚手机，每一个系列都具有相同的风格、元素、色彩和明度，能在第一时间捕捉消费者的眼球，给予消费者传递强烈的信息：实力与文化（见图2.39）。

图 2.39　诺基亚手机

社会的发展、环境的改善是一个永不断停顿的过程，产品的风格形式必须在时代条件下同时满足品牌品质和意向审美的双重效能要求，才能使企业品牌和产品形象不断适应新的变化形势。在整体的社会环境中研究人的希望和市场的反映，明确消费与供给的双向互动和驱动顾客消费动力的因素是非常重要的，它是企业品牌形象和产品风格进行调整和完善的前提条件，满足这种条件才能达到企业新的发展和定位要求。在人与产品的沟通渠道中，产品的推介与实际效能所产生价值的统一，是建立人与产品信任关系的基础。信任需要在产品的体验（消费者的生理、心理与审美体验）中来确立，从这个意义上讲，设计艺术的造型语言对表达产品的抽象品质、传达品牌的无形价值，起着决定性作用。设计风格的魅力在于提升产品价值、提高品牌认知率，是调动人对产品感性激情的活性素。

虽然非常年轻，丹麦设计品牌 Muuto 却已是国际知名的北欧风格设计公司（图 2.40）。Muuto 致力于为悠久的斯堪的纳维亚设计风格开创全新篇章，并引领其重回国际设计舞台中的顶尖地位。这一理想同样体现于品牌名称，Muuto 一词来源于芬兰语 muutos，意为改变和新的视角。

图 2.40　丹麦设计品牌 Muuto

Muuto 创始人 Peter Bonnen 表示，"我们坚信，当代斯堪的纳维亚设计的成功之路在于我们这个时代最优秀设计师坚定的信念。我们给设计师充分自由的灵感空间去创造新设计，而我们视 Muuto 的首要目标是设计师的发展。"

从创立之初，Muuto 的两位创始人——Peter Bonnen 和 Kristian Byrge 便雄心勃勃的努力将产品推广到全球各主要城市中最优质的店面，虽然成立于 2006 年，Muuto 的家具，灯具及配件系列却已在全球超过 700 家优质的商店销售。由众多著名设计师，如 Norway 所言，Matti Klenell，Harri Koskinen 和 Louise Campbell 创造了超过 30 种全新的设计产品，他们共同分享 Muuto 的理想，为骄傲的传统斯堪的纳维亚设计开创全新篇章。

Muuto 坚定地沿袭北欧设计传统，邀约来自瑞典、挪威、芬兰和丹麦的优秀设计师，以他们自己的设计理念自由的诠释家庭日常产品。

设计师们始终遵循的传承是 Muuto 的骄傲，这也成就了 Muuto 多样化，充满个性又始终保持北欧传统的设计（图 2.41）。

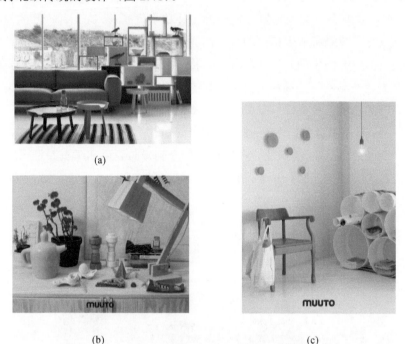

图 2.41   丹麦设计品牌 Muuto 家居产品设计

2.1.3 产品包装

对于包装概念，在美国，包装是产品的运输和销售所作的准备行为。在英国，包装是为货物的运输和销售所做的艺术、科学和技术上的准备工作。在我国，包装是为在流通过程中保护产品、方便运输、促进销售，按一定技术方法采用的容器、材料及辅助物等的总体名称。也指为了达到上述目的而采用容器、材料和辅助物的过程中施加一定技术方法等的操作活动（见图 2.42）。

1. 产品包装与产品形象之间关系

品牌对于一个企业创造名牌产品有着重要价值。文化和关系构成品牌的底蕴和目标，消费者对于一个品牌的认定其实也就是一个对该商品所有信息处理的过程，是一条联系着商家、商品和消费者的纽带。品牌包装作为产品是否可以畅销的第一保障，品牌包装的设计者必须充分了解市场的需求和消费者的心理，应该及时把产品的信息反映给消费者，并做到有效引导消费者消费和使用。在当今社会，人们的生活水平大大提高，对产品的需求早已不是某个产品本身的使用功能，而消费者更多地失去追求购买其商品给自己带来精神上的满足，这就促使企业不断去创新提高品牌知名度的途径，大胆的超常规的设计品牌的包装，在包装上增加投资。品牌的优势越来越得到企业的认同，现如今企业之间的较量就是产品质量的较量和企业品牌的较量。可是，如果一个企业想要自己打造一个属于自己的品牌，往往需要相当长的时间，所以加盟是其必要的手段，选择一个有市场占有率的且口碑好的品牌包装自己的产品会取得事半功倍的效果。

（a）美国包装设计

（b）英国包装设计

（c）中国包装设计

图 2.42　各国包装设计

　　企业要包装自己的产品来塑造自己的产品形象，更好地满足消费者的需要。消费者在购买商品的时候，包装会给消费者购买商品带来一种简单直观的印象，可以帮消费者进一步选择商品。无论是包装的原始功能还是在消费者心理所起到的功能都会体现在包装的设计上。从经济学的角度看，这是因为当人们满足了基本的需求以后，就会追求更高层次的需求，这时的消费者购买商品，购买的还是自己的心情满足感或者自己的自信等。从我们身边说起，平时我们都喜欢买外国产品，例如，日韩的电子产品、化妆产品和欧美的服装、香水等，并且愿意花费很高的价格。这就是除了他们产品本身的质量之外，就是这些产品的包装都做得精细、完美，让人觉得有档次，这就是满足了消费者的心理需要。但是国内的产品并不是质量不及，关键是因为我们没有重视包装对产品销售的作用和影响，才形成现在这种"崇洋媚外"的想象。

　　产品生产的最后就是包装，产品的包装除了保护商品、方便运输的基本作用外，还具有强有力的营销作用，高品质的包装不但能为消费者购买提供便利，而且能为市场促销者创造业绩财富，其作用主要体现在以下几个方面。

（1）包装可以使商品的质量和数量保持安全和完整，这也是包装最原始的功能之一。在生产出来的产品从生产地走到销售市场的过程中，都会经历转移和堆放存储的环节，只是所经历的次数不尽一样而已。因此，包装既可以保证商品在流通中不被损坏，数量不被减少，也可使商品保持清洁，留给消费者一个好印象，以便于销售。

（2）在产品从生产到包装变成商品进入市场销售后，给消费者的第一印象是商品的包装而不是商品质量本身。第一印象能否吸引消费者是成功销售的关键因素，这在很大程度上要依赖产品的包装，所以说，产品包装就是一个无声的营销员。

（3）每个企业的包装都会因为自己产品的不同选用不同的包装，这样不但可方便消费者区分，而且也会形成自己的特点。通过对产品的不同包装，产品可以不同于同类性质企业的类似商品形成自己的标志，不被一些不法商人模仿和伪造，这不仅可以维护自己企业的名誉，也可以增加企业在市场中的竞争力，提高企业的受益度。

（4）包装可以增加收入、节约开支。因为在整个商品转移环节中，恰当的包装可以使商品不被损坏，保证商品原样、有效防止商品的变质等，从而节约开支，保证商品可以正常进行销售，也增加了商品所带来的收入。在销售过程中，恰当完美的包装还可以激发消费者的购买欲望，增加销量。

（5）现在这个生活节奏不断加快的时代，营销已经成为商品销售中重要的环节，超市的诞生与发展对包装的要求也越来越高。随着消费者的自我意识不断提到，在消费中他们可以自己选择商品，这时的包装所起的作用就是引导客户消费并指导其使用产品。高品质的包装还可以给消费者留下好印象，在其心理上占优势，刺激其购买欲，这时的包装起到的是营销的角色，不但美观还节省了劳动力。

（6）包装作为产品生产的继续，只有通过包装的产品才能免受在运输储藏中带来的各种损害，从而减少产品价值的减少和丢失。所以，企业对包装的投资不但避免了商品价值在过程中的减少，还给商品在销售中增加了附加值。

包装在品牌的传播中也起到至关重要的影响，包装设计的灵魂在于产品形象包装的设计与品牌传播的价值，这两者是不可分割的整体。包装对产品的增值作用不只表现在包装表面上给产品带来的外在价值，更重要的是还表现包装在企业塑造名牌时所起到的重要影响力。一个企业若能将包装的增值效果运用准确，不仅能达到宣传产品的目的，还能得到难以估量的价值效果。消费者看一个产品的价值在哪里？其实就在消费者自己的心里。企业会根据自己产品的属性及所针对消费群体的心理需求，在包装上下工夫，以满足消费者精神生活的需要，引导消费者消费，并推广一种新的生活方式给消费者。商品品牌的传播是否可以顺利，并最大限度地推广，使企业利益最大化，其实就是产品内在价值和外在附加值是否配合恰当。在产品质量差不多的情况下，包装这个外在的附加值就是产品在众多产品中脱颖而出的关键，高品质的包装在产品形象的树立和品牌的打造和传播中都起到了非常积极的影响。

想要通过高品质的包装成功建立产品形象和品牌特征，就要求产品包装设计要准确传达产品信息。成功的产品包装不仅要通过造型、色彩、图案、材质的使用引起消费者对产品的注意与兴趣，还要使消费者通过包装精确理解产品。因为人们购买的目的并不是包装，而是包装内的产品。准确传达产品信息最有效的办法是真实地传达产品形象，可以采用全透明包装，可以在包装容器上开窗展示产品，可以在产品包装上绘制产品图形，可以在包装上做简洁的文字说明，可以在包装上印刷彩色的产品照片等。

准确地传达产品信息也要求包装的档次与产品的档次相适应，掩盖或夸大产品的质量、功能等都是失败的包装。我国出口的人参曾用麻袋、纸箱包装，外商怀疑是萝卜干，自然是从这种粗陋的包装档次上去理解。相反，低档的产品用华美贵重的包装，也不会吸引消费者。目前我国市场上的小食品包装印刷大多十分精美，醒目的色彩、华丽的图案和银光闪烁的铝箔袋加上动人的说明，对消费者，特别是儿童有着极大的诱惑力，但很多时候袋内的食品价值与售价相差甚远，使人有上当受骗的感觉，所以，包装的档次一定要与产品的档次相适应。

根据国内外市场的成功经验，对高收入者使用的高档日用消费品的包装多采用单纯、清晰的画面，柔和、淡雅的色彩及上等的材质原料；对低收入者使用的低档日用消费品，则多采用明显、鲜艳的色彩与画面，再用"经济实惠"之词加以表示，这都是为了将产品信息准确地传达给消费者，使消费者容易理解。准确地传达产品信息还要求包装所用的造型、色彩、图案等不要违背人们的习惯，致使消费者理解错误。如食品包装设计色彩的运用有这样的经验：黄油不用黄色的包装设计而用其他色彩就滞销，咖啡用蓝色包装同样卖不出去。因为人们长期以来已经对某些颜色表示的产品内容有了比较固定的理解，这些颜色也可称为商品形象色。商品形象色有的来自商品本身，茶色代表着茶，橙色代表着橙，黄色代表着黄油和蛋黄酱，绿色代表着蔬菜，咖啡色代表着咖啡（见图 2.43）。

佰草集受千年本草美颜文化启迪，是中国第一个具有完整意义的中草药护理品牌。糅合中国美颜经典与现代生物科技，以本草古方配伍为特色，佰草集逐步实现着中国文化中追求"自然、平衡"的亘美境界，缔造了一个本草养美颜的传奇。采天地灵气，化气韵和谐，佰草集萃取自中国经典草药精华，提出以"证"、"方"、"效"为核心的严谨理论体系：以中医理论辩肌肤问题之证，以现代科技焕活传世古方，以内在调养之法达到养护肌肤之效，开启中草药养美的全新风尚。以其独树一帜的定位，很快在国内化妆品市场中崛起，在消费者心中树立起自然、清新、健康良好的品牌形象。

（a）茶　　　　　　　　　　　　　（b）橙

（c）蔬菜　　　　　　　　　　　　（d）咖啡

图 2.43　不同色彩的产品形象

　　享受自然的绿色馈赠，更将绿色之美还给自然，佰草集自创立以来，一直倡导绿色环保的品牌理念，提出"养出地球之美"的绿色时尚宣言。瓶身设计润如玉，色调取清新之绿，古朴中见简约，东方神韵飘然而出，很好地体现出了自然、清新、健康良好的品牌形象（见图 2.44）。

图 2.44　佰草集产品包装

　　总的来说，包装是一个集合总体，它包括了种类繁多的产品包装，其分类如下。

　　① 按包装材料为主要依据分类，可分为金属包装、玻璃包装、陶瓷包装、木包装、纤维制品包装、复合材料包装和其他天然材料包装等（见图 2.45）。

图 2.45　多种多样的包装设计材料

② 按商品不同价值进行包装分类，可分为高档包装、中档包装和低档包装。

③ 按包装容器的刚性不同分类，可分为软包装、硬包装和半硬包装。

④ 按包装容器造型结构特点分类，可分为便携式、易开式、开窗式、透明式、悬挂式、堆叠式、喷雾式、挤压式、组合式和礼品式包装。

⑤ 按包装在物流过程中的使用范围分类，可分为运输包装、销售包装和运销两用包装。

⑥ 按在包装件中所处的空间地位分类，可分为内包装、中包装和外包装。

⑦ 按包装适应的社会群体不同分类，可分为民用包装、公用包装和军用包装。

⑧ 按包装适应的市场不同分类，可分为内销包装和外销包装。

⑨ 按内装物内容分类，可分为食品包装、药包装、化妆品包装、纺织品包装、玩具包装、文化用品包装、电器包装、五金包装等。

⑩ 按内装物的物理形态分类，可分为液体包装、固体包装、气体包装和混合物体包装。

⑪ 按包装技术的防护目的分类，可分为防潮包装、防水包装、防霉包装、保鲜包装、防虫包装、防震包装、防锈包装、防火包装、防爆包装、防盗包装、儿童安全包装等。

⑫ 按包装技术的不同分类，可分为透气包装、真空包装、充气包装、灭菌包装、冷冻包装、缓冲包装、压缩包装等。

总之，包装可以从不同的角度加以分类。包装的管理部门、生产部门、使用部门、储运部门、科研部门、设计部门、教学部门等，都可以选择适合自己的特点和要求来进行分类，以利于本系统工作的顺利进行。包装在各个环节的主要作用体现在保护产品和美化宣传产品。

包装是商品的附属品，是实现商品价值和使用价值的一个重要手段。产品包装是产品所传达的直观形象，是品牌理念、产品特性、消费心理的综合反映，就像一个人所表现出来的气质一样，是品牌或产品给消费者的第一视觉冲击在他脑海里形成形象定型。因而，我们常说产品的包装就是产品的第一说明书。随着自助性销售方式的日益普及，在零售终端产品不再是靠导购人员和营业人员的介绍。而是靠产品在货架上的"自我介绍"，即产品自己说话。让产品通过包装上的图文对产品进行生动化描述，吸引顾客，实现销售，从而建立"会说话的品牌"。我们深信，产品包装设计是建立产品与消费者亲和力的有力手段。

经济全球化的今天，包装与商品已融为一体。包装作为实现商品价值和使用价值的手段，在生产、流通、销售和消费领域中，发挥着极其重要的作用，是企业界、设计界不得不关注的重要课题。包装的功能是保护商品、传达商品信息、方便使用、方便运输、促进销售、提高产品附加值。包装作为一门综合性学科，具有商品和艺术相结合的双重性。成功的包装设计必须具备货架印象、可读性、外观图案、商标印象和功能特点说明五个要点。

2．包装设计的三大构成要素

包装设计即指选用合适的包装材料，运用巧妙的工艺手段，为包装商品进行的容器结构造型和包装的美化装饰设计，从中可以看到包装设计的三大构成要素。

1）包装造型要素

对于造型，在人眼中先入为主的是外形，即形态，就是商品包装展示面的外形，包括展示面的大小、尺寸和形状。日常生活中我们所见到的形态有三种，即自然形态、人造形态和偶发形态。但在研究产品的形态构成时，必须找到一种适用于任何性质的形态，即把共同的规律性东西抽出来，称为抽象形态。

外形要素，或称为形态要素，就是以一定的方法和法则构成的各种千变万化的形态。形态是由点、线、面、体这几种要素构成的。包装的形态主要有圆柱体类、长方体类、圆锥体类和各种形体，以及有关形体的组合和因不同切割构成的各种形态，包装形态构成的新颖性对消费者的视觉引导起着十分重要的作用，奇特的视觉形态能给消费者留下深刻的映像。包装设计者必须熟悉形态要素本身的特性及其表情，并以此作为表现形式美的素材（见图2.46）。

图 2.46　各种形态的包装

　　包装造型设计又称形体设计，大多指包装容器的造型。它运用美学原则，通过形态、色彩等因素的变化，将具有包装功能和外观美的包装容器造型，以视觉形式表现出来。包装容器必须能够可靠地保护产品，必须有优良的外观，还需具有相适应的经济性等。

　　包装容器造型有三要素，即功能、物质和造型。它们相互联系，相互制约。功能是容器造型设计的出发点，它包含保护功能、存储功能、便利功能、销售功能等。物质基础是完成功能效用的基本手段，在设计中要根据功能和成本选用材料和工艺，另外，还要不断开发新材料，研究新工艺，以满足社会生活的需要。造型包括式样、质感、色彩、装饰等，是由材料和工艺条件决定的。

　　包装容器的空间是有限的，它是由物体的大小和距离来确定的。容器本身除了它本身所应有的容量空间外，还有组合空间、环境空间。因此在容器造型过程中，还应考虑容器和容器排列时的组合空间，考虑陈列的整体效果。

　　容器造型的线形和比例是决定形体美的不可缺少的主要因素，而容器造型的变化则是强化容器造型设计个性所必需的。

　　（1）线形

　　从立体造型来说，形就是体，体也是形，它只有高度、长度和宽度，这里说的是图纸设计时平面的线形。容器造型总是由方和圆组成，体现在线形上就是直线和曲线的结合。用曲线和直线组织在一起，使它成为既对比又协调的整体（见图 2.47）。

图 2.47　六角蜂蜜包装瓶

（2）比例

比例是指容器各部分之间的尺寸关系，包括上下、左右、主体和副体，整体与局部之间的尺寸关系。容器的各个组成部分（如瓶的口、颈、肩、腰、腹、底）比例的恰当安排，直接体现出容器造型的形体美。确定比例的根据是体积容量、功能效用、视觉效果（见图2.48）。

（3）变化

容器造型有筒体、方体、锥体、球体四种基本形，造型的变化是相对以上的基本形而言的，没有基本形，变化也就失去了依托，由于单纯的基本形单调，因此用或多或少的变化来加以充实丰富，从而使容器造型具有独特的个性和情趣。

① 切削

对基本形加以局部切削，使造型产生面的变化，由于切削的部位大小、数量、弧度的不同可使造型千变万化。但在切削的过程中要充分运用形式美的原则，既要讲究面的对比效果，又要追求整体的统一，这样才不会使容器显得零乱琐碎（见图2.49）。

图2.48 橄榄油瓶包装设计　　　　　　　图2.49 切削

② 空缺

在容器造型上或根据便于携带提取的需求，或单纯为了视觉效果上的独特而进行虚空间的处理。空缺的部位可在容器体正中，可在器体的一边。空缺部分的形状要单纯，一般以一个空缺为宜，避免纯粹为追求视觉效果而忽略容积的问题。如果是功能上所需的空缺的空缺应考虑到符合人体的合理尺度（见图2.50）。

③ 凹、凸

在容器上进行局部的凹凸变化，可以在一定的光影下产生特殊的视觉效果，凹凸程度应与整个容器相协调。其手法可以通过在容器上加以与其风格相同的线饰，也可以通过规则或不规则的肌理在容器的整体或局部上，从而产生面的变化，使容器出现不同质感和不同的光影的对比效果，以增强表面的立体感（见图2.51）。

图 2.50　空缺　　　　　　　　　　　图 2.51　凹、凸

④ 变异

相对常规的均齐、规则的造型而言，其变化的幅度较大，可以在基本形的基础上进行弯曲、倾斜、扭动或其他反均齐的造型变化。此类容器一般成本很高，因此多用于高档的商品包装（见图 2.52）。

图 2.52　变异

⑤ 拟形

拟形是一种模拟的造型手法，通过对某种物体的写实模拟或意象模拟，以取得较强的趣味性和生动的艺术效果，增强容器自身的展示效果。但造型一定要简洁、概括，便于加工（见图 2.53）。

图 2.53　拟形

⑥ 配饰

配饰就是配合主体而进行的装饰，这种变化手法可以通过与容器本身不同的材质、形式所产生的对比来强化设计的个性，使容器造型设计更趋风格化。配饰的处理可以根据容器的造型，采用绳带捆绑、吊牌垂挂、饰物镶嵌等（见图2.54）。

图 2.54　配饰

另外，还有组合、肌理、雕饰、镶嵌、吊挂及系列化等多种表现手法。在进行以上任何一种变化手法时，都必须考虑到生产加工的可行性，因为复杂的造型会使开模有一定难度，而过于起伏或过于急转折的造型同样会令胎膜变得困难，造成废品率增加，而提高成本。同时，还必须注意材料对造型的特殊要求。

在进行包装设计的造型时，还必须从形式美法则的角度去认识它。按照包装设计的形式美法则结合产品自身功能的特点，将各种因素有机、自然地结合起来，以求得完美统一的设计形象。

包装外形造型变化主要从对称与均衡、安定与轻巧、对比与调和、重复与呼应、节奏与韵律、比拟与联想、比例与尺度、统一与变化这8个形式美法则加以考虑。

另外，造型设计还要根据产品的属性、产品的存储、运输与宣传等方面考虑适宜的材料。材料表面的纹理和质感往往影响到商品包装的视觉效果。利用不同材料的表面变化或表面形状可以达到商品包装的最佳效果。包装材料，无论纸类材料、塑料材料、玻璃材料、金属材料、陶瓷材料、竹木材料及其他复合材料，都有不同的质地肌理效果。运用不同材料，并妥善地加以组合配置，可给消费者以新奇、冰凉或豪华等不同的感觉。材料要素是包装设计的重要环节，它直接关系到包装的整体功能和经济成本、生产加工方式和包装废弃物的回收处理等多方面的问题（见图2.55）。

2）包装装潢要素

包装装潢设计是以图案、文字、色彩、浮雕等艺术形式，突出产品的特色和形象，力求造型精巧、图案新颖、色彩明朗、文字鲜明，装饰和美化产品，以促进产品的销售。包装装潢是一门综合性科学，既是一门实用美术，又是一门工程技术，是工艺美术与工程技术的有机结合，并考虑市场学、消费经济学、消费心理学和其他学科。

装潢构图是将商品包装展示面的商标、图形、文字和组合排列在一起的一个完整画面。这四方面的组合构成了包装装潢的整体效果。商品设计构图要素之商标、图形、文字和色彩运用正确、适当、美观，就可称为优秀的设计作品。

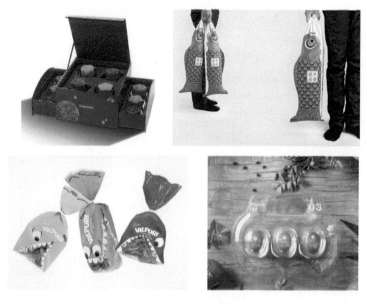

图 2.55　材料对商品包装的影响

（1）商标设计

商标是一种符号，是企业、机构、商品和各项设施的象征性形象。商标是一项关于工艺的美术，它涉及政治、经济法制和艺术等各个领域。商标的特点是由它的功能、形式决定的。它要将丰富的传达内容以更简洁、更概括的形式，在相对较小的空间里表现出来，同时需要观察者在较短的时间内理解其内在含义。商标一般可分为文字商标、图形商标和文字图形相结合的商标三种形式。一个成功的商标设计，应该是创意表现有机结合的产物。创意是根据设计要求，对某种理念进行综合、分析、归纳、概括，通过哲理的思考，化抽象为形象，将设计概念由抽象的评议表现逐步转化为具体的形象设计（见图 2.56）。

图 2.56　雀巢咖啡新 LOGO 与快餐品牌 Naked Chicken 新标识

（2）图形设计

包装装潢的图形主要指产品的形象和其他辅助装饰形象等。图形作为设计的语言，就是要把形象的内在、外在的构成因素表现出来，以视觉形象的形式把信息传达给消费者。要达到此目的，图形设计的定位准确非常关键。定位的过程即熟悉产品全部内容的过程，其中，包括商品的性质、商标、品名的含义和同类产品的现状等诸多因素都要加以熟悉和研究。

图形就其表现形式可分为实物图形和装饰图形。

① 实物图形。

图 2.57　实物图形

采用绘画手法、摄影写真等来表现（见图 2.57）。绘画是包装装潢设计的主要表现形式，根据包装整体构思的需要绘制画面，为商品服务。与摄影写真相比，它具有取舍、提炼和概括自由的特点。绘画手法直观性强，欣赏趣味浓，是宣传、美化、推销商品的一种手段。然而，商品包装的商业性决定了设计应突出表现商品的真实形象，要给消费者直观的形象，所以用摄影业表现真实、直观的视觉形象是包装装潢设计的最佳表现手法。

② 装饰图形。

装饰图形分为具体和抽象两种表现手法。具体的人物、风景、动物或植物的纹样作为包装的象征性图形，可用来表现包装的内容物及属性。抽象的手法多用于写意，采用抽象的点、线、面的几何形纹样、色块或肌理效果构成画面，经简练、醒目，具有形式感（见图 2.58），也是包装装潢的主要表现手法。通常，具体形态与抽象表现手法在包装装潢设计中并非孤立，而是相互结合的（见图 2.59）。

图 2.59　具体装饰图形

图 2.58　抽象装饰图形

内容和形式的辩证统一，是图形设计中的普遍规律，在设计过程中，根据图形内容的需要，选择相应的图形表现技法，使图形设计达到形式和内容的统一，创造出反映时代精神、民族风貌的适用、经济、美观的装潢设计作品，是包装设计者的基本要求。

（3）色彩设计

色彩设计在包装设计中占据重要的位置。色彩是美化和突出产品的重要因素。包装色彩的运用是整个画面设计的构思、构图紧密联系着的。包装色彩要求平面化、匀整化，这是以色彩的过滤、提炼的高度概括。它以人们的联想和色彩的习惯为依据，进行高度夸张和变色是包装艺术的一种手段。同时，包装的色彩还必须受到工艺、材料、用途和销售地区等的限制。

包装装潢设计中的色彩要求醒目，对比强烈，有较强的吸引力和竞争力，以唤起消费者的购买欲望，促进销售。例如，食品类和鲜明丰富的色调，以暖色为主，突出食品的新鲜、营养和味觉；医药类是单纯的冷暖色调；化妆品类常用柔和的中间色调；小五金、机械工具类常用蓝、黑及其他沉着的色块，以表示坚实、精密和耐用的特点；儿童用品类常用鲜艳夺目的纯色和冷暖对比强烈的各种色块，以符合儿童的心理和爱好；体育用品类多采用鲜明响亮色块，以增加活跃、运动的感觉…，不同的商品有不同的特点与属性（见表2.2）。设计者要研究消费者的习惯和爱好及国际国内流行色的变化趋势，以不断增强色彩的社会学和消费者心理学意识。

表 2.2 不同类产品的包装装潢设计

食品类	
医药类	
化妆品类	
小五金、机械工具	
儿童用品类	

（4）文字设计

文字是传达思想、交流感情和信息，表达某一主题内容的符号。商品包装上的牌号、品名、说明文字、广告文字及生产厂家、公司或经销单位等，反映了包装的本质内容。设计包装时必须把这些文字作为包装整体设计的一部分来统筹考虑（见图 2.60）。

图 2.60　包装的文字设计

包装装潢设计中的文字设计的要点如下。

① 文字内容简明、真实、生动、易读、易记。

② 字体设计应反映商品的特点、性质、独具特性，并具备良好的识别性和审美功能。

③ 文字的编排与包装的整体设计风格应和谐。

3）包装结构要素

包装结构设计是从包装的保护性、方便性、复用性等基本功能和生产实际条件出发，依据科学原理对包装的外部和内部结构进行具体考虑而得的设计。一个优良的结构设计，应当以有效地保护商品为首要功能；其次，应考虑使用携带、陈列、装运等的方便性；再次，尽量考虑能重复利用，能显示内装物等功能（见图 2.61）。

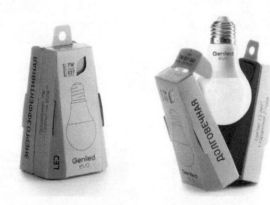

图 2.61　Evgeniy Pelin 设计的 EVO 节能灯泡包装结构设计

一个优秀的包装设计，是包装造型设计、装潢设计、结构设计三者有机的统一，造型和结构没有保证，装潢就失去了依存的条件。抓住人眼球的包装基础在于容器造型的形态美和结构的合理性，达不到这两点，即使花再多的功夫在包装上也掩盖不了造型和结构的缺陷。因此，只有将三者有机结合，才能充分发挥包装设计的作用。而且，包装设计不仅涉及技术和艺术这两大学术领域，它还在各自领域内涉及许多其他相关学科。

3．包装设计中的经典

在包装设计的发展过程中，有许多令人难忘的包装，它们以其长久的生命力、科学性、审美性成为包装设计发展史上的一个个闪亮的设计经典，下面是一些具有代表性的例子。

（1）铝制易拉罐

人们用金属做包装在两百年前就诞生了。美国内战期间，出于军队需求和人们为了存储食品以备战乱的需要，金属罐头才得以广泛使用。1841 年，美国肖像画家佩洛罗德用挤压法制造金属管装颜料。这种技术随后开始大量运用，到了 1892 年，"高露洁"将牙膏首次装入金属软管，并很快被消费者接受。

铝制包装的出现是金属包装技术上的又一大飞跃，它柔软性好、质量轻，只有铁皮的三分之一，光泽度也好。在 20 世纪 30 年代，许多日用品和食品都开始采用铝制软管做包装，如牙膏、面膏、胶水、鞋油、酱、奶酪、炼乳等。1963 年易拉罐铝罐诞生，由于其使用的便捷性、成本的经济性而大大地促进了罐装啤酒和饮料业的发展。这是一次开启方式的革命，欧美市场基本上都采用了这种铝罐作为啤酒和碳酸饮料的包装形式。随着设计和生产技术的进步，铝罐趋向轻量化，从最初的 60g 降到了 1970 年的 21～15g（见图 2.62）。

图 2.62　铝制易拉罐包装

（2）HEINZ 食品包装

1860 年，年仅 16 岁的恩里·海因兹开始从事包装贩卖业。他把在美国宾夕法尼亚州的自家院子里种植的芥末料装在玻璃瓶中进行销售。到了 1886 年时，以他自己名字命名的品牌 HEINZ 番茄酱就已经越过了大西洋，开始在英国伦敦销售。1905 年，他在伦敦设立 HEINZ 食品加工工厂，并开始生产。HEINZ 的包装形象具有很强的识别力，自从 1880 年最初的包装标签使用以来，直到今天一直保持了其包装上的楔形图形标记和基本版面设计，它和商品本身一道，迅速成为 HEINZ 公司形象，并成为世界知名的品牌。当时的标签上还标注了广告宣传语"57 个种类"，而实际上不仅 57 个品种，这只是恩里·海因兹脑海中自认为的种类数目而已。现在 HEINZ 制品已经达到了 300 种以上。它的长盛不衰，与其长期一贯的产品形象给人们造成的认知度和树立起的品牌形象是密不可分的（见图 2.63）。

图 2.63　HEINZ 食品包装

（3）TOBLERONE 巧克力包装

TOBLERONE 是一个世界知名的巧克力品牌，它诞生在一个瑞士糕点制作世家，其独特的包装设计是非常有名的。作为一个成功的巧克力品牌，其所拥有的知识产权不仅是 TOBLERONE 商标，还包括了其独特的三角形包装盒。这个形状的灵感来自于瑞士雪山山顶三角形的形状。TOBLERONE 的包装设计从 1908 年开始直到现在，从结构和设计上一直没有什么大的改变，只是随着新产品的增加，对底色略加调整以示区别。因此，它的设计成功之处在于给消费者以强烈、持久的印象，这样做使得新产品的广告宣传费用也大大降低，它完全可以借助其品牌自身的魅力赢得市场。根据英国的调查，94%的消费者仅凭包装的三角形形状就可以知道是 TOBLERONE 的产品（见图 2.64）。

图 2.64　TOBLERONE 巧克力包装

（4）喷雾压力罐

喷雾压力技术于 1929 年在挪威得以发明，1940 年应用在包装技术上，并在美国市场取得了成功。它的优点在于其人性化的设计，突出了使用上的便利性。它可以将液体均匀地成雾状喷洒出来，方向和压力大小都很容易控制。喷雾压力罐的原理是利用气压将内容物压出阀门。第二次世界大战以后，它作为全新的包装技术得以广泛应用，从空气清新剂到哮喘用吸氧器，从发胶到杀虫剂、喷漆、家具上光剂等。喷雾压力罐的制作材料以金属为主，美国市场上 75% 是用铁皮制成，欧洲则偏好铝材料，因为铝材伸展性好，容易加工成任意形状。现在，仅英国每年就有 15 亿只的产量。后随着塑料材料和复合材料技术的成熟，喷雾罐也逐渐开始采用这些更经济的材料（见图 2.65）。

图 2.65　喷雾压力罐包装

（5）可口可乐玻璃瓶

可口可乐的玻璃瓶以其优美的曲线形态为世界各地的人们熟知。早期的可口可乐包装，由于不断被轻易仿冒而倍受困扰。1900 年，公司决心重新进行造型设计，但一直没有令人满意的方案。在 1913 年公司的创意概念记录中这样写道："可口可乐的瓶型，必须做到即使是在黑暗中，仅凭手的触摸就可认出来。白天即使仅看到瓶的一个局部，也要让人马上知道这是可口可乐瓶。"本着这一设计理念，具有优美曲线的瓶型被设计出来了。这种造型的 192ml 的玻璃瓶，直到今天仍在世界各地使用，它不仅造型优美，也给消费者带来很强的心理作用。可口可乐公司做过大规模的调查，许多消费者都认为，正是由于这种玻璃瓶，才使人们觉得这种饮料具有极好的口感。

从前听到过一种说法，可口可乐的配方是不可泄露的高度商业机密，可是，后来了解到的情况却是可口可乐的配方仍没有申请专利，因为配方的比例是不好申请保护的。例如，可口可乐的配方中含有 1% 的咖啡因，别人如果加入 1.1% 的比例就不算侵权，因为比例不一样了，可是实际口感却没有什么变化。其实，对可口可乐最重要的不是配方，可口可乐现在在全世界各地进行生产，配方很容易搞到。关键问题是，别人按同样配方生产出来的饮料只要不称为可口可乐就卖不掉，这就是品牌形象的力量（见图 2.66）。

图 2.66　可口可乐瓶的发展变化（1899 年至 2016 年）

（6）KIWI 鞋擦式鞋油包装

图 2.67　"KIWI" 鞋擦式鞋油包装

KIWI 鞋油的包装设计始于 1906 年，它以红白相间的线条和无翼鸟的标识形象而成为闻名世界的包装。现在这种产品在 130 多个国家销售。在 19 世纪，穿着高档的富裕阶层随时都想让自己的衣着笔挺、一尘不染，于是便于携带的鞋擦式鞋油便随之诞生了。进入 20 世纪，其制作方法不断改善，在包装的开启和使用上更加便利。在第一次世界大战期间 KIWI 鞋油取得了销售上的成功，成了军官们随身携带的必需品。到了第二次世界大战时，军官们仍然喜爱使用 KIWI 鞋油。战后，退伍军人们依然保持了使用 KIWI 鞋油的习惯，于是这种产品逐渐成为平民百姓的用品，一直流传至今。KIWI 鞋油的设计成功，一是使用和携带上的无与伦比的方便性，二是设计上的色彩组合和"无翼鸟"标识长期建立起来的品牌信誉。这两点是包装设计成功的关键（见图 2.67）。

（7）纸质鸡蛋盒包装

纸质鸡蛋盒包装的原型是于 1930 年左右设计完成的，它使用了廉价纸浆作为原材料，从那时起便成为鸡蛋包装的主要形式。纸浆可以用再回收的纸张制造，成本低，而且是环保材料。该鸡蛋盒包装独特的质感与鸡蛋的形状有机地结合，给人们以亲和的视觉印象和手感，这些都是使纸盒包装成为无公害包装和具有亲和力包装的典型特点（见图2.68）。

图 2.68　纸质鸡蛋盒包装

　　在包装设计的发展过程中，凝结着人类智慧的包装设计精品还有许多，举不胜举。包装设计不再是设计者的自我表现，它必须与商业行为发生关联，必须与所有营销环节相配合。而设计又是促销的有利手段。作为营销中关键一环的包装设计，应把生产力、销售力与市场的机会结合在一起，经设计传达出明显的商品概念，正确吸引每个消费群体，并产生预期购买行为，才能显现包装产品的强大生命力。随着人类的进步，凝结人类文明的包装设计精品仍会不断涌现。

2.1.4　产品广告

1. 广告设计在塑造产品形象中的作用

　　随着广告作用的产生，广告所带来的一系列心理现象也会随即产生。由于心理学在广告中具有独特、不可取代的地位和作用，因此在实际的广告设计中，人们往往会将广告与心理学的研究结合起来，两者相辅相成。

　　科学、成功的广告是遵循心理学法则的，心理学对广告内涵的提升和广告信息的传播有极大的帮助。广告是通过传播，将富有创意和表现手段的信息传递给消费者，促使消费者产生某种购买行为。而心理学主要从人类的动机、趣味、行为和特性等方面展开研究，了解广告宣传中的心理学规律，使消费者在观看广告的同时，对品牌的认知程度、品牌的利益和品牌的形象等有进一步的了解，并建立起一定的品牌情感和购买需求，从而产生最终的品牌认证和购买行为。在广告设计中，掌握心理学的运用，可以使广告效果更接近大众的期望，有助于广告的传播和发展。

广告创意是直接影响广告是否成功的关键因素，在人们认识和接触广告的过程中通常会有一个心理过程，抓住消费者这一心理过程，将心理学的理论巧妙地运用在广告设计中，结合独到的创意，从而达到吸引消费者注意、激发对产品的兴趣、诱发联想和满足情感需要的目的。

（1）吸引注意

为了吸引消费者的注意，广告设计者往往会在创意上下功夫，例如，商品本来并不一定能够吸引消费者的视线，但充分运用广告心理学中的经典理论，通过夸张、滑稽、幽默等表现手法，将原本平凡的商品变得富有意义，此时便会引起消费者对广告的注意，最终达到广告的宣传效果。

雕牌"雕牌新家观"系列创意广告，2016 年初在全国 8 城地铁推出，共驶出 38 列"新家观号"专列，北京、上海、广州、深圳、杭州、武汉等地铁上齐齐被"雕牌新家观"体的插画装扮一新。80 张年轻、走心、张扬个性的新家庭观点将整列地铁装点得妙趣横生，个性独特的插画风格瞬间抓住乘客的眼球（见图 2.69）。

图 2.69　"雕牌新家观"广告运动

（2）激发兴趣

绝大多数人都会有这样一个心理，那就是对"新奇特"的事物产生好奇心。利用消费者这一心理特征，在广告的形式上勇于创新，加入一些新鲜、奇特的想法和构思，特别是在食品类广告中，使广告发挥出奇制胜的效果，能很好地激发观众兴趣，使消费者产生跃跃欲试的心理反应。

麦旋风是麦当劳的旗舰产品，它的竞争对手是一切其它雪糕冰淇淋。原来的粗心也早在麦当劳的预料之中，第一眼只看到麦旋风，走近仔细看才发现那些或伤心或惊恐的小雪糕小冰淇淋——这正是广告想要的效果（见图 2.70）。

图 2.70　不高兴的雪糕：麦当劳创意广告

（3）诱发联想

联想从本义上讲是指由一种事物引起另一种事物的想象，简而言之就是说因为某一件事物或某一个人而想起与之有关的事物或人物的思想活动。联想是对事物之间相互联合和相互关系的反应，而在广告心理学中，这一现象又称为思维联想规律。在广告设计中采用对比、伏笔等手法，使消费者在仔细观察广告内容的同时，对画面产生联想，增强对产品的好奇心，从而达到宣传的目的。

下面是布鲁塞尔航空公司系列平面广告。创意上选取布鲁塞尔有名的动物皮毛的纹案，放大处理，创造性地将纹路有机组合形成飞机的线框图案，一举两得，有效地表述了广告的主体和当地的特色，能够激起读者的兴趣。渐变的蓝色给人天空的感觉，给读者传递出乘坐在飞机上安全、自由自在的感觉（见图 2.71）。

图 2.71　布鲁塞尔航空公司系列平面广告

（4）满足情感需要

随着市场经济的进步，消费者的消费行为已由最初单纯的物质享受开始向精神方面转变，很多时候，消费者的购买行为都会随着感觉走。这样一来，感性消费就需要情感广告来支持。情感是维系人与人之间最微妙的关系，相对于理性广告而言，富有感性基调的广告能够更加容易触碰大量消费者的情绪或情感反应。一则独特的广告可以打动人们的心灵，满足消费者情感上的慰藉和需要，最终实现消费者真正的购买行为。

印度孟买的设计工作室 Meraki 为男士内裤品牌 Crusoe 设计的一系列以"wake up to the adventure inside you"为主题的创意海报，希望通过这个创意告诉那些死守在城市中并且坚守在枯燥岗位上的男人们，你们始终还有一个好玩又具有挑战的梦没有实现，如果现在不能那就暂且在梦里实现，但千万不要放弃梦想。这个创意直戳男人痛处，让品牌和产品与男人向往自由、乐于冒险、玩性不改的天性建立情感联结，男人们很难不为这样绝佳的视觉创意所感动（见图 2.72）。

图 2.72 充满想象力的 Crusoe 男士内裤广告

2. 广告策划遵循的原则

作为科学活动的广告策划，其运作有着自己的客观规律性。进行广告策划，必须遵循以下原则。

（1）统一性原则

统一性原则，要求在进行广告策划时，从整体协调的角度来考虑问题，从广告活动的整体与部分之间相互依赖、相互制约的统一关系中，揭示广告活动的特征和运动规律，以实现广告活动的最优效果。广告策划的统一性原则，要求广告活动各个方面的内在本质上要步调一致；广告活动的各个方面要服从统一的营销目标和广告目标，服从统一的产品形象和企业形象。没有广告策划的统一性原则，就做不到对广告活动各个方面的全面规划、统筹兼顾，广告策划也就失去了存在的意义。

统一性原则具体体现在这样几个方面：广告策划的流程是统一的，广告策划的前后步骤要统一，从市场调查开始，到广告环境分析、广告主题分析、广告目标分析、广告创意、广告制作、广告媒体选择、广告发布、直到广告效果测定等各个阶段，都要有正确的指导思想来统领整个策划过程。广告所使用的各种媒体要统一，既不要浪费性重叠，以免造成广告发布费用的浪费，也不要空缺，以免广告策划意图不能得到完美实现。媒体与媒体之间的组合是有序的，不能互相抵触，互相矛盾，甚至在同一媒体上，广告节目与前后节目内容也要相统一，不可无选择地随便安排；产品内容广告形式要统一，如商品本身是高档产品，那么广告中就不可出现"价廉物美"的痕迹。广告要与销售渠道相统一，广告的发布路线与产品的流通路线要一致，不能南辕北辙，产品到达该地区而广告却没有，形成广告滞后局面，或者广告发布了，消费者却见不到产品。广告策划和自为政、和行其是，广告策划的整个活动过程是个统一的整体。

（2）调适性原则

统一性原则是广告策划的最基本的原则。但是，仅仅有统一性还不够，还必须具有灵活性，具有可调适的余地。以不变应万变，这不可能在市场活动中游刃有余。客观事物的发展与市场环境，产品情况并不是一成不变的，广告策划也不可能一下子面面俱到，也总是要处于不断的调整之中。只强调广告策划的统一性原则，忽视了调适性原则，广告策划必须呈现出僵死的状态，必然会出现广告与实际情况不一致的现象。广告策划的统一性原则，也要求广告策划活动要处于不断的调整之中，以保证广告策划活动既在整体上保持统一，又在统一性原则的约束下，具有一定的弹性。这样，策划活动才能与复杂多变的市场环境和现实情况保持同步或最佳适应状态。

及时调适广告策划，主要表现在以下三个方面。

①广告对象发生变化

广告对象，是广告信息的接受者，是广告策划中所瞄准的产品消费者群体。当原先瞄准的广告对象不够准确，或者消费者群体发生变化时，就要及时修正广告对象策划。美国广告大师大卫·奥格威在 1963 年的一份行销计划中说："也许，对于业务员而言，最重要的一件事就是避免使自己的推销用语（Salestalk）过于僵化。如果有一天，你发现自己对着主教和对着表演空中飞人的艺人都讲同样的话时，低的销售大概就差不多了。"

②创意不准

创意是广告策划的灵魂，当创意不准，或者创意缺乏冲击力，或者创意不能完美实现广告目标时，广告主体策划就要进行适当的修正。

③广告策略的变化

原先确定的广告发布时机，广告发布地域，广告发布方式，广告发布媒体等不恰当，或者出现新情况时，广告策划就要加以调整。

（3）有效性原则

广告策划不是纸上谈兵，也不是花架子。广告策划的结果必须使广告活动产生良好的效果和社会效果。也就是在非常经济地支配广告费用的情况下，取得良好的广告效果。广告费用是企业的生产成本支出之一，广告策划就是要使企业产出大于投入。广告策划，既追求宏观效益，又追求微观效益；即追求长远效益，也追求眼前效益，既追求经济效益，也追求社会效益。不顾长远效益，只追求眼前利益，这是有害的短期行为。我们也不提倡那些大谈特谈长远效益的广告人却无法使客户人单一广告获取立即效益的做法。在统一性原则指导下，广告策划要很完善地把广告活动的微观效益与宏观效益、眼前效益与长远效益、社会效益与经济效益统一起来。广告策划既要以消费者为统筹广告活动的中心，也要考虑到企业的实力和承受能力，不能搞理想主义而不顾及企业的实际情况。

（4）操作性原则

科学活动的特点之一，就是具有可操作性。广告活动的依据和准绳就是广告策划，要想使广告活动按照其固有的客观规律运行，就要求广告策划具有严格的科学性。广告策划的科学性主要体现在广告策划的可操作性上。广告策划的流程，广告策划的内容，有着严格的规定性，每一步骤，每一环节都是可操作的。经过策划，要具体执行广告计划之前，就能按科学的程序对广告效果进行事前测定。广告计划执行以后，若广告活动达到了预期的效果，这便是广告策划意图得以很好的实现。若是没有达到预期的广告效果，可按照广告策划的流程回溯，查出哪个环节出了问题。若没有广告策划，广告效果是盲目的，不是按部就班地实现出来的。

（5）针对性原则

广告策划的流程是相对固定的。但不同的商品，不同的企业，其广告策划的具体内容和广告策略是有所不同的。然而，许多广告客户却不愿意自己的品牌形象受制于特定（针对性）的羁绊，他们希望产品最好能面面俱到、满足任何人。一个品牌必须同时诉求男性和女性，也必须广受上流社会和市井小民的喜爱。"这种贪得无厌的心理使品牌落入一个完全丧失个性的下场，欲振乏力、一事无成。在今天的商场中，一个四不像的品牌很难立足，就好像太监无法当皇帝一样……"同一企业的同一种产品，在产品处于不同的发展时期，也要采用不同的广告战略。只要市场情况不同，竞争情况不同，消费者情况不同，产品情况不同，广告目标不同，那么广告策划的侧重点和广告战略战术也应该有所不同。广告策划的最终目的是提高广告效果。广告策划不讲究针对性，很难提高广告效果。用一个模式代替所有的广告策划活动，必须是无效的广告策划。

以上五个方面是任何广告策划活动都必须遵守的原则，这五个原则不是孤立的，而是相互联系的。相辅相成，缺一不可。这些原则不是人为的规定，而是广告活动的本质规律所要求的。

夏天，这样的季节不免让人想要静下心摆脱内心的烦躁与闷热，回归平静与清凉。

MUJI 无印良品于 2015 年 6 月推出了一系列生活产品广告，从超音波香薰机，懒人沙发，旅行用品到 MUJITOSLEEP app，不论上班、读书、睡眠、放松、旅行，MUJI 总能带给人宁静的氛围，为用户找回松弛和专注的状态。

①MUJITORELEX

MUJI 推出的懒人沙发广告片《MUJItoRelex》（见图 2.73），与香薰机的广告如出一辙，不同职业的人都能够在懒人沙发上舒压，找到最 Relax 的姿态，幸福指数蹭蹭地往上升。

图 2.73　《MUJItoRelex》广告片

②MUJITOSLEEP

　　MUJI 在提升生活质量和睡眠质量方面做了不少事情，还记得这个 "随时随地都能帮助您入眠" 的手机（免费）App "MUJItoSleep" 吗？将六种大自然声音，森林、篝火、山川、海洋、瀑布和鸟鸣带到用户耳边，特别适用于飞机或是巴士等难以入眠的场所（见图 2.74）。

图 2.74　《MUJITOSLEEP》广告片

③MUJITOGO

　　带上 U 型枕和行李箱，踏上新鲜的旅程，发现途中独特的风景和人文，即使一个人，也别有一番风趣（见图 2.75）。

图 2.75　《MUJITOGO》广告片

看完这些广告，立刻让人想打开家里的那一只白乎乎圆滚滚的香薰机，释放它的魔力。好的广告能将产品所能营造的极致意境表现得淋漓尽致，迫使人们憧憬着未来总有一天，能像广告里一样生活。

2.1.5 店铺装修

乔治·阿玛尼也曾说过："我们要为顾客创造一种激动人心而且出乎意料的体验，同时又在整体上维持清晰一致的识别。商店的每一个部分都在表达我的美学理念，我希望能在一个空间和一种氛围中展示我的设计，为顾客提供一种深刻的体验。"

人们每天都活在许多选择当中，随着社会越来越复杂，信息越来越多，可选择的幅度也越来越广、越来越难。在这样复杂的信息化时代，消费者的选择基准从依靠过去产品质量和服务，也渐渐转变为依靠品牌和企业的形象，并开始期待和追随企业的名声。

对于企业名声的定义和企业名声是如何形成的，有着各式各样的论点。许多管理学家聚集了意见，认为企业名声不是单纯根据产品质量和服务而形成的，而是统合考量了消费者的经验和企业的各项社会活动、经营方式等各种社会要因之后，消费者和投资者所下的评价。管理学家里尔和福诺布龙站在《富与名声》之中，提出了组成企业名声的六种要因：产品和服务、作业环境、社会责任、感性诉求、财务成果、展望和领导力。里尔和福诺布龙的《企业名声形成要素》，显现了不同于过去根据产品与服务的质量来评价企业的方式，今日的消费者是由更多样的视野来评价企业的。现在的消费者认为企业除了有作为雇主对受雇者的义务，更期待他们成为社会的一个分子，如何完整履行他们对社会的责任。再加上更希望身为社会的领导者能够拥有带领社会前进的展望和领导力。当企业符合了这些条件时，消费者才会赋予名声、表现信任和忠诚（见图2.76）。

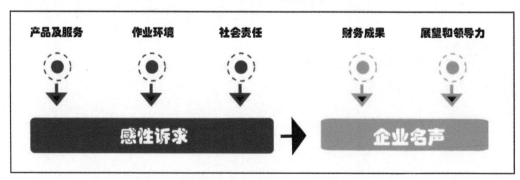

图2.76 企业声望形成要素

福诺布龙认为，在形成企业名声的各种要素中，"感性诉求"是最重要的。消费者在判断企业名声的时候，最大影响的层面就是过去的经验和根据周围的评价所形成的个人感受。这是因为在评价其他要素的时候，感性会主观地去介入判断。特别是投入定量研究的学者们，开始渐渐认知到情绪研究的重要性，也开始集中关心消费者可见行动之外的感性所赋予的企业形象和价值认知。他们主张在引发消费者的感性变化时，形成对经验的催化作用。迪斯麦特和海格特的"使用者——经验模型"说明了感情和经验的关系。消费者使用产品时，最先体验到的是美的有意义的部分，并主张通过以美的经验和过去的经验为基础的有意义经验，才能创造出感性经验。像这样引发感性诉求的感性经验，不管是从美学还是意义的层面，都会通过留存记忆中的体验而形成，并持续引导出正面感情。

建筑物是能够提供感性经验的空间。通过多样的空间设计，提供差异化形象的建筑物，并扮演着牵引出消费者正面感情的重要角色。设计纽约普拉达（Prada）卖场和首尔的当代韩国艺术馆（Leeum museum）的知名建筑师雷姆·库哈斯（Rem Koolhaas）定义了"建筑是营销手段之一"。就像要证明这股潮流一样，今日许多企业通过品牌旗舰店（Flagship Store）展示他们的形象和展望，让访客能够直接体验产品和服务。更进一步，先进企业为了通过品牌和形象的建立传达坚强、值得信任的企业名声，不只停留在产品、服务与卖场设计而已，也利用能够代言企业发展和形象的建筑设计来亲近消费者。

在空间——经验设计模型中，所谓的形态是指经由视觉认识到的所有设计。从建筑物的外部装饰和室内设计，到自然光和人工照明产生的气氛，所有建筑的审美观从形态就开始出现了。建筑物是不能只用视觉来感受的，访客们在建筑的内外部自然走动，这样的走动能够协助建筑物内的访客判定空间中的位置，才能感受到空间感。另外，建筑物不能不考虑存在于它周边的环境，也就是说，建筑物要设计成能够和周边环境协调的状态，或是以显著突出的设计来扮演该地区的地标，在引起访客审美经验的同时，也才能够再次看出这座建筑物在这个地方存在的意义。在建筑物内举办的活动，是能让访客对此地产生记忆的最强烈要素。举办具差异化的活动，让访客能够开心玩乐，这将成为左右访客拜访后会以何等模样和形象记忆此场所的度量。通过更多样化、更积极的刺激来体验记忆，即为相互作用。相互作用扮演着让访客直接参与活动，一起呼吸并感受生动体验的重要角色。这五种建筑要素形态、走动、背景环境、活动、相互作用，和能够引发感性经验的美、意义经验迪斯麦特和海格特的使用者——经验模型（见图 2.77），以及在空间中体验到的行动经验相连结，结果便引领出"通过空间的感性经验"了。

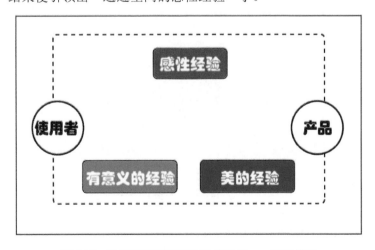

图 2.77　迪斯麦特和海格特的使用者——经验模型

　　MIT 的建筑教授安娜·克林格曼指出，为了经济、文化的演变，可以使用建筑当做表现品牌概念的战略性交流手段。特别是技术和企业形象在差异性及信赖度上都很重要的汽车行业，通过多样化的空间设计，不断努力以感性传达给消费者特别的形象。施密特认为，汽车产业从很久以前开始，就不只是个单纯的产品，而是销售感性和经验的统合。将建筑空间变成体验场所，成为统合性品牌战略一环的代表性企业是梅赛德斯——奔驰。梅赛德斯——奔驰通过品牌博物馆，正努力想要介绍企业的历史和传统给消费者。位于德国斯图加特的奔驰博物馆，以企业的历史为中心，展示着公司的核心模型。在博物馆展示的汽车，摆脱了单纯陈列产品的身分，被认为是文化末日科学发展的轴心，使访客们能够认识奔驰的文明发展史。另外，访客们能够直接触摸、体验核心技术的集合体——跑车和概念车。诱导消费者参与的交互式展示，能够帮助访客们将拜访奔驰博物馆的经验留存得更久。而将奔驰商标形象化的建筑物内部设计，参访者的走动则扮演着使访客往两个不同的展示馆自然分流又结合的角色，将引领汽车历史的企业就是奔驰这样的记忆，透露给访客。奔驰品牌博物馆是由独特建筑的内外部形态，以及随历史潮流所透露奔驰记忆的空间所组成的，是将品牌形象经验极大化的最佳事例。

　　随着竞争型的经济结构越来越火热，与过去只以产品和服务的功能性来评价企业不同，现在则是根据多种要素所结合成的复合性形象来评价。企业当前不能只停留在和企业形象相关联的狭义品牌经营，因为，广告等单向的交流渠道，要突显它们的形象和品牌、甚至是企业名声，变得越来越困难了。从社会、文化统合的角度切入的建筑设计，正逐渐定位为企业取得名声的手段（见图 2.78）。脱离单纯的陈列和销售，通过体验等感性经验，传达企业的形象给消费者。建筑设计，往后会从更多元化的层面，通过产品或是平面设计无法提供的新空间体验，来宣传企业的形象以及名声。

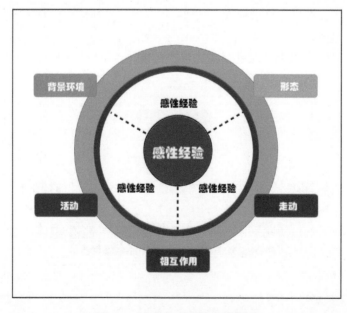

图 2.78　空间——经验设计模型

TWG TEA，是 2008 年诞生于新加坡的年轻公司。创始人 Taha Bouqdib 来自摩洛哥律师世家，一身"西装男"打扮却有着将茶叶进行创意和时尚改造的头脑（见图 2.79）。

1．立志做"世界上最好的茶"

在创业的六年时间里，TWG TEA 用做奢侈品的方式做茶叶，把茶叶店开成了奢侈品店。秉承着打造世界一流茶叶沙龙的品牌理念，TWG TEA 拥有着清晰的品牌定位。它定位高端茶饮品牌，打造全世界最好的茶叶。

为了符合这一定位，TWG 打造了顶级团队（见图 2.80），它将欧洲最顶尖老牌厂商的调茶师、品茶师、制茶师、品牌设计师以及米其林主厨，把古老的欧洲制茶经验、技术带到了新加坡。一丝不苟、精益求精的工作态度，只求无愧于"世界上最好的茶"这一美誉。

图 2.79　创始人 Taha Bouqdib

图 2.80　TWG 打造的顶级团队

2．把茶叶店开在奢侈品店旁

把茶叶店开成奢侈品店，不仅因为 TWG 团队秉持了精工研发的精神，还体验在其选址和布局方面。无论是新加坡著名娱乐城金沙、东京最时髦的街区、迪拜帆船酒店的直营店，你都会发现 TWG 的门店就在 LV、香奈儿、巴宝莉等国际奢侈大牌包围中。当然，其商品价格不菲，与旁边的其他奢侈品牌算得上相得益彰（见图 2.81）。

图 2.81　把茶叶店开在奢侈品店旁

3. 进店便穿越优雅而时尚

TWG TEA 在店铺设计上也颇有心得。TWG TEA 沙龙与精品店，风格优雅且极富情致，完美传递品牌传统与现代并存的优雅氛围，餐具讲究，绝不输欧洲的字号，就算不爱喝茶的人，也会被这整体华丽的观感所吸引，免不了进店转一圈。TWG TEA 还有很多细节构成，包括服务生都身着合体的西服；茶包使用纱布包裹，十分细腻；五颜六色的茶罐布满店铺好像置身童话等（见图 2.82）。

图 2.82　优雅而时尚的店铺设计

4. 腔调里的细节　细节里的腔调

TWG TEA 产品包装非常有特色，飘来浓浓的轻奢欧洲时尚风（见图 2.83）。Logo 上标着 1837，那是茶叶在新加坡正式开始官方贸易的年份，给这个年轻的地方追溯了历史的气息。店内的茶都起了很有趣的名字，例如："first kiss sexy tea"（初吻之茶），"silver moon"（银月），"loveme tea"（爱我）。手工缝制的花茶也很有特色，针线穿过每片茶叶叶柄，按照设计好的造型或缝或扎做成一个花苞的形状，乐趣当然就是冲泡的时候，能看茶花一现。

图 2.83　飘来浓浓的轻奢欧洲时尚风的产品包装

色彩靓丽奇趣的包装茶品，如 TWG TEA 顶级定制系列，茶品口味顺应时节变化，其包装设计也融入最新的 T 台趋势，无不呈现 TWG TEA 手工调配茶的独特与不拘一格（见图 2.84）。造型优雅的茶叶罐，琳琅满目的人工吹制的玻璃器皿，瓷制、陶制及铸铁茶壶，上好的骨瓷茶杯、茶托、糖罐、茶叶滤器和种类繁多的茶匙，在茶具系列中一一呈现（见图 2.85）。

图 2.84　色彩靓丽奇趣的包装茶品

图 2.85　顶级定制系列的茶具

5. 全球最大的茗茶系列与拼配茶

作为定位为奢华品的茶叶品牌，TWG TEA 标榜拥有全球最多的产品组合。超过 800 种的单品茶与手工调配茶来自全球 45 个原产地，从当地优质茶园直接收割回来，再由手工配制成独特的调配茶，价格从每 50 克 100 元到 5000 元以上不等。虽是奢侈品的定位，价格却具有宽松的选择，扩大了消费者层面（见图 2.86）。

图 2.86　全球最大的茗茶系列与拼配茶

同时，TWG TEA 致力将世界各地的品茶文化融会贯通（见图 2.87），以引领时髦且雅致的品茶风尚。TWG TEA 打破传统的束缚，针对年轻系消费者，推出各种口味的拼配茶，甚至可以私人订制口味。消费者可以进店跟品茶师说今天想要的需求或口味等，先选基础，包括红茶、白茶、绿茶、黑茶，然后选择果香、花香等，把点茶变得好像调香水一样复杂而有个性。

图 2.87　TWG TEA 致力将世界各地的品茶文化融会贯通

6. TWG 还搭配餐饮西点

除了出品茶叶，TWG 还搭配出售精致的餐饮西点，其所售的 Macarons（马卡龙）更是一绝，这种源自法国西边维埃纳省最具地方特色的美食漂洋过海来到新加坡，经过 TWG 的改良，被赋予了各种口味，但每一种口味都带有茶味，极富品牌特色（见图 2.88）。

图 2.88　TWG 搭配出售精致的餐饮西点

TWGTEA 的时尚，来源于各个方面，围绕着"全世界最好的茶叶"这一定位，打造独特的"世界产品"策略，走"高贵"的销售渠道，还有腔调十足的包装，TWG TEA 在全球刮起了一股来自新加坡的茶叶摩登时尚风。

2.2　产品的理念形象

产品理念是产品内在的核心价值和文化内涵，包括产品中所包含的企业理念、精神、远景、文化、品牌的观念，以及设计开发中所坚持的概念、心理和意识形态等，是产品形象的核心。

产品理念将企业自身的独特文化融入产品的设计中，源源不断地向社会传播且被社会公众所普遍认同，并形成辨识与识别，同时也是企业产品设计开发、产品管理以及宣传销售的指导原则和依据。

在多数情况下，产品形象的理念是对企业理念的一种细化，但两者又各有侧重。主要表现在，企业理念与产品理念所涵盖的范围不同，由于一个企业可以拥有多个品牌，而一个品牌也可以有多条不同的产品线，因此，需要根据所面对的消费族群和产品定位的差异，而制定针对性的产品理念，如宝洁旗下"沙宣"强调有型、个性，定位于追求时尚和另类感受的青少年。"飘柔"是顺滑，"海飞丝"是去屑，"潘婷"是营养，"沙宣"是专业美发，不同品牌所指定的产品定位不同。

此外，企业理念除了指导产品开发外，对企业经营管理和人才培养都有必要的指导作用，而产品理念则只针对相应的产品开发和生产管理，以及营销策略提出相应的指导方针以及情感趋向。

产品理念通过表达产品所蕴含的文化和价值信息以及情感信息来指导产品设计，对于产品形象设计有着重要的意义。主要表现在，产品理念为产品的形象设计指明方向，是产品从整体到细节实现一致性与完整性的保证，同时所表达的背后的企业价值观也有助于形成消费者对产品和品牌的认同度和忠诚度。而要达到这两点，产品理念的清晰和连续是极其重要的。但连续一贯的产品理念的重点，并不在于创造某种新概念本身，而在于如何整理某种现有的思想，使之成为清晰的体系，以及用何种方式最终实现共同的语言。所以在形成产品理念形象的过程中，产品形象设计要特别强调整合和形成自我的部分，在确立意义、目标后，将现有的企业思想、元素加以调整。

（a）

（b）

（c）

图 2.89　So Bacco 天然水果开胃酒 VI 形象设计

So Bacco 是一款天然的水果开胃酒，有不同的口味，其中包括葡萄、石榴、蔓越莓、荔枝这几种水果，一般是作为开胃酒或者晚上喝，主要针对的是 18～25 岁的女性。"SO"已经成为标志的主要元素，其实，这是唤起那么多承诺的符号元素名称（所以那么美，那么温柔，那么…）。非常简短的缩写，很容易识别。因此，设计师设计了一个"SO"的心形（见图 2.89）。

2.3　产品的品质形象

　　产品的品质形象是形象的核心层次，是通过产品的本质质量体现的，人们通过对产品的使用，对产品的功能、性能质量及在消费过程中所得到的优质服务，形成对产品形象一致性的体验。产品的品质形象包括产品规划、产品设计、产品生产、产品管理、产品销售、产品使用、产品服务等。

2.3.1　产品规划决策

　　产品规划是企业实现产品战略的前提条件，是企业的重要业务流程，同时也是企业建立竞争优势的重要手段。

1．产品规划要做的工作

　　产品规划不仅要准确地识别和选择产品机会，而且要正确确定产品规划项目的类型，以确定产品在企业内部的定位，企业规划的产品一般包括如下四种类型。

①　对已有产品的改进产品。

②　在已有产品平台上开发的新产品。

③　新产品平台。

④　在新产品平台上开发的新产品。

　　产品规划要确定公司将要开发的产品整体组合和产品上市时间；要明确新开发的产品占领什么样的市场领域；要明确新开发的产品平台迎合了什么样的市场趋势和技术方向。

2．产品规划应遵循的准则

①　对已有产品领域，细分市场已十分明朗，应规划改进产品或在旧平台上的新产品，继续占有或扩大市场份额。

②　对技术领先型产品，若无明显的竞争对手，规划可瞄准单一产品，若有潜在竞争对手，则规划应瞄准产品平台。

③　企业的产品规划应与企业的核心能力相适应。如果不适应就应采取措施，或者增强薄弱的核心能力，或者削减与核心能力不适应的项目。

④　企业的产品规划项目组合必须与企业的竞争策略保持一致。

⑤　企业的产品规划必须与企业的目标市场方向保持一致。

⑥　产品规划应优先选取能使企业获得最大经济效益的项目。

⑦　企业的"中长期产品规划"引发出企业的技术规划。技术规划应以企业的"中长期产品规划"为导向，并与"中长期产品规划"协调发展。

3. 产品规划的过程

（1）机会识别阶段

对企业的目标市场进行调查，分析、识别来自目标市场具体的机会信息，形成机会描述和下一阶段优先级排序所需的市场数据信息（新产品机会的市场规模、市场增长率、竞争程度和获利潜力情况）。

（2）项目评价和优先级排序阶段

本阶段的任务包括如下。

① 优先级排序，选择参与竞争的细分市场领域，并使之与企业的核心能力相适应。

② 选择能支持企业的竞争策略的产品类型，能为企业带来经济成功的项目。

③ 对所筛选出的项目进行权衡组合，使之与企业的核心能力和竞争策略实现全局性相匹配。

④ 未来3～5年产品的规划路标。

（3）分配资源和时间阶段

对优选项目组合逐一进行资源分配和开发时间安排，使企业的资源得到充分的利用，也使规划的产品能得到最好的实施。

（4）制订项目计划阶段

根据规划项目和资源分配的情况，做出下一年度详细的项目计划；并做好项目实施前的各种准备工作，如项目环境、项目预算等。

4. 产品规划的方法

（1）过程迭代

这里将规划过程表示为串行的四个阶段，但在实际工作中经常有过程迭代发生。在机会识别阶段和优先级排序阶段存在过程迭代，如出现了机会描述，但缺乏足够的市场信息数据；或在项目优先级确定后为了证实其正确性，规划小组往往要返回到上一流程阶段，进行更深入的市场调查，收集更多的客户信息。

在优先级排序阶段和分配资源阶段存在过程迭代，在分配资源过程中发现企业的资源与所规划的项目组合不相匹配时，就得返回对规划项目的优先级排序进行重新评价，并对规划项目进行重新选择。

（2）年度更新

企业的核心能力和竞争环境是动态变化的，根据开发团队、生产、营销、服务部门和竞争环境的最新变化，企业中长期产品规划每年都要进行迭代更新。

（3）半年调整

规划的项目在开发过程中随时都会出现各种问题，每半年就要对年度项目执行情况进行回顾分析，当认识到某个项目的任务是不可行或者有重大问题时，就要及时对规划的项目进行调整。

2.3.2　产品的销售服务

销售服务属于产品形象的延伸和附加，是为了保证顾客所购产品的实际效用，全面了解顾客要求和质量信息，维护企业形象而进行的一系列服务工作。它是以消费者为中心的现代市场营销观念最直接的体现。

1．产品的营销策划

营销是指在以顾客需求为中心的思想指导下，企业所进行的有关产品生产、流通和售后服务等与市场有关的一系列经营活动。

市场营销作为一种计划及执行活动，其过程包括对一个产品、一项服务或一种思想的开发制作、定价、促销和流通等活动，其目的是经由交换和交易的过程达到满足组织或个人的需求目标。

（1）传统定义

①美国市场营销协会下的定义：市场营销是创造、沟通与传送价值给顾客，及经营顾客关系以便让组织与其利益关系人受益的一种组织功能与程序。

②麦卡锡（E.J.Mccarthy）于 1960 年也对微观市场营销下了定义：市场营销是企业经营活动的职责，它将产品及劳务从生产者直接引向消费者或使用者以便满足顾客需求及实现公司利润，同时也是一种社会经济活动过程，其目的在于满足社会或人类需要，实现社会目标。

③菲利普·科特勒（Philip Kotler）下的定义强调了营销的价值导向：市场营销是个人和集体通过创造并同他人交换产品和价值以满足需求和欲望的一种社会和管理过程。

④菲利普·科特勒于 1984 年对市场营销又下了定义：市场营销是指企业的这种职能，即认识目前未满足的需要和欲望，估量和确定需求量大小，选择和决定企业能最好地为其服务的目标市场，并决定适当的产品、劳务和计划（或方案），以便为目标市场服务。

⑤而格隆罗斯给的定义强调了营销的目的：营销是在一种利益之上下，通过相互交换和承诺，建立、维持、巩固与消费者及其他参与者的关系，实现各方的目的。

（2）新式定义

①台湾的江亘松在《你的行销行不行》中强调行销的变动性，利用行销的英文Marketing 作了下面的定义，什么是行销？就字面上来说，"行销"的英文是"Marketing"，若把 Marketing 这个字拆成 Market（市场）与 ing（英文的现在进行式表示方法）这两个部分，那行销可以用"市场的现在进行时"来表达产品、价格、促销、通路的变动性导致供需双方的微妙关系。

②中国人民大学商学院郭国庆教授建议将这次的新定义完整地表述为：市场营销既是一种组织职能，也是为了组织自身及利益相关者的利益而创造、传播、传递客户价值，管

理客户关系的一系列过程。

③ 关于市场营销最普遍的官方定义：市场营销是计划和执行关于商品、服务和创意的观念、定价、促销和分销，以创造符合个人和组织目标交换的一种过程。

图 2.90 展示了简要的市场营销过程五步模型。在前四步中，公司致力于了解顾客需求、创造顾客价值、构建稳固的顾客关系。在最后一步，公司收获创造卓越顾客价值的回报，通过为顾客创造价值，公司相应地以销售额、利润和长期顾客资产等形式从顾客处获得价值回报。

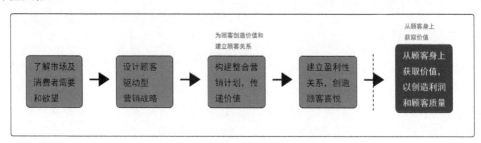

图 2.90　市场营销过程的简要模型

图 2.91 为将所有概念综合起来的扩展模型。什么是市场营销？简单地说，市场营销就是一个通过为顾客创造价值而建立盈利性顾客关系，并获得价值回报的过程。

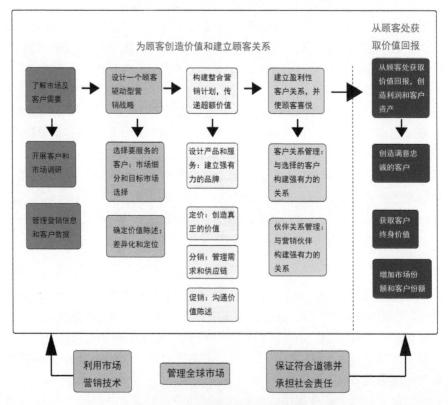

图 2.91　市场营销过程的扩展模型

概括之，通过采取有效的营销策略，可以使用户通过营销活动过程的体验来加深他们对产品或服务形象的感受，提升他们对品牌的忠诚度和信任度。

将富士胶片与化妆品联系起来，无论如何，都让人觉得新奇和陌生（见图 2.92）。

图 2.92　富士胶片

不过，现在在日本，一个化妆品"新贵"——艾诗缇（ASTALIFT）正在占据日本女性的梳妆台，越来越深受她们的喜爱，且已拥有众多粉丝。

艾诗缇，正是"出身"于日本富士胶片公司旗下的唯一一个化妆品品牌（见图 2.93），自 2007 年诞生以来，以显著的抗衰老及内外兼修护理功能风靡日本。2011 年进军中国大陆市场，目前开始走俏。

图 2.93　艾诗缇化妆品品牌

运用尖端的生物技术，把 70 年来积淀的胶原蛋白技术、纳米分散技术、抗氧化技术，巧妙地"移植"于化妆品的研发中，在外界看来不可思议，但在富士胶片的转型与创新中，是顺理成章的。因为，这些看似与化妆品无关的技术，却是从富士过去长期赖以生存和拥有核心竞争力的胶片及其相关事业中孕育而来的。

而这种"关联性"的创新，让这家老当益壮的胶片公司，在与美国柯达的长期博弈中，不仅成为赢家，而且转型颇有成效，使如今包括化妆品、医疗保健品在内的新业务正在崭露头角。

富士胶片，一个跑赢时代的转型样本，背后有着怎样的创新逻辑？

第一，胶片里的秘密

对于富士胶片来说，研究照片的历史也是钻研技术的历史。

从 1919 年开始，富士就专注于研究制造胶卷的技术，在逐步积累照相工业经营诀窍的同时，成立了"胶卷试验化所"，并自力更生开发胶卷业务，这成为其"培育"胶卷强大技术的基石。

在经营方向上，富士一直恪守一个重要原则，就是在原有的技术基础上，利用既有资源优势来拓展自己的业务，即采取扩展复印机、数码相机、电子部件电子材料等周边应用领域来实现事业和产品的多元化。

但是，身处传统的胶片行业，富士在随着数码技术崛起后，也不可避免地陷入增长缓慢的困境。幸好，富士的研究人员潜心研究发现，胶卷上有一项用来防止胶卷褪色的抗氧化技术，也是化妆品中不可或缺的一种技术——因为照片褪色的原因，和人体肌肤老化即由于活性氧造成"氧化"现象，如出一辙。

而且，化妆品中有一种胶原蛋白的成分，对人体肌肤起到延缓衰老的功效，而胶片中同样缺不了这种胶原蛋白的存在。长期研究日企的企业咨询高级顾问赵淑清表示，化妆品从学科上属于高分子化学，而富士在此方面恰好有长年累月的技术沉淀。为使胶卷更加优质，就需要将各种成分在保持原有机能的状态下超微分子化，才能稳定在薄薄的胶卷中，这一原理，和人体肌肤护理中"将必要成分充分地输送至肌肤需要的部位"别无二致。

那么，可不可以将这种技术优势应用到化妆品的开发中？当然！这由此开启富士胶片转型的重要步伐。从 2006 年开始，富士将原有的尖端核心技术、有机合成化学、先进打印材料和生命科学研究所整合为"富士胶片先进研究所"，并以此为创新基地，进行跨行业的技术研发。

而上述的艾诗缇化妆品，就是这一平台诞生的新产品。

第二，回到技术创新的原点

"掌握了高端技术的富士，能够跨界到化妆品行业，是因为它早已掌握了别人所不具有的核心技术优势"，赵淑清说。

不仅如此，富士在长期对影像的研究过程中，还将对胶原蛋白的研究成果、抗氧化技术，以及可以将成分稳定输送到指定部位的独创纳米等技术，适时延伸到了制药领域。

就在 2014 年下半年埃博拉病毒流行之际，富士生产出能够对这个顽固病毒产生一定疗效的药物，尽管有待市场检验，但创新程度着实惊人。而这与 2008 年富士通过一宗规模为 16 亿美元的交易，收购了亏损中的中型制药厂商富山化学（ToyamaChemical）有紧密联系。

但归根结底，推动富士在新业务领域开始蒸蒸日上的关键力量，源于其在胶片领域多年"培育"出来的独创技术。依靠这些过硬的技术优势，进入高成长潜力的行业，是富士在转型过程中能够先发制人的核心法则。

如今，由于市场需求强劲，富士的医疗保健业务（包括制药、化妆品及医疗设备业务）带来的营收已约占其整体营收的 20%，仅次于复印机和办公用品业务，正在成为富士业绩增长的一个亮点。

这在前富士胶片（中国）投资有限公司总裁横田孝二眼里，被解释为："当公司需要寻找新的业务增长点时，我们的思维没有局限于胶卷只能用来拍照，而是返回到了胶卷的技术原点"。拿胶卷和化妆品的渊源来说，当发现胶卷居然和人体皮肤有共通性后，富士高层果断决定将相关技术应用于化妆品的研发上。

至今，富士已开发出 4000 多种与抗氧化有关的化合物，用于高端护肤品的生产研发。

虽然技术足够强悍，但产品要让消费者产生兴趣，富士今后在化妆品领域的开疆拓土上，挑战仍然巨大。

第三，跨界背后，是"危机思维"

从胶片转移到化妆品，乃至制药行业，富士找到了创新的内在逻辑和关联性，尽管也不是跨界到什么新鲜的领域。

但有一点值得所有企业学习，当企业还未到绝境的时候，就洞悉到未来可能发生的危机，并敢于做出创新的实践。

事实上，富士在做胶片业务时，就已经意识到数字化的趋势。上世纪末，受全球数码浪潮来袭的影响，富士胶片影像业务开始萎缩，于是公司果断收缩了该业务，并开始潜心于数码技术的研发。

而根据市场变化去调整经营方向，可谓是富士转型一路走来的一大招牌。到了 2004 年，富士又进一步认识到，数码影像未来不再是利润增长型产业了，因此公司必须另辟蹊径才能有出路，也就有了其日后在医疗生命科学、高性能材料、光学元器件、电子影像等尖端技术领域的重点突破。

相比之下，富士由于超前意识、敢于创新而成功转型，但同为竞争对手的柯达，因为保守传统而轰然倒塌，这反映出截然不同的企业经营观。

在日本企业中流传着这样一段话，当一个企业产品卖得很红火的时候，就是危机到来的时刻；当一个员工工作做得很熟练的时候，就是容易出差错的时候。所以，拥有超前的危机意识是企业必备的能力。企业必须在危机到来之前，就将新兴的产品研发出来，准备适时投放市场。

正是凭借这种超前的创新思维，富士近年来勇于向化妆品、制药领域频频发力。对于所有企业，在不断变化的世界中，找到自己持续为消费者创造全新价值的方向，才可获得新生。

2. 销售服务的作用

（1）全面地满足消费者的需求

销售服务是产品的重要组成因素之一。产品的整体概念，既包括提供能满足消费者使用要求的物质实体，又包括保证使用可靠性和信任感等非物质因素。消费者使用产品所得到的效用和利益及其满足程度，是通过产品的物质因素和非物质因素两部分体现出来。可见，销售服务不是产品中可有可无的部分，也不是产品销售中的附加工作，而是产品中的"软件"，是产品的延伸和销售的继续，是保证全面满足消费者需求的重要组成部分。

（2）加强企业的竞争能力

销售服务与产品质量、价格一样，是构成产品竞争能力的要求之一。如果说，品种是产品竞争能力的前提或基础，质量是产品竞争能力的源泉，价格是产品竞争能力的核心，那么，销售服务则是产品竞争能力的保证。企业在市场营销中，必须采用多种形式，为消费者提供多方面的优质服务，这样，才能增强企业的信誉，扩大销售。有人说，"第一件产品是靠广告推销出去，第二件产品的售出则靠服务争取来的"。因此，在市场激烈竞争中，有些企业将销售服务视为求得企业生存和发展的重要手段，提出"以服务取胜"的口号，取代传统的"以廉取胜"。

（3）提高企业信誉，增加销售量

随着"以消费者需求为中心"的现代市场营销观念的确立和发展，更多的企业日益重视满足消费者的需求。而搞好销售服务不仅能保证企业能实现这一目标，更重要的是通过完善的销售服务，能不断提高企业的信誉，增强消费者对企业的信任，由此对企业的产品产生好感与偏爱，促进企业销售量的提高。相反，企业如果再实行传统的"货物出门，概不负责"那一套经营作风，不仅会损害消费者的经济利益，也会影响企业的经济效益，最终也会影响企业的自身信誉和形象。

（4）促进企业不断提高产品质量和改善经营管理

生产和消费之间是互相依存，互为条件的。通过销售服务密切的产需关系，直接倾听顾客意见，有利于企业及时改进产品，不断调整营销策略，改善经营管理。如海尔销往四川农村地区的洗衣机返修率比较高。维修人员发现是当地人用它洗地瓜，显然是顾客的不当使用造成的。不少企业发现问题后，会告诉顾客洗衣机是洗衣服的，不是洗地瓜的。有些态度较好的企业在为顾客修好洗衣机后，会好心地劝顾客以后不要再洗地瓜了，否则修理费用自出。海尔的营销人员却按照不同的思路思考，顾客为什么要用洗衣机洗地瓜，说明顾客有洗地瓜的需求。我们为什么不能开发既能洗衣服，又能洗地瓜的洗衣机呢？按照这一创意，海尔开发出了既能洗衣服又能洗地瓜的两用"大地瓜洗衣机"，受到农民的欢迎，十分畅销（见图2.94）。

图 2.94　海尔大地瓜洗衣机

3．销售服务的开展

随着科学技术的不断进步和消费者需求的发展，销售服务工作也日益加强。销售服务的内容十分繁多，根据经营过程分类，有售前服务、售中服务和售后服务；按服务活动方式分，有定点服务和巡回服务；按是否收费分类，有收费服务和免费服务。

虽然各种服务都有着不同的任务，但归纳起来其内容主要有下列几个方面。

（1）接待来访和访问用户

主要包括来访用户的接待，来信、来电的处理，以及访问用户、召开座谈会议。这是生产企业与消费者直接联系的重要形式。它对于了解用户的定义，密切产需关系，收集市场情报有极其重要的意义。

（2）业务技术咨询

主要包括介绍产品，提供资料和解答问题，它是销售服务的一项基本内容。消费者在选购中必然要求了解产品的性能和有关技术参数，了解供方企业情况，如质量水平、信誉、交货期等。有时还想了解配套产品有关情况。对于这些问题，生产企业都应该认真负责地解答，提供有关资料，帮助消费者进行选购，当好顾客的参谋。

（3）质量"三包"服务

这是目前较普及的一种服务项目。它主要是指在规定的使用条件下和使用期限内，发现产品质量问题，企业负责为用户包修、包换和包退，必要时还要承担由此产生的经济损失。生产企业应以"质量第一"和对用户负责的精神，具体地规定"三包"范围，使用期限和明确划分责任。企业如不实行"三包"，对购买者的心理影响很大，有了"三包"，可以减少购买风险，解除消费者购后之忧。

（4）安装和调试

这项服务直接关系到产品效能的发挥，保证用户的经济效益，从而也影响着产品的竞争能力和企业的声誉，特别是对技术性强的产品尤为重要。

（5）备品配件供应

为了消除用户的后顾之忧，这是销售服务中一项不可忽视的内容。生产企业应纠正"重主机、轻配件"的经营思想，有计划地安排备用配件的生产，并采用多种渠道组织供应备品配件，方便用户及时采购，解决用户困难。

（6）技术培训

产品销售后，生产企业还必须把技术一并送到用户手中。这样才能保证用户正确使用产品，使之正常运行，合理地、高效地发挥效能。随着科学技术的发展，对使用产品的技术要求日益提高，生产企业除了在产品设计和生产时十分重视产品在使用中的安全性、灵活性外，还应做好用户的技术培训工作。

（7）巡回检修

如果说，送货上门方便了顾客的购买，能较好地体现"用户至上"的经营思想，那么服务上门，定期上门为用户进行产品的检查、维修和保养服务，现场解决产品的故障，保证产品正常使用，则是一种加强产需关系，提高企业信誉的更为有效的方式。生产企业应该把巡回检修服务作为一种制度经常地、长期地进行下去。

（8）特种服务

随着产需关系日益密切，生产企业还应运用自己的科研技术条件扩大服务范围，开展产品租赁服务；提供大修理服务；帮助用户进行技术改造、改装、施工及为用户调剂余缺等。现代企业为了不断地提高销售服务质量和销售服务水平，更好地贯彻"一切为用户"的经营思想，在提供产品服务时，还可以根据产品特点、市场竞争状况和企业自身的力量来制定相应的服务策略，包括如下。

① 及时解难策略。运用这一策略的企业，把"提供世界上最好的服务"作为自己的象征。如美国的 IBM 公司，选用优秀的业务人员，专门负责此项工作。对任何顾客的抱怨或疑难，务必在 24 小时内解决，有的甚至在提出后几小时内就能解决，得到了用户的好评。

② 交货期上恪守信用。是否按期交货是服务质量的重要标准之一，与企业信誉密切相关。有的企业非常重视按期交货，并克服一切困难，甚至由此带来一定的经济损失也在所不惜，以此来赢得声誉。

③ 质量保证服务策略。对消费者实行质量保证，促使消费者产生信任感放心购买，也能提高企业信誉，扩大产品销售。20 世纪 90 年代以来，世界上已形成一股建立国际质量保证体系 ISO9000 系列并争取权威机构认证的热潮。

④ 卡片策略。这一策略的适用者认为，销售真正开始于售后，他们在顾客买了商品之后，记下地址、姓名，每月给顾客寄去不同大小、格式和颜色的卡片，对顾客表示感谢，保持良好的联系。

⑤ 企业领导人员经常拜访用户。有的企业高级主管经常拜访用户，把谈话的焦点集

中在产品的销售、顾客的反应上面。主管的行为不仅影响着本企业的市场营销人员，也深深影响着顾客。

总之，在现代市场营销中，销售服务作为现代产品整体概念的重要组成，应该受到企业的重视。美国市场学家利维特教授断言，"未来竞争的关键，不在于工厂能生产什么产品，而在于其产品所提供的附加价值、包装、服务、广告、用户咨询、购买信贷、及时交货和人们以价值来衡量的一切东西"。可以看出，正确和充分认识产品的整体概念，扩大产品的附加利益，加强和完善销售服务，对于企业的经营成败，具有重要意义。

2.4 产品的社会形象

现代企业形象塑造与企业的社会责任，已然成为 21 世纪企业竞争需要讨论的主题，这一主题是事关企业生死存亡。同时也是新时代企业文化境界与层次提升的主流。因此，如何塑造现代企业的形象和增强企业的社会责任，是全球经济一体化后的市场竞争日益残酷和激烈的最现实的问题，是企业能够立于不败之地的一项战略举措。

产品的社会形象包括产品社会认知、产品社会评价、产品社会效益、产品社会地位等内容。

所谓的现代企业形象就是企业个性和信誉在社会公众心目中的反映，体现社会对企业的承认和接受程度，是企业文化的综合体现和外在反映，也体现了广大人民群众的意愿，企业形象是以企业的社会责任为基础的，我们引用卡罗尔的说法，企业的社会责任包含了在特定时期内，社会对经济组织经济上的、法律上的、伦理上的和自行裁量的期望，是一种金字塔型的结构，经济责任是基础，也占最大比例，法律的、伦理的以及自行裁量（如慈善）的责任一次向上递减。卡罗尔非常精彩地分析了社会责任问题，通过他的分析可以得出，企业在进行自我形象塑造时，提出应从四个方面出发，即企业的经济形象、法律形象、道德形象和慈善形象四个形象，表达了企业价值观的取向，而且可以代表一个企业的历史、风格、追求和向往，是企业形象高度综合性概括的表现，是社会公众和消费者判断和评价企业形象优劣的一个最重要标尺之一，标志着一个企业市场竞争能力的高低。

众所周知，企业的初衷是以追求盈利为目的，但随着社会的发展，企业文化的不断提升，企业的追求将随着社会公众的期望而不断提高。由原来的盈利目的提升到一种社会责任，就是在追求利润的同时，还要关注、回应利益相关的合理期望和要求，对企业生产经营活动所造成的经济、社会、环境影响采取负责任的行动，并将这些行动融入企业日常经营管理中，以达到企业与利益相关方、经济、社会和环境的可持续和谐发展，也就是企业社会责任要求，企业在追求经济效益的同时也要兼顾社会利益，并关系企业生存与发展至关重要的作用。

一个企业如果只知道以盈利为目的，尽管在产品质量上，企业的基础设施建设等方面有着一流的条件，然后，当企业一旦出现某种问题对社会公众造成伤害，不愿意承担责任；或者当某种灾害侵犯了某个群体，受害者极需得到帮助，企业却视若无睹，那么有谁愿意再信任这样的企业？一家企业不能造福于民，服务于民，它如何立足于民？企业有再强大的实力又有什么意义呢？只有取信于民的企业才是最具实力、最强大的企业。

由此，必须积极倡导企业履行社会责任，这对于企业的健康发展将带来积极的作用。一是可以提升企业形象，增强企业核心竞争力；二是可以提升企业经济效益；三是可以有利吸引人才，提高创新水平，加强风险管理；四是可以加速实现社会的可持续发展，促进社会进步。履行社会责任，是塑造企业形象的底线，能更多的得到社会的认可与支持。

塑造企业形象也不能盲目，必须树立正确的观念。在进行企业形象塑造时，必须讲究科学性、整体性，任何一个单一的形象都不能称之为完整的企业形象。应在法律的基础上，着力打造一个管理科学、技术先进、产品深受消费者喜欢的经济形象，并尽其可能塑造出有爱心、敢于承担各种社会责任的强烈责任感的企业形象。同时，企业形象的塑造作为一项战略性的系统工程，尤其是道德形象和慈善形象是不可能一朝一夕就完成的，也不可能一劳永逸，它需要企业持之以恒，要根据时代和社会形势的发展，市场和消费者的变化及时进行自我完善，才能始终如一保持良好的形象；同时，企业形象的塑造不可能得到及时回报，需要大量的投入，如慈善事业的投入，它需要企业从长远利益出发，才能逐步得到社会的认同，并产生社会效应得到响应和回报。

下面，我们以海尔为例，来阐述产品社会形象的建设。

2.4.1　持续的产品创新

海尔一直坚持"用户至上"的品牌理念。以市场需求为经营导向指引着海尔面对动态的市场需求，始终坚持创新精神。海尔认为创新是企业的灵魂，也唯有创新，才可以为消费者提供更多价值。

图 2.95　海尔节能冰箱

自国家实施阶梯电价以来，节能家电就成为消费者的购买首选。很多用户在参加海尔公益大普查时，均表示会选择购买节能家电，而国家推出的节能补贴政策更让他们提高了对节能家电的关注。如果对旧家电进行更新升级，也会毫不犹豫选择节能系列产品，不但以实际行动支持国家节能环保，也能让自己的家庭生活步入安全节能、低碳环保的新境界。对于海尔节能产品在家电市场备受欢迎的原因，行业专家认为安全节能技术、可循环技术、低污染、低排放等技术的应用，大大提升了市场对海尔的认可。以海尔全球首推的 A++++节能冰箱为例，该产品突破了节能领域的技术局限，日耗电量仅为 0.19 度，成为目前世界上最节能的冰箱（见图 2.95）。

以空调为例，2016 年 9 月 27 日至 28 日，首届亚洲质量功能展开与创新研讨会暨第三届中国 QFD 与创新论坛举行。QFD(Quality Function Deployment)质量功能展开，是把顾客或市场的要求转化为设计要求、零部件特性、工艺要求、生产要求的多层次演绎分析方法。它使产品的全部研制活动与满足顾客的要求紧密联系，从而增强了产品的市场竞争能力，提高顾客满意度。大会评选的"亚洲 QFD 优秀项目"，专为表彰在质量创新和 QDF 应用活动中取得显著成效的优秀项目。

来自高校、科研、军工、汽车、家电等涉及各个领域的 128 个项目参与"亚洲质量创新优秀项目"评奖，最终 7 个优秀项目荣获质量创新一等奖。海尔空调作为空调行业唯一代表参会，并凭借能吹自然风的智能自清洁空调位列 7 个优秀项目之一。

为了捕捉到自然风，并将其应用到智能空调上，海尔研发人员行走 20000 公里测试了初秋竹林、夏季海边、雨后森林、长白山等 300 个自然场景，从凉爽到冷得打哆嗦，采集自然风的风速及风量数据，通过对比自然风和机械风，运用大数据分析推导出自然风模拟方程式。此外，海尔还与中国标准化研究院联合研发智能仿生人，以其为依托进行大量舒适性实验测试，并和人体活动代谢率等指标进行大数据计算分析，最终发明能吹"自然风"的智能自清洁空调。

其中，海尔智能自清洁挂机新品应用了基于 400 亿+大数据研发的"自然风"技术，终结了传统空调吹有序机械风的历史，让空调达到自然风的舒适效果。另一款舒适风柜机新品则采用感应匀风技术，让空调可以像无人机平稳起降一样实现人与空调所处位置精准距离感应，根据空调与人的距离调节送风量及压缩机运行频率，吹出舒适匀风，远近皆舒适。海尔空调希望借智能家电节和国庆双节，让用户零距离体验全新空调出风方式，终结冷硬机械风时代（见图 2.96）。

图 2.96　海尔智能自清洁挂机

海尔还推出了包括天樽、劲铂、帝樽等产品全系列自清洁空调（见图 2.97），并批量上市能吹自然风的舒适风系列空调，实现了全线产品智能化。国家信息中心发布的最新数据显示，在行业新品率普遍下降的背景下，海尔空调 2016 年上市 12 个月内产品销售量贡献率超过 80%，行业排名第一。

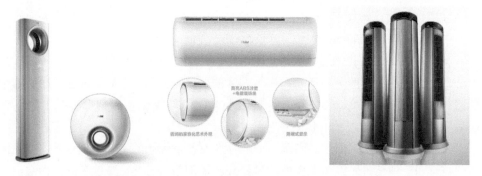

图 2.97　从左到右依次为海尔天樽、劲铂、帝樽

进入 2017 冷年，空调业迎来智能的爆发期。对于海尔来说，除了在全球市场地位和技术创新领域持续实现智能引领之外，海尔空调的全智能战略也取得了突出成绩，实现了品牌、产品、制造、服务、全球、生态等六大智能布局。在中国市场，海尔智能空调市场占比已超过 6 成，继续夯实智能领军地位，自清洁系列成为市场上最畅销的智能空调。而在海外市场，海尔空调也稳步增长，上半年在美国市场销售额同比增长 20%，在欧洲地区增幅达 30%，2016 年海外市场销售增速 2 倍于行业，成为国际市场上用户的主流选择。

再以洗衣机市场为例，伴随消费者生活水平提升和消费需求的多元化，用户对于洗衣机的高端化要求趋势日益明显。2016 年中国家电网联合权威市场调研机构中怡康发布的《中国高端家电消费调查报告》显示，在计划购买高端家电的人群中，出于追求生活品质需求的消费者占到 65%。从这一点来看，高端洗衣机正在取代价格因素，成为当前迫切希望提升生活水平的消费者的关注重点。

在洗衣机行业，每个研发中心都有其最擅长的技术。日本的洁净、澳洲的高效、欧洲的平衡、美国的安全、中国的呵护，这些构成了全球洗衣机行业的核心竞争力。作为一直引领全球洗衣机行业创新趋势的品牌，海尔洗衣机面对高端产品市场的不断升温趋势，依靠用户思维发展"核芯实力"，成功实现企业的高端升级。

精制 22 个零件、9 次装配，做一把完美刀具，是百年品牌瑞士军刀的匠心，而汇集 5 国研发智慧，聚积 8000 年经验（在海尔洗衣机研发团队中，约有 500 多位研发工程师，他们平均行业研发经验在 17 年以上，工龄加在一起超过 8000 年），沉淀创新 1 台海尔紫水晶，是海尔洗衣机的匠心。以紫水晶系列为例（见图 2.98），海尔洗衣机通过准确认识到想要把困扰用户常见的 100 多种顽固污渍（如口红印、油笔渍等）清洗干净，就需要把影响洗涤洁净度的主要因素，如洗涤水的水温水质、洗涤剂的清洁效果和衣物材质洗涤方式等进行精准配合。

图 2.98　海尔紫水晶系列洗衣机

为此，海尔洗衣机通过精准把握用户需求，针对日常生活中经常出现的近百种顽固污渍进行分析，将其与洗衣机系列参数相匹配。在成千上万次对比试验之后，最佳洗涤程序水落石出。以女性用户最经常遇到也最烦心的口红印为例，海尔洗衣机测试一个品牌一种颜色的口红印，就需进行 136 次试验，对比试验周期长达 18 周。如此算来，仅为了清洗市面上出现的不同品牌和不同颜色的口红，试验次数就要达到十几万次之多。

大数据对比试验让海尔洗衣机在污渍清洗方面领先行业一大步。据了解，目前行业多数洗衣机只有 6 种特渍洗程序，而海尔洗衣机已掌握 106 种污渍洗涤数据。其中搭载到紫水晶上的就有 26 种特渍洗和 24 种洗护程序，满足用户不同面料衣物所需的完美洗护解决方案。

海尔洗衣机的软实力全球领先，赢得了用户的一致认同。2016 年 8 月 22 日，中怡康公布的洗衣机行业最新周数据显示，海尔洗衣机市场份额占比达到 33.6%，是第二名和第三名之和。在 5000 元以上高端洗衣机市场，海尔洗衣机的占比超过 4 成。其中，在排名前 10 的高端型号中海尔占 6 款，而紫水晶系列 2 款产品分别占据首位和次席，引领优势十分明显。

2.4.2　贴心的顾客服务

还是以海尔为例。在顾客服务方面，从 1995 年提出的"星级服务"，到后来的"一票到底"、"一站到位"等服务模式，海尔始终坚持"真诚到永远"的用户至上准则。创业至今，海尔始终严把监督，规范员工服务标准，不喝人家一口水、不吸人家一支烟、虚心接受用户抱怨、根据抱怨改进产品和服务等服务款项，不仅赢得消费者的赞誉，更成为业界谈论的经典案例。

2012 年 3 月 26 日，中国标准化协会发布了家电行业首个《家用和类似用途电器七星服务标准规范》。同时，为了给消费者选择家电渠道提供参照，中国标准化协会还公布了全国首批 10 家达到七星服务标准的家电渠道名单，成为行业首批"七星服务店"。

七星服务包含了产品之星、质量之星、设计之星、健康之星、便捷之星、速度之星、服务之星七个方面。其中每一颗星都从消费者的角度出发，进行了高标准的规范，包括售前、售中、售后全流程的服务范围，为用户设立的高效、便捷、快速的高增值服务。

海尔就是"七星服务标准"的范本，作为业界首个星级服务标准，七星服务规范代表着行业最高水准，它的发布给整个行业的服务升级树立了新标杆，可以带动更多的企业为提升服务水平而努力，从而促进家电企业与消费者建立良好关系，提升家电业的整体美誉度。

2013年7月28日，海尔在创新全球论坛上正式发布了步入网络化战略阶段之后品牌的新形象。公布了全新的企业标志，其中新口号是"你的生活智慧，我的智慧生活"。

新形象主要有三大变化。一是海尔主色彩从红色重新回归蓝色。在新的战略阶段，海尔向着提供专业服务及解决方案的科技形象转变，新的品牌主色彩随之转变为蓝色，以体现科技创新与智慧洞察的视觉感受。二是"I"上的点由方点变为圆点，以及字体整体优化。圆点象征着地球，体现海尔创互联网时代的全球化品牌理想，也表现了海尔对网络平台中每一个个体的关注，也正是个体的智慧汇聚成海尔的网状平台。字体整体优化，以获得更好的视觉平衡。三是辅助图形为网格状。以象征海尔节点闭环的动态网状组织，网格没有边框，无限延伸，喻义网络化的海尔无边界，没有展级，而是共同直面用户需求的节点（见图2.99）。

图2.99　从左到右依次为旧、新标志

创业伊始，海尔提出"真诚到永远"的理念，以高质量、高品质实现企业对用户的诚信承诺。到现在的"你的生活智慧，我的智慧生活"，无论标志和品牌口号怎么变化，永远不断地为用户创造更大的价值是海尔永远没变的核心服务理念追求。紧盯市场的变化，甚至要在市场变化之前发现用户的需求，用最快的速度满足甚至超出用户的需求，创造美誉。

2016年9月20日，以"局点序盘——构建服务全产业链生态圈"为主题的中国电子电器服务业盛会——2016集群发展大会在广州举行。中国家用电器服务维修协会、企业领袖、行业精英就移动互联网时代的家电服务模式创新进行了深入探讨。除此之外，凭借创新的服务模式及良好的用户口碑，海尔服务也一举获得"集群发展先锋企业"和"服务顾客满意品牌"两项行业大奖。

最近10年，中国家电行业成功扩大了在全球家电市场的影响力，实现了对传统家电格局的重构。相比之下，家电服务业在发展过程中的矛盾却日益加剧，面对"互联网+"

对传统模式的颠覆，寻找家电服务的下一个风口已成为业内的当务之急。海尔在 2016 年接连发布了一系列创新举措，针对用户推出"家电管家服务"、针对服务兵打造"创业平台"，逐步完善开放服务平台，凭借"共创共赢"的生态圈模式抢先完成了战略部署。

如今的家电市场，产品和服务已经呈现出不对等的状态。不少企业也在尝试一些改良方法，例如借助互联网建立快速响应服务体系，提升服务体验等，但是这种建立在传统维修基础上的变化，显然无法从根本上解决行业的困惑。那些已经获得巨大突破的行业，几乎都是围绕用户形成了各方价值的整体增值，那么家电服务的突破口也应当是价值观的颠覆。

长期以来，用户对家电服务效率、服务态度、服务收费有着诸多抱怨，而服务人员对于收入不稳定、社会地位不高的情况也非常苦恼。现在看来，这种矛盾的根源就是用户和服务人员之间没有形成价值绑定，一方面，用户对服务结果无法评判，只能被动接受；另一方面，服务人员的"打工者"角色，决定了其对接的是老板，而非用户。

对此，海尔在 2016 年 4 月发布了"人人服务人人创业"服务模式，通过用户付薪用户评价的新机制，让用户决定服务兵的命运，而在 2016 年 9 月底，海尔服务再次推出了"用户评价用户付薪"驱动的家电管家服务模式。具体来说，用户可以通过海尔服务创业号也就是微信公众号和 APP 两个端口对服务质量进行在线评价，好评越多，服务兵升级速度越快，等级越高抢单优先权越大，获得的收入也会越高，反之，如果用户差评过多则会导致服务兵被直接淘汰下岗。

这种共同增值的模式，不仅赋予了用户"核心"角色，更是推动海尔服务兵从"打工者"转变成为为自己创业的"老板"，激发家电服务人员的主动性，驱动他们主动与用户交互，提升自身服务水平，并以服务为起点，将海尔"服务是营销的开始"理念全面推广。

随着日前海尔发布家电管家服务模式，一个"用户驱动、服务兵创业、利益方自优化"的生态圈日臻清晰起来。

用户付薪是以互联网为平台，一改以往用户对服务无发言权的尴尬局面，通过服务评价主导服务过程，从而解决了家电服务长期存在的乱收费、服务质量差、服务态度不好的积弊。在此期间，巨大的需求数据汇流到企业后台，为企业发现潜力市场提供了启发，推动企业在研发、制造、营销等各方面的变革，促进相关利益方的自我改进。

围绕用户需求，海尔通过建立创业平台为服务兵提供了广阔的发展空间，让服务兵直接对接用户，自己创造价值。同时，海尔打造了家电健康生活定制方案，包括家电全生命周期的解决方案，提供从维修、安装、以旧换新、家电租赁等服务，以及家庭水健康定制方案、家庭空气治理定制方案、定制洗衣方案等，以此实现用户和服务兵的共同增值。

例如，青岛鸿顺瑞网点的海尔服务兵王蒙，通过日常服务关怀成为周边社区用户最信任的家电服务管家，不断有老用户找到他购买新家电，或是寻求家居改造帮助。2016 年 8 月，他凭借五星服务等级，获得优先抢单权，在原有收入基础上创收超过 3 万元。在此之前，月收入过万对他来说早已是常态。

据统计，仅 2016 年 6 月至 8 月，服务增值过万的海尔服务兵人数分别为 552 人，598

人、653 人，每月平均递增 10%。

在互联网时代，企业要实现与用户的零距离交互，就必须有可靠的支点，而服务无疑就能发挥出这个作用。在海尔看来，这个支点绝不仅限于遍布全国的 10 万服务兵，更应该是利用社会优质资源，把传统的服务封闭系统变成一个开放的共创共赢系统，通过海尔搭建的服务创业平台，鼓励人人争当创客，加速家电服务行业的转型。

具体来说，升级后的海尔服务创业平台会面向老技工和退伍军人开放，实现优秀人才再就业，进一步缓解社会就业压力。同时，海尔联合家电服务协会对有意进入家电服务行业的社会人员进行培训，直接为行业培养专业的服务力量。

除此之外，海尔还联合高校毕业生就业协会校企合作委员会、质量万里行促进会以及中国家用电器服务维修协会成立了创业联盟，在大专院校开设家电服务专业，将高素质人才输入到服务网点，打造海尔家电金牌服务营销师。

不难看出，海尔对创业平台的战略定位早已超越了企业本身的范畴，体现出对家电服务产业链条的重新架构。在新的产业链上，用户成为服务价值的真正创造者，没有出色的服务体验，任何价值都无从谈起，而创业平台的作用便是为用户创造价值提供链接，吸引社会各方资源加入到提升价值的行列中。

海尔对家电服务未来趋势的准确把握，正是其 30 年来"以用户为中心"理念的传承，在海尔的带领下，整个家电服务行业或许不会再困惑于"风何时来"。

除了切实地做好客户服务，为客化解烦忧，海尔也注重服务理念的深入营销与传播。营销是一种产品，把这个产品打造成尖叫的爆款前提是抓住国民性的痛点、情绪点，快速引爆。而顶级 IP 往往是已经验证过的，撩动国民性痛点、情绪点的神兵利器。在信息爆炸的大背景下，尖叫的营销，拥有快速免费刷爆朋友圈的权利，无限集赞的超级特权。而平庸的传播，举千金之力，也只有快速淹没在信息大海的宿命，葬礼上亦不会有一朵鲜花。

在对服务理念的宣传营销方式上，海尔在提高社群战略权重后，把脉用户偏好的能力不断进阶。2016 年 5 月，海尔与优酷土豆一起打造了以"真诚"为主题的《时代录》，与90 后新生代偶像歌手华晨宇、奥运冠军陈一冰以及本片的导演、双料艾美奖得主范立欣等新时代"真诚"偶像，共同探讨这个时代下的真诚，引发了网友的广泛讨论。"信念、拼搏、颠覆、自我、经典、转型"这六个标签、六个故事，海尔在全世界寻找最"真诚"，最"温暖"的精神介质，陪伴全新的时代、全新的用户砥砺前行。

2016 年 9 月海尔与电影《从你的全世界路过》全方位捆绑合作，不管是产品植入、前期营销动作、电影首映、宣发，全面"温暖"了用户的情感世界。在电影上映之前，深谙互联网传播之道的海尔就联合了滴滴、乐视和现代等 16 个知名品牌，发起了"温暖你的全世界"微博话题活动，引来了数万人的评论和点赞（见图 2.100）。而在影片中，不同以往强行植入或仅冠名，海尔与该电影跨界合作打造出一个个的真实生活场景，如电影中承载了茅十八发明梦想的家电小铺、茅十八用海尔馨厨互联网冰箱向荔枝告白的场景等，均展现了海尔所打造的智慧生活方式。

图 2.100　海尔"温暖你的全世界"活动

　　海尔家电的暖，是温度，是始终如一的呵护，让家电变成"家人"。就像剧中善良安静的幺鸡默默喜欢陈末，一直真诚无悔的关爱与奉献。这也正如海尔的智能家电一样，默默不语却为用户提供了便捷和舒适的生活，并通过推出以人为本的整套智能家电，用不断的创新迭代让爱渗入用户生活的方方面面，让用户每一次开启家电产品都能感受到温暖与智慧（图 2.101）。

图 2.101　暖人的海尔智能家电

2.4.3　善行始终的公益

　　随着中国企业市场意识觉醒，越来越多的中国企业意识到自身社会责任，对品牌建设及消费者认同的重要作用，而企业的公益之举则成为衡量企业社会责任的重要指标。

作为全球大型家电第一品牌，海尔在为消费者提供美好住居生活解决方案的同时，积极履行社会责任，不断创新公益新模式。

海尔历来重视生态环境保护，海尔绿色环保产品为 100 多个国家和地区的消费者装扮绿色美好生活。为倡导全球环保意识，海尔举办系列公益活动，如携手世界自然基金组织（WWF）启动"地球一小时"，与全球消费者共同感恩地球、呵护地球。

同时，海尔将关爱和奉献撒遍全球。在中国，海尔积极投身于抗震救灾和扶危济困，海尔集团用于社会公益事业的资金和物品至今已达 5 亿余元；在美国，海尔为当地创造就业而荣获"社区贡献奖"；在澳大利亚，海尔投资悉尼乳腺癌基金会；在古巴、印度尼西亚、马来西亚等地，海尔与当地居民共同抗击自然灾难；在科特迪瓦，海尔捐赠多媒体电子化教学教室，帮助当地提升信息化教学水平。

近年，向互联网转型的海尔衍生出许多创客"小微企业"，形成一个开放的生态圈，使得海尔回报社会的责任主体由一个企业变为多个小微组织，此举不仅实现了海尔公益理念的发散效应，还形成了以海尔生态圈为中心的磁铁效应。

2016 年入夏以来，中国南方发生了严重洪涝灾害，为了让灾区用户安全放心的使用家电，从 6 月 22 日开始，海尔在全国迅速开展"送服务下乡"公益行动，深入灾区一线提供免费安全测电、家电检测、清洗保养服务。目前，海尔服务公益行已经服务用户 90 万人，优先"进驻"到重点灾区免费开展公益服务见（见图 2.102）。

图 2.102　重点灾区免费开展公益服务

截止 2016 年 7 月下旬，全国共有 527 个海尔服务网点参与到公益行动中，其中杭州地区就多达 81 个。全国服务网点同步行动，近千名海尔服务兵奔走在一线，北起哈尔滨，南达海口，东起青岛，西至新疆，海尔服务公益行走进全国 3004 个村庄，并深入到合肥、武汉地区的 41 个重灾区村庄，为受灾用户排除用电隐患，检测、检修受灾家电。

在灾区，海尔服务小分队每天平均工作时长超过 18 个小时。在积极参与救灾工作的同时，他们还为救灾官兵提供了及时支援。2016 年 7 月 15 日，合肥海尔服务小分队得知当地救灾武警部队缺少洗衣机和干衣机，立即协调网点送去了免费的机器，战士们深受感动。

海尔服务公益行不仅用"真诚"的服务感染着受灾用户，也让他们见证了海尔品质的"真诚"。在合肥含山县半湖村，村民王先生家的海尔洗衣机在大水中泡了 48 小时，经过海尔师傅简单调试，居然还能正常运转。又惊又喜的王先生当场给这台洗衣机取名"机坚强"，并表示以后买家电就选海尔，质量好，用着放心。

一名嘉兴用户在微博发帖，对海尔不分品牌、不限品类的免费检测维修服务发出由衷赞叹。实际上，许多受助村庄和村民都在服务后，给海尔网点送来了热情洋溢的"感谢信"，以此表达内心的感激。在很多用户看来，海尔服务在洪灾过后第一时间给予帮助的做法，给了他们莫大的信心。

海尔服务通过实实在在的行动，全力支持灾区重建工作，帮助每个用户安全使用家电，尽快恢复正常生活。这不仅体现出三十多年来海尔"以用户为中心"的核心理念，更在全社会范围内彰显出高度的社会责任。

另外，在中国，海尔还注重教育公益事业。从 1995 年援建希望小学开始，海尔已在全国建立希望学校 200 余所，在这过程中，海尔兑现了 2008 年北京奥运会"一枚金牌，一所希望小学"的承诺。2010 年举办了"海尔希望小学走进世博"活动，这些都体现了全体海尔人奉献社会的拳拳爱心。2012 年海尔与青岛市重点中学合作创建海尔创新奖励基金，鼓励中学教师、中学生的发明、创新行为。

2014 年 11 月 25 日，中国青少年发展基金会在北京召开希望工程 25 周年大会暨表彰大会，海尔凭借对希望工程的长期投入以及互联网时代下探索的公益新模式获得"希望工程杰出贡献奖"。

当前，素质教育成为全国中小学推进"全人教育"的重要课题，如何让学生在保障学习成绩的同时全面提高综合素质，成为学校和社会共同努力的方向。此外，中小学生"重理论轻实践"、远离自然、亲子陪伴缺失等问题也日益突出。在此背景下，海尔菜多多将大自然搬进课堂，让家长和孩子在家中动手种植蔬菜，既可以体验到收获的乐趣，又能够增加家长陪伴孩子成长的时光，得到了在场家长和小学生的积极响应（见图 2.103）。

图 2.103　海尔菜多多亲子公益活动

作为主打亲子陪伴的种菜神器，海尔菜多多在交互用户需求的基础上，联合中科院、农科院、中国农业大学等科研机构，为用户提供了一套智能、健康的室内种植解决方案。借助于涵盖光照、水分、氧气等全方位的智能微生态系统，海尔菜多多让在家种菜变为一种简单、快乐的体验，让孩子足不出户便能接触到大自然。此外，海尔菜多多还为用户提供近百种无农残、无污染、发芽率高的非转基因种子，从源头上保证蔬菜的健康。

在互联网时代，每一款产品的诞生不再是企业闭门造车的大规模流水线制造，而是以用户需求为核心的自驱动创新。也就是说，只要把握住用户的真正需求，便可以不断实现产品的自我更新和迭代。海尔菜多多准确洞悉了这一用户需求，成功开拓出亲子智能家电的蓝海，成为这一领域的引领者。

第 3 章

产品形象设计方法及程序

3

3.1　产品形象设计的原则

　　将设计原则分为总设计原则和分设计原则。设计原则是连接理念层面与视觉表现层面的桥梁，是对设计行为的一种规范。

　　总设计原则来自核心理念，是企业旗下所有产品设计要遵循的统一准则，是无论实施何种品牌战略的企业都必须要具有的，也是产品形象一致性的保证。世界各大产品设计集团都形成了自己的设计原则。如德国布劳恩公司提出了"诚挚、简练、平衡"的造型原则。丹麦B&O公司在20世纪60年代末就制定了七项设计基本原则，即逼真性、易明性、可靠性、家庭性、精练性、个性和创造性。B&O公司的七项原则，使得不同设计师在新产品设计中建立起一致的设计思维方式和统一的评价设计标准。图3.1所示为B&O公司在七项原则下设计的产品。

图 3.1　B&O 公司产品

　　分设计原则来自扩展理念，是在总设计原则的基础上根据企业品牌策略的具体情况而制定的设计原则，是体现某一特色的设计依据。如单一品牌战略下的某系列产品的设计，有时需要制定体现这一系列产品特点的设计原则；多品牌战略下的某子品牌产品的设计，需要制定体现子品牌理念与形象特点的设计原则；根据企业目标市场在地域性和文化性方面的差异，需要有针对性地制定不同的设计原则。

　　分设计原则应用范围较窄，是对总设计原则的细化、扩展和补充。如伊莱克斯的不同产品系列在品牌框架的指引下有不同的设计原则：阿尔法系列的造型刚柔相济，具有汽车设计中的"新风锐"风格（见图3.2）；德尔塔系列则简洁工整、棱角分明，具有典型的欧洲设计特点。产品设计原则是一个发展的概念，随着品牌的发展变化而不断地修改和完善，在不同的地域也可以有所调整（见图3.3）。

图 3.2　阿尔法系列

图 3.3　德尔塔系列

产品形象是消费者对产品的评价和印象，这些评价既可以通过购买产品或服务而产生，也可通过各种新闻媒介的传播来形成。因此，塑造产品形象应把着眼点放在使消费者了解该产品和服务上来，企业在进行产品形象塑造时应遵循以下几条准则。

3.1.1　个性化原则

产品个性化是工业产品的一大发展趋势，而个性化的产品需有个性的产品形象。产品的外在形象，能否在各式产品琳琅满目的终端货架上形成强有力的视觉冲击，能否第一时间抢占消费者的眼球，能否刺激消费者的潜在消费将决定产品的最终销售力度。

一味地模仿、抄袭，邯郸学步，或是缺乏对竞品形象的了解，或是缺乏对目标受众购买因素的深度洞察，最终导致产品一上市就与竞品的包装形象雷同，在终端陈列被让人眼花缭乱的各式产品所淹没，跳不出来。这样的产品形象，在市场上比比皆是，其核心问题是缺乏独有的品牌个性，没有个性的产品形象是很难形成利基点的，更是造成消费者视觉识别疲劳的主要因素之一。相反，那些个性突出、差异明显的品牌却总能第一时间占领目标受众的视野，并留下深刻的印象。而无论是何种个性化的定位都一定要能够被目标受众所接受，不能被消费者所认同的个性只能说是特性或疯癫。

产品形象的个性化特征表现，一般是对某一造型构成要素在线型、色质、结构、位置等细节方面进行独特的设计，使产品具有相同或类似的识别要素，在企业产品上重复出现与强化，对消费者产生明显的视觉刺激作用，形成统一而又连续的视觉印象。这些特征愈是具有强烈的个性，就愈有利于在消费者心目中形成记忆特征，甚至成为企业形象的第二标志，使消费者通过产品外观造型便可以准确判断出企业品牌。

产品形象的个性化特征的形成一般有两个途径。首先是企业历史文化沿革形成的某种造型符号，如宾利汽车的格栅圆顶和圆形车灯这两大标志性设计（见图3.4），从其早期的型号一直到最新的技术概念车型都保持了连续性的造型特征。

图 3.4　宾利汽车的前大灯

宝马汽车的双肾形进气格栅造型也同样体现了这种企业历史的文脉关联，其优势在于这种个性化造型符号的文化意义具有排他性，使别的公司无法效仿（见图3.5）。

图 3.5　宝马汽车的双肾形进气格栅造型

再以苹果公司为例，苹果公司把自己看作革命性产品的创造者，向消费者展示出他们可以有的、应该有的，甚至是难以抗拒的选择，潜移默化地改变人们的生活方式、生产方式，描绘出感性、理性和悟性兼具的个人生活体验。苹果 IMAC 产品摒弃了矫揉造作的造型，混乱而繁杂的功能，将简单的几何元素与有机形态完美的融合，使产品的功能和设计实现高度地吻合。产品经常使用的功能让人感觉浑然天成，毫无造作的感觉，形成了不可复制的"白色盒子"（见图3.6）。

其次是根据时代的审美意识与价值理念，结合企业产品的内在属性，设计出某种造型符号作为产品的构成要素，赋予产品全新的个性化特征，例如五彩缤纷的花样图案已然成为斯沃琪（Swatch）手表公司的独特设计语言，其时尚、新鲜的个性形象不仅赢得了市场的广泛认可，更传递出 Swatch 手表创新求变、新潮前卫的设计理念。

（a）iPad5　　　　　　　　　　　　　　　　（b）iphone6

（c）MacBook Air

图 3.6　苹果公司产品设计

玩乐夏日，海滩必不可少。2015 斯沃琪推出夏季新品——冲浪系列。驾驭海浪，一款凹造型的腕表更是耍酷的加分利器。斯沃琪花样百出的冲浪系列，能够搭配海上冒险者的每一个英姿。贴心的斯沃琪，也为海滩的其他场合特别打造了腕表（见图 3.7）。

图 3.7　2015 斯沃琪夏季新品——冲浪系列

另外，针对如火如荼的智能穿戴领域，斯沃琪（Swatch）推出自主智能手表产品 Swatch Touch 与苹果的 Apple Watch 相抗衡（见图 3.8）。根据斯沃琪介绍，Swatch 的智能手表可以连接网络"而不需要充电"，显然这是对 Apple Watch 最大的打击。他们的这款手表同样支持移动支付，但是目前仅支持几家在瑞士的食品店，斯沃琪正在争取更多零售合作伙伴。

产品特征的连续性表现，不仅在产品开发中增加了个性化因素，更重要的是产品构成特征会成为企业文化精神、企业技术实力形象化表现的快捷图标，消费者通过不断强化的鲜明的产品识别特征，能迅速联想到企业的整体形象。从这个层面来观察，产品形象的个性化特征塑造，将会以快速的社会认同体现，诠释企业的文化理念、发展战略，进而推动企业发展及社会形象的品牌塑造。

图 3.8　Swatch Touch 效果图

3.1.2　系统性原则

产品形象的系统设计作为品牌战略的一大工程，在品牌创建中具有举足轻重的作用，并能和企业文化主导下的形象系统有机整合，由内而外的重塑新形象，可以重整多方沟通渠道，强化信息传播，扩大市场与社会认知力和信赖度、知名度，推进营销发展，使企业获得良好的经营环境。这是企业经营中形象战略的一个重要部分。

首先，应该将围绕产品所进行的工程设计、造型设计、包装设计、广告设计等作为一个整体进行系统设计，要求每个体现形象的要素都符合统一性原则。

在产品本身及其附件的造型设计上，应存在某种相同的元素，这种相同的元素可以体现在色彩、材料、造型符号等方面，通过相同元素的重复使用，使产品反映出某种风格特征。产品的造型设计在产品的形象系统中占主导的地位，它决定了围绕产品的促销与宣传所需的标志设计、包装设计、广告设计、网页设计的风格特点。

下面以美国咖啡品牌 Keurig Green Mountain 为例（见图 3.9），说明系统性原则。Keurig Green Mountain 是美国绿山咖啡公司旗下全资附属公司，公司于 1981 年作为韦茨菲尔德佛蒙特州一家焙烧和供应咖啡的小咖啡馆而成立，于 1993 年 9 月公开上市。曾被评为"最佳企业公民"第一名。该公司提供超过 100 种不同的咖啡品种选择，包括经过认证的自家公司和纽曼品牌有机咖啡、特种共混物咖啡和调味咖啡。从图 3.10 中可以明晰地理解系统性原则在 Keurig Green Mountain 产品、宣传页、名片、包装、展示上的体现。

图 3.9　美国咖啡品牌 Keurig Green Mountain

图 3.10　系统性原则在 Keurig Green Mountain 产品、宣传页、名片、包装、展示上的体现

　　也就是说，在与产品相关的平面设计的有限版面空间内，将版面构成要素的文字字体、图片图形、颜色等通过美的形式法则进行规划，把产品的风格特征以视觉形式表达出来，这样就能加强其识别主体的传达性，并能以统一的识别方式产生系列化的效果。还可以阿莱西的产品来综合分析这个问题。

阿莱西以注重生活创意的态度，设计出许多颠覆传统家居用品的作品。从每件产品的背后，都可看到多元文化的身影，在多元文化的映衬下，每件作品都有他的感性体贴和充满幽默游戏的趣味，无怪乎阿莱西动不动就抱走许多国际性比赛的设计大奖。这归功于阿莱西公司对多元文化热爱、理解和独到设计理念的执着追求（见图 3.11）。

图 3.11　简单却富有趣味的产品

其次，应该将各代产品作为一个系统进行考虑，使产品体现出固有的风格，形成该产品的形象特征。一个产品的风格的形成是需要积累的，它在消费者心目中的形象是通过各代产品在某种特征上的不断重复形成的。我们用苹果手机 iPhone 的更新变化来分析这个问题（见图 3.12）。

从 iPhone 自身的发展历史作为主线来看，iPhone 4 无疑是一次革命，Apple 也打出了 "This changes everything,Again."（"再一次，改变一切。"）的口号。iPhone 4 是如此的不一样，尤其与其前身作比较，从弧线到直线是非常大的一个转变，它直接关系到人们的一些细微体验，比如说弧线是有机的，直线则是抽象的，那么两者能承载的形体感外延是完全不一样的，这也就是说，为什么将 iPhone 4 和 iPhone 3GS 放在一起，人们会觉得 3GS 更像玩具。再来看看 iPhone 6，iPhone 6 之大，不只是简简单单地放大，而是方方面面都大有提升，它尺寸更大，却纤薄得不可思议；性能更强，却效能非凡。光滑圆润的金属机身，与全新 Retina HD 高清显示屏精准契合，浑然一体。而软硬件间的搭配，更是默契得宛如天作之合。无论以何种尺度衡量，这一切，都让 iPhone 新一代的至大之作，成为至为出众之作。

iPhone 3 GS	iPhone 4	iPhone 4S

iPhone 5	iPhone 5S	iPhone 6	iPhone 6plus

图 3.12　苹果手机 iPhone 的更新变化

可以看出，无论是从弧线到直线的改变，还是手机屏幕尺寸的变大、厚度的变薄，没有改变的仍是 iPhone 手机的造型形态，以及位于屏幕下方极具标志性的圆形按键，这些都体现了系统设计的特点：相同符号元素的延续使用。

再次，产品的设计是一种文化的体现，是一种时代的体现，是生产力水平高低的体现，它必须接受广大消费者和市场的选择和时间的考验。而不是由一个人或几个人说"好"或"不好"来决定的。公司领导对产品形象的决策不应以个人的爱好为根据，应该以一个产品的品牌积累为根据。

此外，系统设计对设计公司的综合能力提出了更高的要求，最好能向厂家提供产品设计，以及围绕产品的造型特征所展开的包装设计、广告设计等全方位、系统性的服务，并且能对其后的市场效应进行跟进。

现今的世界是一个多元化的世界，任何事物都不是孤立存在的，而是处于一个有机的整体当中，因而，我们应以系统的眼光来看待事物，这也是研究系统设计的意义所在。

3.1.3　适时性原则

　　企业要使产品受到消费者的青睐，保证产品形象的适时性是必须的。产品形象需随着社会的发展和消费者心理变化而做出适当的调整。图 3.13 是可口可乐历年的标志，作为产品形象的一部分内容，充分说明了产品形象的适时性。

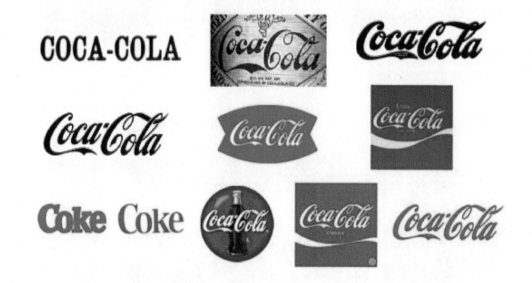

图 3.13　可口可乐标志变化

　　可口可乐这一产品形象定位，适时地把握住了消费者的消费时尚趋势，迎合了消费者口味需求。

　　一个产品形象的成功必须要有一些独特的东西，并且这些特点是目标消费者所接受的。百事把蓝色的魅力作为产品形象的卖点，为年轻人所接受，并且几年中一直突出这一卖点的诉求，现在已广为人知。由于产品形象的独特与适时，消费者对百事可乐产生了偏好与忠诚。

　　纵观全球汽车品牌标志，可以看到汽车品牌无论是高端还是大众品牌，银色金属立体化标识已经形成全球风潮，甚至已无法界定其标准色。

　　法国目前拥有三大汽车品牌，雪铁龙、标致、雷诺（见图 3.14），其中，1976 年标致集团购买了雪铁龙 89.5% 的股份，并组建了 PSA 控股公司将雪铁龙和标致合并。1999 年雷诺收购日产 44.4% 股份，日产则持有雷诺 15% 股份，2002 年 3 月又在交叉持股基础上，设立了雷诺—日产有限公司，现为全球第五大汽车制造集团。

　　雪铁龙、标致、雷诺均选择了东风作为中国地区的合作伙伴，其中雪铁龙、标致已在中国推出一系列较有影响力的产品，而雷诺虽已拥有三江雷诺和东风柳汽商用车项目，但乘用车项目却一直只能徘徊在中国市场的大门之外。雷诺与东风未来的合资公司将是雷诺

—日产联盟与东风公司合作的延伸。

图 3.14　法系汽车品牌标志改进图录

目前，日系汽车品牌除三菱标志外，均已完成立体化改造，丰田、本田、日产均拥有豪华汽车品牌，铃木专注小型车，斯巴鲁特立独行，三菱这个庞大的工业帝国并不专注于汽车，过去盛极一时的汽车产业成为其鸡肋，品牌战略、产品开发均存在问题，在全球市场发展极其不顺（见图 3.15）。

图 3.15　日系汽车品牌标志改进图录

美国三大汽车公司经过金融危机重创，纷纷进行品牌瘦身，福特调整为"一个福特"战略，出售了捷豹和路虎；克莱斯勒重塑道奇品牌，通用只保留雪佛兰、凯迪拉克、别克和 GMC 4 个核心汽车品牌。原本计划出售的德国欧宝品牌由于市场好转继续保留（见图 3.16）。

图 3.16　美系汽车品牌标志改进图录

德系车之奔驰。奔驰集团目前以三大品牌组合成豪华阵容：MAYBACH、奔驰、SMART。1997 年奔驰复活了超豪华四门轿车品牌，售价 500-1500 万之间，BENZ 是全球豪华汽车最主要品牌，标识一度以白色星辉亮相，采用金属立体标，SMART 源自奔驰于 SWATCH 的合作，S+M+ART，显示奔驰也能造小型时尚车（见图 3.17）。

德系车之大众。大众汽车已将广告结尾的口号修改为 Das Auto，大意为：这就是汽车。大众与保时捷合并后，已经成为豪华车品牌最多的汽车集团，从布加迪、保时捷、兰博基尼到奥迪，甚至大众辉腾以及收购的宾利，大众已经脱离了最初"为平民造车"的理想，企业战略也随之改变。

德系车之宝马。宝马集团通过对英国劳斯莱斯和 MINI 的收购，告别了单一制品牌历史，组合成超豪华品牌+豪华品牌+时尚个性品牌的组合。BMW 是 Bayerische Motoren Werke 的缩写，蓝白标志是螺旋桨和巴伐利亚州的蓝白州旗的结合。劳斯莱斯 2003 年被宝马收购，女神标志源于美丽的爱情故事，MINI2001 年被宝马收购。

英国汽车品牌几乎彻底被世界各大车厂瓜分，捷豹、路虎改投福特旗下，后又卖给印度 TATA。罗孚被上汽和南汽瓜分，邦德的座驾阿斯顿·马丁已成为车坛浪子，奢华品牌劳斯莱斯和宾利移民德国，销量传奇 MINI 依旧张扬着个性，但却成了名副其实的"香蕉人"（见图 3.18）。

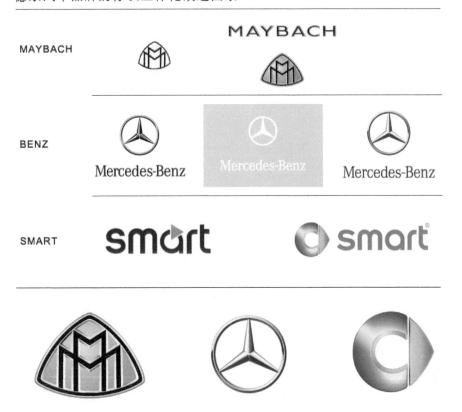

图 3.17　德系汽车品牌标志改进图录

菲亚特集团在意大利举足轻重。1969 年菲亚特兼并蓝旗亚购买了法拉利 50%股份，把世界跑车第一品牌法拉利归到了自己旗下。1984 年收购阿尔法·罗密欧，1993 年收购玛莎拉蒂，意大利汽车品牌基本都归入其门下，兰博基尼和布加迪已被大众收购。

在标志设计上，法拉利、玛莎拉蒂没有随波逐流，把标志改成金属型；FIAT 把象征技术的蓝色调整为富有激情的红色，更年轻化；菲亚特经济实惠，安全可靠；有贵族血统的蓝旗亚汽车保持高雅尊贵的格调；阿尔法·罗密欧是现代运动轿车的标志；玛莎拉蒂展现着意大利轿跑车的精华；法拉利更是世界跑车中的极品（见图 3.19）。

图 3.18　英系汽车品牌标志改进图录

图 3.19　意系汽车品牌标志改进图录

最后，来欣赏一下凯迪拉克在标志以及产品形象上的创新与传承。

全新凯迪拉克 ATS Coupe，2014 年采用全新的 LOGO 设计，取消原有车标的月桂树枝环图案。新 ATS Coupe 在随后开幕的底特律车展上正式亮相，新车也在 2014 年夏季正式上市销售（见图 3.20）。

图 3.20 全新凯迪拉克 ATS Coupe

和新的标志相比，原来的凯迪拉克车标有些过于复杂，特别是那个月桂树枝环，虽然其显得有些传统的经典韵味，但是反之，也可以说它有些"过时"了，特别是它用在凯迪拉克如今设计得更加锋利、个性的车身上时，有些不太协调（见图 3.21、图 3.22）。

旧　新

图 3.21 凯迪拉克新旧车标对比

图 3.22 凯迪拉克车标演变过程

产品形象适时性是产品特点的提炼，并且是将产品特点演化成消费者的一系列利益点。因为产品特点再独特，仍仅仅属于产品物理层面上的意义，它不是消费者购买的理由，真正促动消费者购买的动因是产品特点所蕴含的消费者的利益点。

推出适时性产品形象是企业一种营销策略，它反映出企业营销组织的快速反应机制和营销战略的灵活性。适时性产品形象有两个主要特征，其一是针对消费者对产品关注点的转移，根据消费者的需求，企业对产品添加一个或几个特色；其二是推广极强的时效性。适时的产品形象可以在市场竞争中抢得先机，强化消费者对品牌的偏好与忠诚。

3.1.4 稳定性原则

产品形象的稳定性可以由保持产品 DNA 来实现。DNA 是遗传信息的载体，决定着生物体亲子之间的相似性和继承性。与生物的遗传和变异自然法则相似，产品的继承和创新也应遵循一定的设计法则，这就是产品的 DNA。

产品的 DNA 保证产品有着相对稳定的血统，使产品在演变过程，新技术、新材料的应用，新产品的诞生，都不会影响企业文化、设计哲学的贯彻。产品 DNA 的活力源于其自身的不断变化。产品的遗传特征并没有被简单地复制，而是一代一代地发展变化着。这保证了每一代产品发布时，消费者对产品的视觉体验既是熟悉的，又是全新的，既能获得认同，又可带来惊喜（见图 3.23）。

图 3.23 法拉利跑车

产品 DNA 不仅仅在同一产品线中延续，有时还被移植到同一品牌的其他产品中。以飞利浦公司为例，飞利浦公司的三刀头电动剃须刀是广为人知的专利产品，其 DNA 中被称为"三叶草"的遗传特征不仅在剃须刀的升级换代中得到强化，还被移植到其他通信产品中（见图 3.24）。

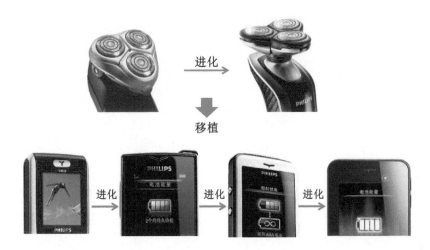

图 3.24　飞利浦的"三叶草"遗传特征

3.1.5　标准化原则

产品形象的标准化和差异化原则并不矛盾，前者是指形象设计时应遵循的技术性原则，即企业所采用的产品名称、标志、标准色、包装等视觉系统必须统一标准，不能随意采用和变动；而后者则是指产品形象作为一个整体和其他产品形象间的差异，突出其形象的个性。

具体而言，产品视觉形象的标准化表现为以下几个方面。

（1）简化

简洁生动，既在视觉上给人以美感，又便于认知和传播，关键是充分体现企业的经营理念和所要表现的形象主题。如可口可乐的产品形象视觉设计："COCA-COLA"流线型字体、朗朗上口的发音和红白相间冲击力极强的包装设计，充分体现了简洁流畅的美感原则。

（2）统一化

统一化即把同类事物两种以上的表现形式合并为一种或限定在一定范围内。例如，同一产品的名称在不同国家和地区要统一，尤其是音译或意译的名称，不能随意采用，如日本的松下、索尼等。

（3）系列化

系列化即对同类对象设计中的组合参数、尺寸、大小等做出合理的安排和规划。尤其是对实行形象策略的企业而言，名品牌之间的协调统一非常重要。

（4）通用化

通用化即视觉形象设计可以在各种场合使用，彼此互换。如麦当劳的标志黄色大写 M 既可以制作得很大高悬于空中百米之高，又可缩小置于门把手之上。

（5）组合化

组合化即设计出若干通用的单元，以便在不同场合自由组合使用。如具体规定标准字、标准色、标志性符号及其之间的合理搭配，具体使用时再根据情况进行选择，这对于连锁经营企业的产品形象统一尤为重要。

产品形象在构建时应遵循系统性、统一性和稳定性原则。系统性指从企业的企业文化、产品定位出发，系统地考虑产品形象；统一性指产品形象应该具有易于识别的统一特征；稳定性指产品形象不宜随意变动，新产品和旧产品之间应有较强的延续性。

Glasses Direct 是一家位于英国的网上专业眼镜购物网站，其网上销售规模在欧洲处于领先地位。在过去年五年，它的网上销量已经增加了 50%，顾客人数已经突破一百万。近日，Glasses Direct 获得一笔 1600 万英镑的投资，用于进一步加强其品牌影响力。英国 SomeOne 及其数码子公司 SomeOne/Else，近日为 Glasses Direct 更新了品牌形象，改善了网上购物体验，使顾客能够感受到"更加愉快"的购物体验（见图 3.25）。

图 3.25　Glasses Direct 新旧标志对比

设计公司希望在网上的购物能够让消费者感受到一种"真实的体验"及整体品牌形象能够"传达出一种高品质及良好服务"的气息。此次设计包括各种数码平台，同时也重新设计了包装，使其整个品牌形象更加注重消费者的购物流程。手机网站也已经建立，同样着重方便消费者的浏览及作出选择，并激发消费者购买之前他们并没有考虑到的产品。

其网站的展示，一个主要的亮点是其中采用 cinemagraphs 技术的 GIF 图片，该项工作由 Simon Warren 负责，cinemagraphs 由电影拍摄（动态）及图片（静态）两个词合成，使展示产品时，既有静态的视觉感，同时也有细微的动态。Warren 认为，这样的展示能够将零售与家庭式的服务气息完美结合（见图 3.26）。

图 3.26　cinemagraphs 技术的 GIF 图片

在网站上，采用了白色为主调的简约风格，清晰地展示了产品。这一点，确实使购物体验更加直观。但作为一个经常主动采用新技术的设计公司 SomeOne，无论如何，这个项目的最大卖点仍然是这种动态相片。看着这些逼真的动态图片，确实感觉到一种特别的吸引力，所谓岁月静好，这种带点唯美色彩的产品图片让人感受到一种宁静及温馨。眼镜是一种"静态"的产品，无论是上方头发轻飘还是下面几张图片中的细小动态，都与眼镜形成了一种视觉上的对比（见图 3.27）。

图 3.27　细小动态与眼镜形成一种视觉上的对比

新网站的展示界面开阔，同时照顾消费者在选择时的操作方便。SomeOne/Else 用户体验主管认为，眼镜是一种既注重个性又注重实际效果体验的产品，所以我们的任务就是尽可能将一些框框去掉，以便让消费者顺利买到他们的产品（见图 3.28）。

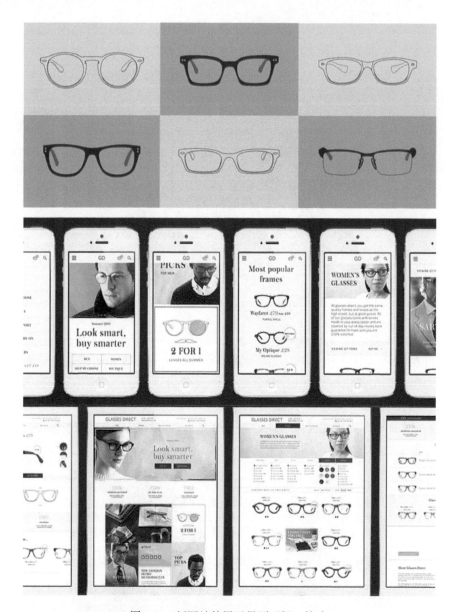

图 3.28　新网站的展示界面开阔、简洁

3.2　产品形象设计的策划

产品形象策划 PIS（Product identity system）是在 CIS（企业识别系统）基础上建立起来的一套具有市场针对性的系统形象，更适合中国市场运作和国内企业的需求。相对于 CIS 来讲，如果将 CIS 比作一艘航母的话，那么，PIS 是一艘鱼雷快艇，高效、灵活，同

时作检测和评估也更直观。利于企业的战略调整和投入控制。

由于当今市场已进入"买方市场"，产品同质化程度加剧。企业形象的塑造牵涉太大的人力、财力、物力的投入，需要相当长时间的积累和市场运作才能慢慢树立。对于一个急于入市出效益的企业来说太长了，而且有相当多的企业急于获得最初的资金，通过积累从而扩大产业发展。PIS 的概念正好顺应了这种需求，它的提出是市场和时代的需要，更适合现代的消费观。

PIS 具有一体化的整体战略模式（见图 3.29）。

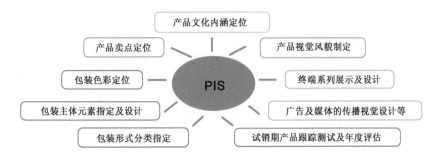

图 3.29　PIS 一体化的整体战略模式

摩托罗拉公司亚洲区前设计总监邱丰顺曾经说过："一个企业的品牌同时受到广告宣传和产品本身两个方面的影响。而目前大陆企业打品牌的意识很强，但产品本身处于弱势。我们可以看到许多国内的大企业并没有固定的产品形象，反观那些国际性的企业，品牌是透过产品来认知的，任何一家国际化的大品牌都会有自己的产品特征，即使产品上没有自己的 LOGO，也能很轻易地被认识。他们的设计部门在设计新的案子时不会单纯地就事论事，他们会考虑有关产品形象的方方面面，例如，公司的历史、现有产品的状况和将来的发展目标等，并试图在几者间找到和谐点，从而进行新的设计。"例如，某些国产手机品牌缺乏对自身品牌、产品形象的准确定位，产品的开发仅仅是跟在市场上畅销的其他品牌产品之后进行模仿，刚开始的热闹到后来举步维艰，最终被市场淘汰。

产品形象策划是企业策划的核心，像一根红线贯穿着企业策划的全过程。产品形象策划包容的内涵非常广泛，其中最关键的是产品定位、产品形象定位、产品形象个性展现等方面。

以产品形象设计的前期开发过程为例，是从调查研究开始至调查分析、确立目标体系、概念设计、筛选概念设计、详细设计发展、方案评估、进一步改进与样机制作、生产跟进等阶段所涉及的内容方法和最终的结果等全过程见表 3-1。是设计形象及品质形象形成的阶段，但不包括产品形象形成的后期内容，如产品形象设计的管理、维护、推广、营销、服务及其社会形象形成的主要内容。

表 3-1　产品形象设计的前期开发过程

编号	阶段	目的	内容	方法	结果
1	调查研究	了解市场产品销售结构现状；对使用者、消费者、维修服务者的诉求及行为进行调查；对使用环境、地域文化背景进行了解。 检索相关技术、生产、成本资料。定量化的收集相关数据、资料、图片	①消费者：背景、收入、年龄、使用方式、时间、次数、过程等内容。购买动机、决策的主因与潜意识。 对价格、功能、外观、售后服务等的主要诉求。 ②销售人员：对诸家产品，竞争对手销售状况的描述，销售好坏的主要原因与次要原因。 ③维修者、装配者、包装运输者：他们的相关要求。 ④环境（使用环境）：相关的社会、地域、文化环境	依据采样的多少地点的不同，以及内容的差异，分别采用观察、记录、询问、问卷、座谈、专访、拍照、录像、检索（图书馆或网络）等手段	依据采样数量，回收的问卷，拍摄的图片，有关的资料文章数据，座谈的记录等
2	调查分析	将量化的调查材料通过使用科学的分析方法，转变成定性的描述，找出数据背后的规律	①市场现有产品造型、价格分析：定性描述产品造型的共性与优缺点。 ②使用者需求分析：定性描述对功能、形式、操作等的共同关注的问题。 ③消费者诉求的分析：定性描述购买者的动机、主要原因与潜意识。 ④环境因素分析：定性描述环境对产品的限制与要求。 ⑤其他因素分析：相关的代替因素与限定条件	将采样的数据输入到分析软件（SPSS）、图表（EXCEL），或者观察，询问的共性的分析、研究	各方面的、限定性的描述。 体现的是对象行为、环境等现象背后的规律本质
3	确立目标体系	在分析的结果中发现设计必须解决的问题，明确造型必须要表达的意义，找出设计的施力点	①依据定性的限定性描述，发现目标市场与目标用户，并明确他们的主要诉求，感觉喜好，应解决的问题：如环境与产品的关系问题，实际价格与价值感觉的问题等。 ②将其诉求的言语意义，通过测评的手段，找到形象的对应物，即形象化，视觉化的表现概念	测评、分析、研究、归纳、提炼	概括性、总结性描述。形象化的意向板

续表

编号	阶段	目的	内容	方法	结果
4	概念设计	解决问题的方案，可以是不计成本、工艺可行性、结构、技术等制约的概念	①运用各种办法，解决问题。②视觉化再现外观造型，并符合意向性方向。表述清楚，明确	各种设计方法，如系统方法，策略性的设计，灵活性制造技术，系列化产品，模块化的方法依据不同项目的特点采用有针对性的方法（解决问题的方法）	方案草图与说明
5	筛选概念设计	评估概念方案是否符合设计定位目标，是否有工程，成本，工艺上的可行性。选择最优化的概念方案进一步发展。	①召集有关的市场、结构、决策、生产人员，甚至直接用户对设计方案进行评估。②标准按设计定位的描述和意向性图片，看概念是否具有多方面的可行性，并形成决策意见和进一步完善、发展的建议	研究，讨论，征集多方面意见，也可以找高级用户和市场销售人员进行测评	评估意见报告，为进一步设计完善、发展提供依据
6	详细设计发展	将选定的概念设计方案完善，使其更接近生产可行和成本可行。此阶段是概念的进一步详细展开发展，主要考虑产品概念的可行性	①发展选定的概念设计方案，并在结构、材料、工艺技术、生产成本一、价值工程、组装、运输等多方面给予考虑和问题解决，使方案不断接近可行。②与企业的相关工程人员协作完成。完善产品细部的具体设计，使其最合理。考虑人体工学因素，不仅使"物理"尺寸合适，也是心理、社会、文化因素的和谐	与工程技术人员紧密合作，灵活运用技术手段、材料、工艺甚至生产方式，发挥结构的力量组织其与造型的有机合理关系。最主要的方法就是理解与综合，变限制为有利	可清晰表现结构、工艺、材料等方面的效果图或者计算机3D图纸或必要的草模型，以及工艺、结构等的成熟方案
7	方案评估	评估详细方案是否符合设计定位的目标，是否符合工艺，成本，生产、组装、运输的具体要求	①召集相关的结构、生产技术人员，甚至直接用户对设计图或草模型进行评估。标准按设计定位的描述和目标成本，看是否具有多方面的要求。②形成决策意见和进一步完善、发展的建议	研究、讨论，征集多方面意见，也可找高级用户和市场销售人员进行测评	评估意见报告，为进一步设计善于发展提供依据
8	进一步改进与样机制作	最终改进及模型样机的最后检验	①依据评估结果，进一步调整、修改细部设计。②CAD制图、制作模型样机；③做好生产前的准备	测评、分析、研究、归纳、提炼。也可以请最终目标用户给予评价	为生产准备的最终图纸
9	生产跟进	最终产品的外观品质控制	①色彩、材料、表面工艺控制。②产品VI部分如LOGO、字体、印制、包装等的设计	设计过程、生产规范管理	产品形成

3.2.1　产品定位调研

产品定位是指传达给顾客的产品差别优势。定位要求确定产品差别化方向，差别数目及为所负责的产品进行准确定位。

1）调查研究

产品的可行性分析是产品开发中不可缺少的前期工作，必须在进行充分的技术和市场调查后，对产品的历史、产品的现状、企业产品设计市场分析及产品的社会需求、市场占有率、技术现状和发展趋势及可行性四个方面进行科学预测及技术经济的分析论证。

其一，产品的历史分析。企业对产品进行产品发展史分析，包括产品的技术发展史分析、产品的风格形态发展史分析、产品使用的材质发展史分析、产品相关的人文社会经济环境分析目的；在分析中预见产品今后的发展，以便进行产品的未来设计。

其二，产品的现状分析。对产品的现状进行分析，包括产品功能分析、价值工程分析、材质分析、形态分析、产品与环境分析、相关产品的比较分析目的；在分析中找出现存产品的缺陷，重新建立产品在市场竞争的优势。

其三，企业产品设计市场分析。从设计角度对市场进行调研，根据调研资料进行相关的目标市场分析、消费者分析、竞争对手分析、企业能力分析等，以便对设计目标定位。

其四，可行性分析包括论证该类产品的技术发展方向和动向；论证市场动态及发展该产品具备的技术优势；论证发展该产品的资源条件的可行性（含物资、设备、能源及外购外协件配套等）。提出调查结果的分析报告，要有充分的事实，对数据应进行科学的分析。

（1）调查的目的

通过对国际、国内竞争对手及产品市场作出相关的综合分析，以确定目标产品的设计定位。

（2）调研手段、调查问卷及样本选择

① 问卷发放及统计分析。

② 数据综合及电脑统计分析。

③ 异地调研。

④ 测绘、拍照及资料综合。

⑤ 调研报告书及有关结论分析。

（3）调研内容

① 国内本产品市场、现状及发展状况分析、调研包括产品市场分布调研；产品价格定位调研；产品使用状况调研；用户的一般及特殊需求分析；用户建议及反映信息收集统计。

② 竞争对手及其产品综合分析。

国内竞争对手产品分析比较，包括使用状况及功能优势分析比较；外形及材料工艺优势分析比较。

国外竞争对手产品分析比较，包括购买对象及其动机与要求分析比较；外型及材料工艺优势分析比较；色彩及视觉处理分析比较；国际有关产品发展趋势及预测分析。

2）分析决策

① 制定产品发展规划。

② 企业根据国家和地方经济发展的需要、从企业产品发展方向、发展规模、发展水平和技术改造方向、赶超目标及企业现有条件进行综合调查研究和可行性分析，制定企业产品发展规划。

③ 瞄准品牌形象目标，为提高产品质量进行新技术、新材料、新工艺、新装备方面的应用研究表现如下。

开展产品寿命周期的研究，促进产品的升级换代，预测企业的盈亏和生存，为企业提供产品发展的科学依据。

对产品升级换代有决定意义的科学研究、基础件攻关、重大工艺改革、重大专用设备和测试仪器的研究。

对提高产品质量有重大影响的新材料的研究。

3）产品差异化的确定

产品的差异化是产品形象设计的一项重要内容，在市场竞争白热化的条件下，差异化能使产品形象脱颖而出。

（1）了解不同行业的产品差异化机会

不同行业的产品差异化机会有很大差别，波士顿咨询公司按照竞争优势数目多少和优势规模大小，分为 4 类行业（见图 3.30）。

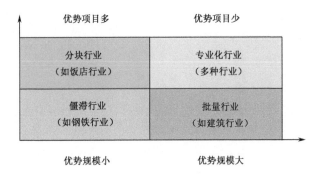

图 3.30　行业竞争优势数目和优势规模矩阵

（2）明确产品差异化途径

产品差异化主要有以下 4 种途径。

① 产品成本差异化。即通过降低成本来获得差别优势，主要方式为大量生产和销售一种或一组产品，努力使产品的生产规模经济化；投资重点在有效率的制造厂和对价格敏感的市场上；严格控制生产成本和各种管理费用。

② 产品或品牌形象属性差异化。主要包括产品特征，其出发点是产品的基本功能，此外，通过增加新的产品特征来推出新产品；产品的工作性能，工作性能是指产品首要特征的运行水平。顾客在购买产品时，会比较不同品牌的产品工作性能；产品质量的一致性，如果产品质量的一致性较低，就会使购买者感到失望，市场份额下降；产品耐用性，耐用性指产品的预期使用寿命；产品可靠性，可靠性是指衡量产品在一定时期内不会发生故障的指标；产品的易修理性；产品的形式是指产品给消费者的视觉效果及感觉。

③ 产品服务形象差异化。主要包括送货水平，它包括送货的速度、准确性及对产品的保护程度；安装服务水平；顾客培训服务水平；咨询服务水平，咨询服务是指向购买者免费提供资料，免费给用户指导或帮助购买者建立信息系统；修理服务。

④ 产品形象差异化。指公司的产品或品牌的形象不同，购买者会做出不同的反应。产品或品牌以形成不同的个性，便于购买者识别。主要包括产品或品牌形象差异化、产品或品牌的标志差异化。

（3）确定产品差异的数量

① 单一差别利益定位，即只向目标市场宣传一种差别利益并努力使该属性（差别利益）成为同类产品中的第一位。

② 双重差别利益定位向目标市场宣传两种差别利益，应注意两种差别是可以兼容的；多重利益定位向目标市场宣传多种差别利益。

（4）进行产品定位决策

① 产品定位的策略选择。产品经理在为产品定位时有以下策略可供选择，包括产品属性定位；产品利益定位；产品用途定位；使用者定位；针对竞争对手定位；产品种类定位。

② 产品定位的具体步骤。乔治·S·戴伊在《受市场驱动的战略》一书中认为定位决策可以分为以下四步。

第一步，确认各种定位主题。

第二步，根据4条原则筛选各种定位主题，包括是否对顾客有意义，是否在给定的产品资源和顾客认知下可行，是否具有竞争性，是否有利于实现产品目标。

第三步，选择最能满足这些标准并能为营销组织接受的定位。

第四步，实施与所选定的产品定位一致的营销计划（如促销、广告等）。

3.2.2　产品定位

所谓设计定位，是从消费者心智出发，以满足经过市场细分选定的目标顾客群的独特需求为目的，并在同类产品中建立具有比较优势的设计策略。

1. 对产品的功能进行分析定位

功能是产品的生存依据，是产品的决定性因素，没有不存在功能的产品，人们购买产品时，主要是为了购买产品的功能，而功能也就伴随着产品度过其整个生存周期，赋予产品新的功能，会增大产品本身的价值点，而一种合理的、复合人们需要的功能会延长产品在市场上的生存周期，使产品自身的生命力增强。现代社会的产品功能有着比以前丰富得多的内涵，包括以下几个方面。

① 产品的物理性功能。主要包括产品本身的性能、构造、精度、可靠性等。

② 产品的生理功能。主要包括产品的使用是否符合人机工程，是否便于操作，是否会给操作的人带来危险，安全性是否可靠等。

③ 产品的心理功能。产品的造型是否符合审美的需要，色彩、肌理、装饰要素是否予人愉悦。

④ 产品的社会功能。产品的象征性或产品是否显示使用人的价值兴趣、爱好、地位等。

做好功能性的定位是设计好一个产品，也是产品是否能在市场立足的关键，特别是在设计以市场为基础的今天，没有好的功能，也就没有好的市场。

2. 外观定位

工业设计是艺术与科学相结合的学科，产品是科学与艺术的结晶，使产品变得美观，是工业设计的重点工作，产品必须通过美观的外在形式使人得到美的享受，这也是产品外观设计的价值所在。一件产品的美观关系到产品本身的生存价值，没有人愿意去购买一件丑陋东西，在现实中绝大多数的产品都是满足大众的需要，既然产品是服务于大众的，所以产品的审美不应只是设计师个人的审美，设计师只是大众审美的代言者，其产品外观是应该具有大众普遍性的审美，只有这种普遍性的审美才能使产品的审美服务性得以实现。这种产品外观上的定位其形式通常是以简洁性和新颖性来体现，而不是通过装饰物的简单堆积，其最终结果必须是满足功能和外观上的完美结合。在外观定位的同时也要注意到产品外关细节上的东西，所谓"细微之处见品味"。对产品外关细节上的合理推敲，将使产品的外观精致入微，使产品的审美价值大幅度提高。

在 2015 年的上海车展之前，英菲尼迪的核心领导层来到中国，借"2015 英菲尼迪设计之夜"与中国媒体和消费者沟通英菲尼迪的设计理念。"设计是驱动英菲尼迪品牌发展非常重要的力量，也是英菲尼迪差异化竞争的支柱之一。"英菲尼迪全球总裁罗兰·克鲁格告诉媒体，"这次，我们希望通过现场展示概念车和量产车的形式，呈现设计语言循序渐进的演化过程以及未来的发展方向。"英菲尼迪将这场设计秀的主题定为"冲突美学"，而这也是他们对品牌设计语言的高度概括。

在车展上，英菲尼迪请来了中国当代著名建筑师朱锫和青年舞蹈家王亚彬做嘉宾。朱锫，他曾经参与设计阿布扎比古根海姆艺术馆，这座位于萨迪亚特岛的艺术馆，在屋顶设计上颇为讲究，设计突出了对阴影的利用，夏天可以提供炽烈阳光下的阴凉，冬天又可以成为漫步的地方。朱锫说，好的设计首先是一种新的经验与惊喜，同时，它也要融于自身所处的环境，做到创新与安详的统一；王亚彬，她的舞蹈作品《生长》受到过广泛赞扬。有人评价她的表演将中国传统舞蹈及当代西方舞蹈糅合在一起，互为阴阳；有人形容她的舞蹈柔软、流畅又极具爆发力。在活动现场看到她的舞姿后会发现，这些描述都极为准确。

"东方与西方"、"自然与工业"、"理性与感性"、…，这些对立双方的表现与融合已经成为当代社会的潮流文化现象。英菲尼迪将自己的"冲突美学"定义为在"力量释放"和"艺术匠心"的冲突中构建和谐，"这种冲突的融合展现了我们在设计上的优势与实力"，东风英菲尼迪总经理戴雷表示，"我们希望大家能够了解英菲尼迪的设计语言，以及其在不同产品上的运用。"

英菲尼迪是通过三款概念车展现"冲突美学"的，一辆是全尺寸豪华四门四座轿跑车英菲尼迪 Q80 Inspiration（图 3.31）、一辆是双门运动跑车英菲尼迪 Q60 Concept（图 3.32），以及高性能超跑 Vision Gran Turismo 概念车（图 3.33）。它们的设计灵感来源于自然、诗歌或者雕塑，呈现方式却是大胆而充满力量的，在两者相熔炼的过程中诞生了新的创意，而这也形成了英菲尼迪在豪华车品牌中的差异化。根据戴雷的解释，英菲尼迪不同车型可能也有着不一样的冲突元素。

图 3.31　Q80 Inspiration

图 3.32　Q60 Concept

图 3.33　Vision Gran Turismo 概念车

双拱形的前脸进气格栅，是从拱桥及其倒影中获得的灵感；弯月形 C 柱与夜空中的弯月相应和，据克鲁格介绍，工程人员在这一设计上遇到挑战，最后通过扩大整个汽车的车体尾部比例来实现；人眼设计的大灯呈现出犀利而诱人的气质；当然，车身上波浪式的曲线依然表现出张力…，这些都被称为英菲尼迪个性化的设计元素。在克鲁格看来，这些设计语言都是可以被识别的，在概念车到量产车的过程中是变化不大的。

Q60 Concept 体现了这一特点，即将实现量产，说明了英菲尼迪设计的实用价值。高性能超跑英菲尼迪 Vision Gran Turismo 概念车是英菲尼迪北京设计中心在其全球四个设计中心中脱颖而出的作品，英菲尼迪执行设计总监阿方索介绍，"我们不仅赋予它美好的一面，也希望大家发现它身上一些黑暗或有小情绪的地方，因为大自然也是有两面性的。"英菲尼迪正在吸纳更多的年轻设计师加盟，这款 GT 概念车的设计者刘明哲就是其中之一。英菲尼迪 Q80 Inspiration 被阿方索誉为昭示了他们未来车型的趋势，它的设计细节会被应用到更多车型上。

"冲突美学"不能只体现在外观上，它的冲击力和温柔感需要内饰、科技的诸多统一体现。正如英菲尼迪首席创意官中村史郎所说，"我们在汽车设计时重点考虑两个要素：功能与情感。"他认为功能与情感的比例不是一个固定值，要根据车型和消费者的需求而定。Q50 中采用的线控转向 DAS，取自航空技术；受到车联网需求影响的内饰设计，据中村史郎介绍，他们力图做到多功能与安全、简洁的统一；而他也表示，英菲尼迪的自动驾驶技术也进入了测试阶段。这些都代表了英菲尼迪在技术上的张力。在内饰的舒适性上，2015 年第二季度于中国上市的新 Q70L，其特别定制版中的四座绗缝皮革包裹式座椅展现了未来英菲尼迪的内饰设计方向（图 3.34）。

英菲尼迪用"冲突美学"的视觉冲击和丰富表达，希望吸引那些具有独立价值观和思维方式的消费人群，就像阿方索自己说的那样，英菲尼迪不是简单的机械化的设计，"我们现在想跳出目前豪华车的设计框架"。

图 3.34　Q70L

3. 产品的经济定位

产品是立足于市场的，在市场经济的规律下生存，而设计生产产品的企业又是市场中的一员，企业不遵循经济规律就会面临倒闭。产品也是一样，因为产品是企业立足于市场的载体，这一载体从设计到生产，再到市场上销售，中间涉及许多环节，如产品生产所需的原材料、产品成型加工的消耗，这些是产品的初期投入。产品生产出来后，在市场上又需要营销投入，再加上企业付给员工的报酬等，这些都是围绕产品展开的，所以产品在生产时除了满足个别需要的单件生产，现在的产品都是满足供大多数人使用的，产品设计师必须将产品定位于合理的开发手段下，在成型、材料等方面做到尽量简化，避免不必要的重复劳动，以及不必要的多余劳动，减少企业的开支，避免浪费，能使产品在最经济的条件下得以生产。这样，其在前期投入上便会精简资金，企业便会有机会获得更多的资金，用在企业的发展上，从而使企业获得更好的效益。

4. 适应性的定位

设计产品的是有针对性的，因此，设计生产是一项解决好产品与人的关系，产品与时间的关系，产品与地点空间的关系，与产品使用时的大环境的关系的活动。

比如服装设计，服装是与人联系最近的产品，是人的另一层皮肤，所以在设计服装时必须考虑是成人穿还是小孩穿，是春天穿还是冬天穿，在家中穿还是办公场合穿。再者，在设计开发产品时，还要把社会上的伦理因素考虑进去，因为社会传统中存在着一些使人忌讳的形态、色彩等。

5. 针对保护环境的定位考虑

进入 21 世纪后，环保已经是最大的主题。而产品与环境则是一对间接相辅相成的事物，产品与环境的关系是十分密切的，人们对环境的破坏中有一部分是通过产品造成的，而有些产品则本身就会造成环境污染，所以改善产品，定位绿色是十分必要的。对于工业设计来讲，做到环保的要求应该遵循以下几点。

（1）材料上的考虑

材料上应尽可能采用可回收的，人类每天都要排放大量的垃圾，而这些垃圾绝大部分是由产品上的不可回收材料造成的，因为不可回收，所以大部分只能埋掉或烧掉，烧掉的垃圾会造成大量的二氧化碳、有毒气体排到空中，这些主要来源与产品的自身的材料。另外也要避免采用会挥发出有毒的气体的材料，现在有些材料虽然可以用在产品上，而且看上去也很漂亮，但会挥发出有毒的气体，对人体造成严重的伤害。还要避免采用不可再生的天然材料，比如木料，地球上的天然树木是有限的，是地球上最宝贵的资源之一，一定要加以保护。所以对于天然的不可再生材料，应采用人造的材料来代替。众所周知，竹子是一种很好的可替代木材的可再生资源，它生长很快，不需要施肥和杀虫剂，能保护土壤，吸收温室气体，用途广泛，并具有浓郁的文化性。因此，在一些建筑设计、产品设计、包装设计等方面可用竹子替代木材，倡导健康设计，绿色设计（图 3.35）。

图 3.35　竹制产品

（2）产品自身的环保性考虑

有些产品自身的功能会对环境造成污染，如汽车，众所周知汽车燃烧的尾气会造成大气的污染，还对地球的石油资源造成严重的破坏，所以在设计汽车时，就应避免设计这种燃烧汽油的形式，而采取新的形式，如电力汽车、太阳能汽车，或者是天然气的汽车等。再如电冰箱，电冰箱要制冷必须通过制冷剂，而以前大部分冰箱的制冷剂是氟里昂，这种物质会对大气的臭氧层造成破坏，如一些产品本身的功能是对环境有破坏作用的。所以在设计产品时，设计师就应设计另一种功能形式，改变产品的不足，避免产品对环境造成二次污染。

2015 年 6 月，可口可乐在米兰世博会上，推出了全球首个完全来自植物原料的 PET 瓶。这种名为 Plant Bottle 的塑料瓶采用了专利技术，把植物中的天然糖分转化为 PET 的原料。这种新瓶在外观、功能和再生上都和传统的石油基 PET 没有区别。

这是该公司包装产品上的创举里程碑，可口可乐公司的愿景是，最大化利用革新技术，采用负责任采集的植物原料，来创造全球首个能完全再生，并且完全来自可再生来源的 PET 瓶。

图 3.36　可口可乐首推完全植物基 PET 瓶

该瓶可用于各种包装大小和饮料品种，包括水、汽水、果汁和茶饮品。据了解，可口可乐 2009 年第一次推出 Plant Bottle，最高达 30% 的植物基含量，几年来已经在近 40 个国家投放了 350 亿个 Plant Bottle 瓶。据测算，减少了 31.5 万吨的二氧化碳排放（图 3.36）。

3.2.3　产品形象定位

产品形象定位，直观地说，就是消费者对产品的观感和联想，良好地联想有助于增强品牌的第一提及率，从而加大该产品的购买率。对于消费者来说，好的产品形象能使其愿意支付更多的溢价来购买该产品；对于企业来说，好的产品形象是区别于其他同类产品的认知符号。而良好的产品形象一旦与企业形象联合起来，其产生的合力则 1+1＞2。

产品形象定位是企业进占市场、拓展市场的前提；成功的产品宣传对企业进占市场、拓展市场起到导航作用。产品定位是产品形象策划的基础。而市场细分是产品定位的前提；目标市场又是产品定位的着落点。因此，产品形象定位必须依据市场细分结果，根据自身的资源、技术条件、管理水平和竞争对手的状况，选择拟进入的对企业有优势且最有吸引力的细分市场，产品形象定位应满足如下各条。

① 以满足企业形象为目标的产品形象定位。
② 以满足人群需求为目标的产品形象定位。
③ 以满足功能需求为目标的产品形象定位。
④ 以满足形式需求为目的的产品形象定位。
⑤ 以体现流行风格潮流的产品形象定位。
⑥ 以体现价值观追求为目的的产品形象定位。
⑦ 以凸显个性化特征为目的的产品形象定位。
⑧ 以凸显色彩特征为目的的产品形象定位。

⑨　以凸显质感特征为目的的产品形象定位。

⑩　以凸显形态特征为目的的产品形象定位。

⑪　以凸显质感的特征为目的的产品形象定位。

⑫　以体现民族文化特征为目的的产品形象定位。

⑬　以体现地域文化特征为目的的产品形象定位。

⑭　以体现高新技术的特征为目的的产品形象定位。

产品形象定位就是选择企业的目标市场，并把和目标市场相关的产品形象传递给消费者的过程，因此，形象的塑造离不开产品定位，偏离了目标市场的产品形象不可能是成功的产品形象。产品形象的定位是一个不断重复的循环过程，需要企业在实践中不断地修正、完善和提升（见图 3.37）。

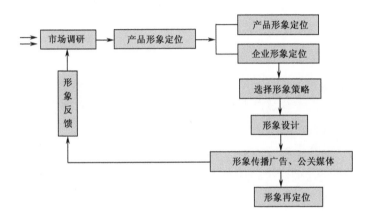

图 3.37　产品形象定位程序

产品形象定位必须清楚、明白，使消费者能在丰富多样的商品中迅速分辨出企业的产品形象。产品形象的定位直接决定和影响着一个产品能否塑造出良好的产品形象。定位失误，各方面工作即使做得再好，也不能塑造出良好的形象。

既然如此，那么对于一个企业，如何对产品形象进行定位，一般可以从以下几点去挖掘。

1. 企业背景分析，强化优势并顺势运用于产品

对于挖掘企业背景，相当多的老企业会宣传"百年老字号"、"历史悠久"等特点。其实这些特点往往是一柄双刃剑。对于从好的角度来讲，可以联想到"专业"、"诚信"、"保障"等字眼，而从另一角度来看，则可以联想到"守旧"、"落伍"、"国营"等词汇，目标群的选择很重要。如果企业产品的目标群属于消费基数很大，购买时对价格不太敏感的白领和时尚一族，国内企业的以"百年字号"做诉求点作用很小。

其实，挖掘企业背景不仅仅只从企业的历史角度去考虑，其他如企业投资商的无形资产额度、企业财团实力、企业内外口碑、企业总裁个人魅力的塑造等都是挖掘的对象，目的在于产生感知的位移。如果企业自身美誉度良好，那么延伸至它麾下的产品，即使不考

虑产品自身个性形象，只以企业个性特征附加于产品之上，也可以产生市场认知度的位移，如消费者相信 SONY 的产品都是"优质"的。若是挖掘企业文化积淀，那么"新瓶装旧酒"固然可以有一定的效果，但如果新酒装在一个与旧瓶似曾相识的新瓶里，既有亲和力也有时尚感。这种微妙感知所产生的效力一定会更大（见图 3.38）。

图 3.38　SONY2011 款 TX100 相机

2．产品文化内涵考虑

在国内外众多酒类产品的宣传中不难发现，相当一部分是走文化路线，杜康、杏花村如此，茅台更如此。产品一旦被赋予一种文化，令人购买的就不再是一件单纯的产品，而是一种感受。PIS 最重要的工作就是让消费者产生这种感受，花一份有形的价值，获得两份收获——有形的产品和无形的感受。并在每次看到这件产品时，产生一定的情感联想，这里指的联想是指对产品的联想，而非对企业形象的联想，抛开企业形象的背后支持，即使针对产品，依然有购买的理由，这就是 PIS 的核心价值（见图 3.39）。

图 3.39　茅台酒

市场上有众多的化妆品，资生堂宣扬地道的日本味，嘉娜宝也不落后，欧莱雅宣扬明星也值得拥有，更何况凡夫俗子。"美宝莲"宣扬它的浓重和美艳，沙宣宣扬美发专业，每一个企业的产品都那么有特色，消费者在购买前会怎么选择呢？似乎很难。前段时间市场上对化妆品进行了清理整顿，为的是清理含有疯牛病源为原料的化妆品产品。这时，如果哪家企业向来塑造产品的形象是绿色和健康，无疑在此时它握有蓝筹。因为它宣扬的文化是"真切地关爱，来自源头"。没有人会拒绝健康专家的产品形象，何况是在化妆品领域。

3．产品 USP 分析

每个产品的 USP（独特销售主张）向来被市场人大书特书，其实就 PIS 来讲，USP 只是 PIS 体系的一部分，产品需要有针对性地卖点。而这种卖点不仅仅在于产品本身的技术含量、企业背景、人群定位。也可以考虑包装方式、色彩、卖场地点等方面。须知产品同质化日益加重，提升差距才是方法，这种差距的拉开并非是在一个坐标上展开，可以是一个三度空间多元寻求，即可以从横向和纵向上深层挖掘。如图 3.25 所示，佰草集的新品宣传以个性的外观设计塑造一个"炫"的形象，自然人群定位和价格定位也与竞争不同了，从而建立一批属于自己的忠实用户。

另外，在进行产品形象定位时，还可以从情感诉求方式，心理暗示角度，购买的理由等方面进行考虑。好的外在形象，未必能促使大众购买，关键在于产品形象的亲和力和与消费者之间的互动力。最好的未必是最合适的，产品在市场也一样。

夏天是饮料消费的重要季节，也是各大饮料品牌宣传高峰期。在每年一度的饮料大战中，除了增加宣传声量，促进销量，是否也能和消费者产生更加深入的互动，让他们对品牌产生喜爱和认同。能否让消费者不仅仅是消费者，也成为品牌的粉丝和宣传者。

从 2015 年 6 月开始，在安索帕的帮助下，雪碧启动了"释放夏日 100 招"夏季传播战役，针对中国 90 后消费者，通过一系列在线互动活动，鼓励他们走出家门，尽情享受夏天（见图 3.40）。

在项目前期的消费者分析中，雪碧与安索帕发现：对大部分 90 后来说，夏天意味着暑假。他们理想中的暑假是应该是没心没肺，新鲜有趣，尽情享受，想做就做。而实际上，受限于气候、经济以及学业等原因，许多人选择了宅在家里上网看电视打游戏。

"释放夏日 100 招"的创意由此生发，在提供"透心凉"的畅饮体验之外，雪碧决定成为 90 后的夏天好拍档，为他们提供享受夏天的灵感，也帮助他们去过自己想要的夏天，真正做到"心飞扬"。

图 3.40　雪碧"释放夏日 100 招"夏季传播战役

在利用网络大数据对 90 后的夏日需求进行分析后，安索帕选择了六大类消费者最有共鸣的夏日兴趣点：吃喝、时尚、旅游、运动、聚会、娱乐。在这几大类兴趣点基础上，雪碧一共设计了 100 种夏日主题的包装，每一款包装都代表了不同的夏日体验——只要用手机扫一扫包装上的夏日二维码，参与夏日破冰游戏，即可赢取多种夏日惊喜体验券，用实实在在的优惠吸引消费者走出家门，享受夏天（见图 3.41）。

图 3.41　每一款包装都代表了不同的夏日体验

图 3.42　通过墨迹天气下载免费赠饮券

同时，雪碧还和墨迹天气合作，在特定城市，只要气温达到或超过 35 度，消费者就可以通过墨迹天气下载免费赠饮券，走出家门，在指定麦当劳门店领取免费雪碧一杯（见图 3.42）。

当然，对于那些想要在家享受夏天的年轻人，雪碧也提供了饶有趣味的手机小游戏和"有妖气"合作的二次元视频以及其他优惠券，让他们不出家门也能够享受一个有趣的夏天。

数字化并不是营销的目的，而是工具和载体，巧妙地数字化营销应该能够和消费者的真实生活产生互动，让品牌更加方便快捷地参与到消费者的生活中。雪碧这个案例就很好地证明了这一点——通过巧妙地利用数字媒体，鼓励目标消费者享受离线的生活，拥抱夏天，并对雪碧品牌产生心理认同。

3.2.4　民族文化的融合

在国际化的今天，品牌的成功之源仍是品牌的民族文化特质。一个成功的、历史悠久的国际品牌，总是体现着这个国家最根本的民族性和文化内涵。例如，一提到西门子，我们就会想到德国民族的严谨和稳健。一看到可口可乐，我们仿佛感觉到了美国自由、开放（见图 3.43）。与这些成功品牌对产品形象和民族文化孜孜不倦的融合相反，我们中国的产品也在不断学习创新，在国际舞台中崭露头角（见图 3.44）。

图 3.43　可口可乐瓶

图 3.44　融入中国文化的飞利浦龙凤手机

要提炼中国精神，把可以利用的中国元素和现代设计相结合才是体现中国制造的根本，2008 年奥运会的系列设计就充分体现了这一点。只有体现中国文化才能塑造真正的中国品牌，也才能立足中国，走向世界。

3.3　产品形象设计的方法

由于品牌延伸战略及多品牌战略的实施，使企业产品的种类不断增加，也出现了许多处于不同发展阶段及对企业作用不一的产品，同时，品牌定位战略又对这些产品进行了不同的细分定位。因此，在进行产品形象设计时需要针对不同的情况采取不同的处理方式。

3.3.1　系列化设计

将产品按照其在企业整个产品群中的位置，分为核心产品、延伸产品、附属产品。

1．核心产品

核心产品是能够代表企业经济、技术实力和品牌精神的典型产品，在同类产品中，消费者的认可度较高，并能起到一定的引领作用。

2．附属产品

附属产品是作为某种主要产品的附带产品，与主产品具有相同的使用情境，有时也一同销售或以赠品的形式出现。

3．延伸产品

延伸产品是企业为了扩大产品种类和数量，发挥产品集群优势而进行的产品扩展，延伸产品是个阶段性概念，如果经营得当可转化为核心产品（见图3.45）。

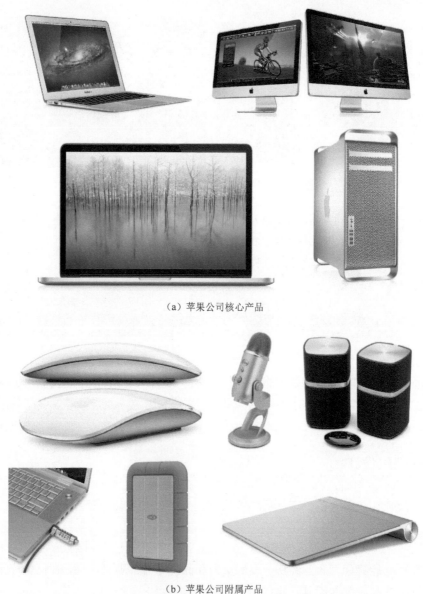

（a）苹果公司核心产品

（b）苹果公司附属产品

图 3.45　苹果公司产品

（c）苹果公司延伸产品

图 3.45　苹果公司产品（续）

（1）跨类延伸

同类间的延伸产品往往具有相似的使用环境和场合，对于设计来讲，应该遵循核心产品的设计理念和设计原则，采用类似的表现方式。这一思想也适用于核心产品的附属产品设计，如宝马属下的 MINI 品牌以典型的 MINI 汽车形象为核心开发新的衍生产品，如MINI 收音机、闹钟、儿童赛车等（见图 3.46）。不同类别的产品延伸，需要将产品所在类别的整体特征与企业理念相结合，形象的延续依靠的是内涵性理念与外在风格的一致性。而不相关类别的延伸，产品在形、色、质等方面的延续性较差，须从产品本身属性方面入手，形象的延续依靠的是核心理念与整体风格的一致。

图 3.46　从左到右依次为宝马 mini "咕咕" 闹钟、收音机、儿童赛车

（2）线内延伸

此类延伸产品是对已有产品形象的细化。产品的定位、目标消费群体可能不同，根据需要制定扩展理念及分设计原则，并用企业一贯的表现手段进行形象设计（见图 3.47）。

（a）BMW X1

（b）全新 BMW X3

（c）全新 BMW X5

（d）全新 BMW X6

（e）BMW 高效混合动力 X6

图 3.47　宝马 X 系产品

（3）空间延伸

品牌国际化属于品牌的空间延伸，也是品牌延伸的一种，主要解决的是保持品牌风格个性与适应区域文化之间的协调问题。针对某一区域的产品延伸设计，应在保持企业核心理念的基础上，综合考虑当地市场状况，加入当地消费者所认同的文化或审美特征，以消费者喜爱的方式传达企业的核心理念。肯德基是第一家进入中国内地的洋快餐巨头。肯德基在产品本土化上不遗余力，采取了三管齐下的方式，第一，对异国风味进行中式改良，如墨西哥鸡肉卷、新奥尔良烤翅和葡式蛋挞等，在口味上进行中式改造；第二，推出符合中国消费者饮食习惯的中式快餐，如饭（寒稻香蘑饭）、汤（芙蓉蔬菜汤、榨菜肉丝汤）、粥（皮蛋瘦肉粥、枸杞南瓜粥）等；第三，开发具有中国地域特色的新产品，如京味的老北京鸡肉卷，川味的川香辣子鸡，粤味的粤味咕肉等。据了解，肯德基全球产品比例是新开发当地产品的 20%，传统产品的 80%，但是在中国，新产品的比例可能已经达到 40%以上，尤其单独提供的营养早餐，全球都没有先例。新品迭出的中式口味不断地给消费者以惊喜，刺激了消费需求（见图 3.48）。

图 3.48　从左到右依次为香菇鸡肉粥油条餐、老北京鸡肉卷餐

　　实施单一品牌战略的企业，产品形象的整体统一性要求较高，设计难度也较大；实施多品牌战略的企业，产品形象主要是在单独品牌范围内保持一致，而对企业所有品牌产品的整体性要求相对较低。每款产品的位置不同，形象设计的入手点和方法各不相同。

　　产品是一个系统，系列产品是一个多极系统。如果说产品是功能的载体，那么产品系列化就是产品功能的复合化。即在整体的目标下，使若干个产品功能具有系列特性，我们通常把相互关联的成组、成套的产品称为系列产品，大致有以下几种形式。

　　① 品牌性系列。在一个品牌之下的多种独立产品。如同一品牌的家用电器。

　　② 成套系列。由多种独立功能产品组成一个产品系统。如厨房空间里的各种成套系列产品，既有其独立的作用，又组成了完整的厨房功能系统。

　　③ 单元系列。单元产品之间具有某种相关性和依存关系，构成完整的产品系列，如子母电话机等。

　　在现实生活中，众多的产品通常以系列化的形式存在，而且在日益扩大。可以认为，自人类有能力制造产品以来，系列产品的形式就已经存在，但系列化产品对于当今时代却有着不同的意义。

　　如果把一件产品看作是一个包含着若干要素的系统，那么系列产品就可以看作一个多极系统；如果把系列产品看作是一个系统的话，那么其中的一件产品就是一个相对于系统的要素。系列产品所体现出来的这一特征具有以下的实际意义。

　　① 对于商业的意义

　　商业中的一切竞争都是围绕商品展开的，商品的开发是以市场需求为导向，而系列产品的开发是提高市场竞争力的重要策略，即增加产品的覆盖面和提高产品的适应性。当今市场日益朝着多元化方向发展，多种需求和个性化消费日趋成为主流，各种灵活性的销售方式应运而生。在这种形势下，系列产品以其多变的功能或要素的组合方式，构成丰富的产品系统，适应多极化的市场格局、需求的涨落及产品寿命周期的变化，强化了商品的竞争力。

② 对于生产的意义

市场需求的多样化，必然要有一种能够灵活适应市场需求变化、多品种、小批量的生产方式——柔性生产方式。柔性是指适应各种变化的能力，即应变能力。柔性生产方式即指能够灵活多样地小批量生产多种产品的生产方式，所应用的技术即是柔性生产技术。这一概念是相对于传统的刚性生产方式而言。刚性生产方式，是指传统的固定式自动化方式。即使用一套设备或一条生产线，按照固定的顺序生产一种或少数几种类似的产品。当产品需求量较大、产品设计比较稳定、产品寿命周期也较长时，这种方式的两个不利之处——初始投资大、缺乏灵活性，可使生产效率达到最大，产品的变动成本达到最小。对于以往的"大量生产"、"大量消费"的经济时代，这种方式具有很大的威力。当然，现在也还在发挥着重要作用。但是，由于这种生产方式只适应某种特定的产品设计，如果要对其进行改造以适应新的产品就显得很困难，或者需要花费大量的财力。

因此，面对多变的市场需求，柔性生产方式和技术就显得非常重要。系列化产品对于柔性生产方式具有重要的意义。

一方面，产品从开发到生产往往是高投入，产量化是降低生产成本的必要条件，而规格化、标准化却是产量化的必要条件。但是，面对产品多品种需求的现实，使产量化成为一个矛盾，而且几乎没有哪个企业仅仅生产一种型号的产品，特别是在竞争日益激烈和市场被分割争夺的情况下，大多数制造厂家都同时生产几个或很多品种，这必然要影响到对产品设计的要求，生产管理也必须要寻求新的途径，使企业的一系列产品能以最低的成本设计并生产出来。解决这一问题的有效方法之一就是产品系列化设计，也称组合设计或模块化设计。这种方法的精髓在于研制出一系列标准化设计或模块化组件。它们由各种零件组成，并广泛地运用于各种产品设计中。这样的设计，能使生产成本、存储费用、用户耗费、维护和修理费达到最低。如常见的用于室内墙壁上的电气开关和插座，正是通过标准组件的不同组合方式形成不同规格和功能的产品，构成了一个系列，单元组件之间可以替换，便于更新和维修，达到以尽可能少的生产投入生产出丰富的系列产品。

另一方面，随着经济的发展，消费者的行为变得更有选择性，因此，市场需求更加迅速地向多样化、个性化的方向发展。市场产品的质量要求变得更高，产品的寿命周期变得越来越短。因此，必须寻求一个能使产品开发设计周期和生产周期显著缩短的有效方式。在这种情况下，一些具有战略意义的全新生产组织方式及产品开发方式便应运而生。"精益生产模式"和"敏捷生产模式"是最具代表性的先进生产模式。其核心就是最大限度地降低能耗，建立灵活的、生产多种多样高质量产品的生产系统；建立超越地域、跨越国界的"命运共同体"，甚至进行跨行业的大协作。如现在常见的小至家电产品，大至航空机器等，往往都是国际合作的产物。对于这样的生产模式，系列化产品具有重要的意义，即分工协作进行模块化生产，组成丰富的产品系列。

对于敏捷生产技术，系列化产品也具有极强的适应性。敏捷生产技术，是在信息技术的支持下，实现敏捷的生产技术、敏捷的管理和敏捷的人力资源。这种制造技术能迅速推出全新产品。同时，容易吸收外界经验和技术成果，随着用户需求的变化和产品的改进，使用户很容易得到要买的、重新组合的换代产品，而不是用新产品去替代老产品。如个人电脑就是这类典型的系列化产品。通过将一些可重新编程、可重新组合、可连续更换的生产系统结合成为一个新的、信息密集的生产系统，做到使生产成本与批量无关，生产 1 万件同型号的产品和生产 1 万件不同型号的产品所花费的成本相同。由这种方式不断发展起来的系列产品会有极强的生命力。

4．成套系列

成套系列是配套的概念，以相同功能、不同型号、不同规格的产品构成系列。尽管功能相同，各个单件的使用频度也不尽相同。但组合在一起可提高产品的适应性，也可满足特定的需要。另外，因为充分体现了成套意识，可以增加商机。同时，成套产品利于收纳，而且整齐美观，具有良好的视觉效果（见图 3.49）。

图 3.49　产品的成套系列

5．组合系列

以多个具有独立功能的、不同的产品，组成一个产品系列，即为纵向系列。这种系列类型的特点就是可互换性，并具有以下4类特性。

① 关联性。系列产品的功能之间具有因果关系和依存关系。

② 独立性。系列产品中的某个功能可独立发挥作用。

③ 组合性。系列产品中的不同功能相匹配，产生更强的功能。

④ 互换性。系列产品中的功能可以进行互换，以产生不同的功能。

因此，要求产品具有一定的模数关系，或某个部分具有模数关系。甚至还要遵循行业标准或国家标准。由于这类产品遵循标准化、具有可互换性，所以也使产品具有更好的适应性。因此，这类产品往往使可互换的部分成为模块，与产品母体相结合，派生出若干系列。

下面这款耳机是丹麦 Aiaiai 音响设备公司制造的耳机，叫做 TMA-2。它的样子其实跟平常使用的耳机没什么区别，只不过 Kilo 工作室的创始人 Lars Larsen 使用了一种新的思维方式进行设计（见图 3.50）。

TMA-2 是模块化耳机，因为它不像一般的耳机是一个不可拆卸的整体。它由 3 个支架，4 组不同样子和音质的扬声器，5 组不同的耳机垫和 6 根不同的电缆线组成。用户可以选择不同大小和形状的耳垫、直或卷曲的电缆线、不同形状的支架（随你喜欢）等零件自己进行组装或者拆卸，这些可以创造 360 多种组合方式。也就是说，可以让你的耳机在一年 365 天里每天都不一样。同时，不同的零件组合也会使它的音质发生变化（见图 3.51）。

图 3.50　TMA-2

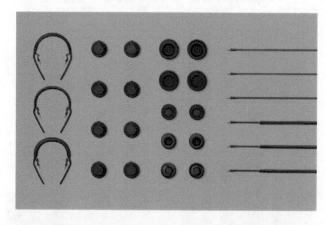

图 3.51　TMA-2 可以创造 360 多种组合方式

它的支架多采用聚碳酸酯制成，外表添加橡胶涂层，它具有较好的弹性，戴起来松紧适度，不会夹得人头疼。耳垫的设计则采用了包裹着一层微纤维纺织物或者 PU 皮革的记忆泡沫制成，这种材质使用户用起来透气舒服。

6．家族系列

家族系列也具有组合系列的特点，即由独立功能的产品构成系列。但家族系列中的产品，不一定要求可互换，而且系列中的产品往往是同样的功能，但形态、规格、色彩、材质上不同，这与成套系列产品又相类似。但产品之间不一定存在功能上的相关性，只有形式上的相关性。这类产品更具有选择性，更具有商业价值，从而能产生品牌效应（见图 3.52）。

（a）索尼 T 系列家族产品——TX10

（b）索尼 T 系列家族产品——TX20

（c）索尼 T 系列家族产品——TX55

图 3.52 索尼 T 系列家族产品

（d）索尼 T 系列家族产品——TX66

（e）索尼 T 系列家族产品——TX100

（f）索尼 T 系列家族产品——TX200

（g）索尼 T 系列家族产品——TX300

图 3.52　索尼 T 系列家族产品（续）

7．单元系列

以不同功能的产品或部件为单元，各单元承担不同的角色，为共同满足整体目标而构成的产品系列。该系列产品的功能之间不可互换，但有依存关系。这种系列也可以形成家族感，但与形式上的统一感相比，功能上的配套性更为重要。从使用角度讲，这种系列设计的意义在于体现功能协同上的可靠性，从商品角度讲，更能体现出品牌效应（见图 3.53）。

图 3.53 单元系列产品

3.3.2 组合化设计

产品是一个系统,其构成要素往往包括功能、用途、原理、形状、规格、材料、色彩、成分等。系列产品的组合设计就是将某些要素在纵横方向上进行组合,或将某个要素进行扩展,构成更大的产品系统。

1. 功能组合

在单件产品设计中,常会将多种功能部分组合到一个产品中,即多功能产品。这种多功能化产品的优点是一物多用;而缺点是对某些功能的使用频率不同,又会将多余的功能强加给使用者,让其承担浪费。

系列产品的功能组合,是将若干不同功能的产品组成一个系列,在购买或使用时具有可选择性。在主题上是一个整体,在使用上具有灵活性(见图 3.54)。

2. 要素组合

系列产品的实质就是商品要素在某个目标

图 3.54 多功能产品

下的系列组合。商品要素，不外乎是功能、用途、结构、原理、形状、规格、材料等成分，如果将其中的某个要素进行扩展，从纵向上或横向上进行组合，就可形成系列产品（见图 3.55）。

图 3.55　要素组合产品

3．配套组合

配套组合就是要素的横向组合。即将不同的、独立的产品作为构成系列的要素进行组合。其目的是使成套意识带来品牌效应，有助于商业上特定服务目标的实现。产品群是强制性的配套组合，是用"新功能主义"造型风格和统一的色彩使其成为系列产品组群（见图 3.56）。

图 3.56　水芝澳（~H2O+）配套组合化妆品

4．强制组合

将功能上、品种上没有任何相关性的产品组合在一起，或形成单件产品，或构成系列，这就是出于商业上的需要而进行的强制性的组合。如在单件产品中有圆珠笔与电子表的组合；在系列产品中，有电熨斗、电吹风、针线包、指甲钳、梳子等不相干的产品构成的旅游产品系列。在文具系列中这类产品也很多见。将功能上、使用上本不相干的产品，通过系列设计使其具有整体目的性和相关性。

强制组合系列中的产品也并非完全没有相关性，至少在总体目标上是一致的。以旅游系列产品为例，尽管系列中的各单件产品在功能上、使用上没有必然的联系，但均作为旅游用品、特殊用途，即具有可携带性、体积小、适应不同环境状况等，在满足旅游这一点上是一致的。也就是不同功能的产品，为了同一目标组合在一起，发挥综合作用。

这类产品的设计，关键是要解决统一性的问题，如下所示。

① 形式统一，如放置方法、包装方法等。

② 形态统一，造型、风格统一。

③ 色彩统一，视觉统一。

④ 部件统一，部件的互换性。

5．趣味组合

这类组合方式往往是借用人们的希望、爱好、祝愿、友谊、幽默、时尚追求等富有人之常情、生活情趣的内容，通过形象化的造型，或附加造型的方法，组合到系列产品中去，构成趣味性产品系列。趣味系列组合，可以是成套化的，也可以是强制性的，组合的目的就是增加卖点

视觉设计师 Hani Douaji 为 Trident Xtra Care 无糖口香糖带来这款有趣包装。新互动包装为一系列三种口味的口香糖设计了三组俏皮的嘴唇和胡须，分别印刷在包装正反面，透明窗口露出里面洁白的口香糖和粉色内板，从而代表健康牙齿和牙龈，也直接体现了产品本身的主要卖点是"保护牙齿"（见图 3.57、图 3.58）。

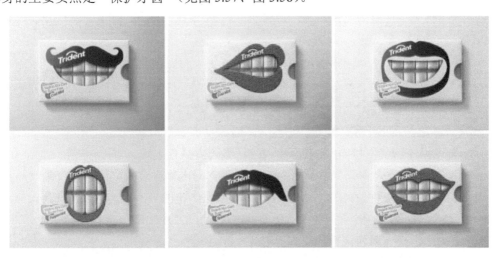

图 3.57　三组俏皮的嘴唇和胡须口香糖包装设计

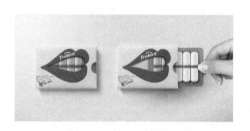
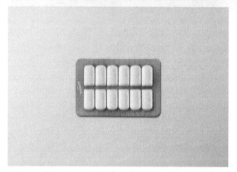

图 3.58　透明窗口露出里面洁白的口香糖和粉色内板

3.3.3　变换基本形设计

通过在产品的基本型不变的基础上改变产品某种要素的设计，包括功能要素等的变换即为变换设计。这是系列产品设计中的常见方法，其目的在于增强产品功能、提高产品性能、降低成本等，这种方法具有以下特点。

① 适应性强。这类产品的出现，受市场机制的影响，因此，以多变的形式适应不同层面的需求。

② 快速反应。能针对市场需求快速推出提升功能的换代产品。

③ 低成本。因为是对产品的某个部分的变换，或者说是产品系列中某些部分被模块化，省略了重复和共用的部分，可达到降低设计成本和生产成本的目的。

变换设计应具备以下条件。

① 通用性。产品部件或单元甚至模块应达到可置换性要求。

② 标准化。标准化是可置换设计的先决条件。标准化含有两层概念，一是产品系列中为达到互换目的而建立的标准；二是行业或者国家制定的标准，这对保证产品质量，统一评价技术管理，缩短新产品开发周期，利用维修、降低成本等都具有重要意义。

③ 系列化。产品系列化目标与变换设计是相辅相成的。变换设计是在基本形产品的基础上进行要素变换，可大致分为几类，即纵向变换、横向变换、多向变换、相似变换及模块化设计等。不同类型的产品系列，要采取不同的处理方法。

1．基本形纵向变换设计

纵向变换设计是通过一组功能相同、属性相同、结构相同或相近，而尺寸规格及性能参数不同的产品系列设计，即纵向系列横向变换设计。

横向变换设计是在产品的基本形态上进行功能扩展，派生出多种相同类型产品所构成的产品系列，即横向系列。如在普通自行车基础上进行的二次开发，派生出诸如变速车、赛车、山地车、学生车等（见图 3.59）。

图 3.59　基本形纵向变换设计

横向变换设计要点如下。

① 充分考虑通用部件。

② 考虑可互换部件的位置，留出使用余地，考虑接合部位的合理性。

2．基本形多向变换设计

多向变换设计的主要特征就是以相同性能，或通用部件构成不同类型的产品，并选择产品的某些要素，采用增减、置换、重组、颠倒等变换方法进行多角度、多层次、多途径的变换设计，形成一个产品系列族类。多向系列产品实际上是一种跨系列的产品族，往往形成家族系列。

需要注意的是，多向系列所体现的往往不一定是形式上的系列感，而是技术和原理上的共性，有时是通过通用件或模块来实现的。所以，在具体设计时要特别注意和解决好基本形产品与通用件或模块结合面等结合要素的合理性和精确性。在这一点上，设计者容易从思想上松懈，认为这只是属于技术上或工艺上的问题，与外形无关。然而，在许多情况下，衔接的问题不仅与外形密切相关，而且好的设计往往可以利用衔接的特点，形成设计上的特点，从而在视觉上、使用上都会取得良好的效果。

如图 3.60 所示，沙丘 / Dune 是由 Smarin 的设计师 Stéphanie Marin 带来的一款躺椅，四个不同大小和形状的模块可以随意混合搭配到一块，在室内或室外创建一个放松的场所。阳光、沙丘，再来一片树荫就是休息、阅读、或眺望远方风景时的绝配。

图 3.60　沙丘躺椅

3. 基本形相似变换设计

相似变换设计实际上是纵向变换的另一种方式，即是在功能属性、结构等相同的条件下，将其形态尺寸、性能参数按一定的比例关系进行变换设计，构成相似系列产品。相似系列设计方法对于机电产品设计来说应有相当的严密性，即严格按照相似理论设定相似条件（见图 3.61）。

而对于工业设计的相似变化来说，不一定要有如此理性的要求，感性的判断更为重要。前者不仅形态相似，而且性能原理的参数也按一定的公比进行变换，而后者往往性能原理参数不变，仅是形态上的相似变换。当然，也有与前者相同的情况。

相似变换的要点如下。

要根据具体情况确定形态的相似类型，即完全相似与不完全相似。

① 完全相似。产品几何形态完全按固定比例变换。

② 不完全相似。由于产品的某些部位出于功能上、使用上的限制，无论基本形态如何进行相似变换，该部件固定不变。如手电筒的形态按比例进行相似变换，但操作开关按钮尺寸保持不变，因为该部位要满足最低的人体工程学上的需要。不完全相似的情况有时是出于生产工艺上最低要求的限制。

相似系列产品不是针对某单件产品的设计，而是首先需要确定基本形态，然后在此基础上进行几何计算、作图或凭感觉进行推导。无论是哪一种方式，基本形的设计是最重要的。

这样，可以大大提高设计效率和生产效率。基本形推导的思维方式，对于单件产品设计构思也具有重要意义，这样可以避免漫无边际、跳跃性思维的不确定性和低效率，从而通过相似变换的推导过程寻求最优化。

图 3.61　基本形相似变换设计

3.3.4　模块化设计

将产品的某些要素组合在一起，构成一个具有特定功能的子系统，将这个子系统作为通用性的模块与其他产品要素进行多种组合，构成新的系统，产生多种不同功能或相同功能、不同性能的系列产品，这就是产品的模块化设计。

1．产品形象模块化设计特点及意义

系列产品中的模块是一种通用件，也可看作具有一定功能的零件、组件或部件。模块应具有特定的接口或结合表面和结合要素，以便保证模块组合的互换性。

模块的初始概念源于儿童积木，以一个单元或一组形态进行多种构成，可创造出房子、交通工具等丰富的造型，这里的积木就是基本模块，用积木进行多种结构的变换就是最基础的模块化原理，实际中的产品相对于积木具有以下特点。

① 具有特定的功能。

② 具有连接的要素。

③ 尺寸模数化。

在产品系列的组合中，模块系统具有重要意义，在现实的产品中得到广泛应用，其优点如下。

① 有利于产品的更新换代，发展系列产品。根据科技的进步，以新的模块更替旧的模块，即通过模块的更新使产品换代，电脑产品就是一个典型的例子。

② 缩短设计周期。采用模块化设计，一次可以满足多种需求，利于产品设计的快速、高效，且适应于小批量、多品种的柔性生产方式。

③ 降低成本。模块化不仅仅是设计方法的改变，而且涉及组织生产、工艺技术甚至管理体制的改革。由于避免了产品系列中某些要素的重复，因此，能以尽可能少的投入，生产更多的品种。而且，有利于数字化技术的运用，实现小批量、多品种的生产模式。既能控制整体质量，又能降低成本。

模块化产品设计的目的是以少变应多变，以尽可能少的投入生产尽可能多的产品，以

最为经济的方法满足各种要求。如何实施模块化产品设计的过程，要视不同的情况而定。在实务设计中要创造性地解决复杂的问题，充分发挥模块的优势，并要遵循以下要点。

① 组合性，结合面的合理性和精确性。合理性，即是模块在组合当中的可靠性和良好的置换性。易装、易折、易换，有时还必须遵循某些标准，或在一定范围里将其标准化。

② 适应性，模块结构与外形的适应性。从整体上考虑模块应具有的共性，在与不同的产品进行组合时，都有能与之保持形式上和视觉上的协调。

③ 系列构成的合理性。实务设计时，要以需求为依据，要通过系统方法进行市场、技术、经济等可行性分析来确定产品的系列构成和型谱。

2. 模块设计的方法

模块的规范化是模块化产品设计中的关键问题。即要在一个产品系统里将哪些功能、哪些部分，以怎样的组合方式、怎样的形态、多少数量及构成模块的一系列相关要素等，进行综合评估，并提出方案。模块化产品通常有两种情况，第一种是标准模块产品，也就是以广泛应用的标准件为基本模块，或是以他人或自己开发的现有产品、可通用部分为基本模块发展的产品系统。这种情况通常是购买或沿用固定部件作为模块展开设计。这样可以省去时间和费用，以及各种繁杂的投入。第二种是自定义模块，即在本项产品系统中，自行考虑模块的划分。这种情况是根据产品系统的发展目标而进行的统筹规划。

产品模块要求通用程度高，相对于产品的非模块部分生产批量大，对降低成本和减少各种投入较为有利。但在另一方面又要求模块适应产品的不同功能、性能、形态等多变的因素，因此对模块的柔性化要求就大大提高了。对于生产来说，尽可能减少模块的种类，达到千物多用的目的。对于产品的使用来说，往往又希望扩大模块的种类，以更多地增加品种。

针对这一矛盾，设计时必须从产品系统的整体出发，对产品功能、性能、成本等方面的问题进行全面综合分析，合理确定模块的划分。

划分模块的出发点是功能分析，要根据产品的整体功能，分解为子功能、功能元，最终获得功能的载体——功能模块。在此基础上具体得出生产元——生产模块。

（1）功能模块

功能可分为主要功能、附属功能；与之相应的功能模块也可分为基本模块和附属模块等。基本模块实现系统中的基本功能或主要功能，是反复使用的基础模块；附属模块配合基本模块完成工作。有时还会出现具有特定作用的特殊模块和根据用户要求完成附加功能的附加模块。

（2）生产模块

在功能模块的基础上，根据具体生产条件，确定生产模块，也称基本模块。基本模块是加工单元，是实际使用时拼装组合的模块，可以是一部件、组件或零件。一个功能模块也可以分解为几个生产模块。

以部件作为基本模块的情况较为普遍，如吸尘器的吸管、电话听筒、电脑键盘等，它们既是基本的模块，又具有一定的功能。也是功能模块。

组件模块可以使部件有不同的功能，有时比更换部件更灵活。如吸尘器吸管部件（包括软管和硬管），更换不同的吸头组件，产生不同的吸附功能。

将零件作为生产模块灵活性更大，通过各种零件的相互组合，可变换多种型号的产品。这样，可以减少零件生产模块的种类。很多塑料产品在这方面最具有优势，有些具有独立功能的产品本身就可作为一个零件，而且，塑料自身的材料特性，使模块具有很好的组合性。

（3）模块组合

为了有效地发挥模块组合性优势，必须充分考虑模块的组合方式和组合的种类，以求用尽可能少的模块组合更多的不同功能和性能的系列产品。

模块系统可分为开放式和封闭式两类。开放式模块系统，即模块系统是由尺寸不同的模块组成的标准度量系统。只要有足够的模块就可以组成任意不同的量度，具有无限性。

封闭模块系统是由一定种类模块组成有限数的组合。在实际组合时，要考虑使用需求工艺可行性及整体相容性等因素。

如图 3.62 所示，Loopholes 是由比利时 Atelier Belge 所设计的一款有趣和漂亮的模块化壁挂收纳，它包含一个标准的网格和各种各样的扩展组件。

图 3.62　Loopholes 模块

从厨房到卫生间、卧室到客厅、甚至是办公室或花园 ，不管是风格还是实用性，Loopholes 都有着极高的适应性，而在 Atelier Belge 持续开发组件的情况下，更堪称有着无穷尽的潜力 ，每一个家庭都可以根据自己的需求创建出自己的独特组合（见图 3.63）。

图 3.63 网格使用场景

3.3.5 记忆化设计

以感知过的事物形象为内容的记忆。通常以表象形式存在，所以又称"表象记忆"。它是直接对客观事物的形状、大小、体积、颜色、声音、气味、滋味、软硬、温冷等具体形象和外貌的记忆，直观形象性是其显著的特点。使用者通过形体、构造、尺度、位置、色彩（色相，亮度、饱和度）等视觉要素；音量（响度）、音调（频率）、时间间隔等听觉要素；温度、压力、材质、肌理、硬度和柔软度等触觉要素；动作、方向等知觉要素；嗅觉及肢体感觉等来获取含义。

产品是由形状、大小、色彩、材料等符号组成的结构，并以特殊的"言语"传递着各种信息。组成信息的代码是特殊的产品语言，用一般的语义是不能翻译出来的，但经由产品语意之外的其他感觉（语境）可以不同程度的感知到，从而对买方发挥着积极的或消极的影响。因此，产品设计的关键是处理好产品语言 （设计语义），从而生产出最佳的商品信息。

产品的造型语言作为信息传递的载体，起着信息功能的作用。

形象记忆按照主导分析器的不同，可分为视觉的、听觉的、触觉的、味觉的和嗅觉的等。人的形象记忆发展的水平受社会实践活动制约，如音乐家擅长听觉形象记忆，画家擅长视觉形象记忆。大多数人的形象记忆均属混合型。

现在，已经有各种理论研究形象对于产品的意义，其中较为典型的理论方法就是产品语义学。语义（Semantic）的原意是语言的意义，而语义学则是研究语言的意义。将研究语言意义的方法用于产品设计时，便有了产品设计语义学的概念。产品语义学就是研究人造物体形态在使用环境中的象征特性，即在产品形态设计时运用隐喻、暗示及相似性的手法来展示物体形态在使用环境中的象征特性，即在产品形态设计时运用隐喻、暗示及相似性的手法来表达产品的意义。产品语义学这一术语实际包含着符号学的运用。符号学是专门用于研究符号的意义，其中包含着指示符号、图像符号和象征符号。产品语义学就是通过由符号造型、抽象图形和一些与表达产品形象意义相关的元素的排列、综合等构成方式来解释产品的形象意义。使用者通过了解产品的形象意义，从而加深对产品形象的记忆。

1．以形态传达形象

形态之所以能传达形象意义，是因为形态本身是一个符号系统，具有意指、表现与传达等类语言功能的综合系统。而这些类语言功能的产生，是出于人的感知力。以下便是以感知的观点来说明形态是如何传达形象意义的。

人的感知能力是客观存在的。人总是会对某些形态做出相应的反应。如对于各种不同形状的按钮或旋钮，人都能相应地做出反应，本能地根据旋钮的形状做出按、拨、旋等正确的动作。否则，就是旋钮的形态设计不合理，导致判断上的差错。

作为功能的载体，产品是通过形态来实现的，而对功能的诠释也是由"形"来完成的。人们研究形态的意义，绝不是要停留在 "物"的层面上，仅仅用"形"的语言传达一些信息。这种传达是单向的。

通过产品形状自身的解说力，使人可以很明确地判断出产品的属性，如这些按钮是做什么用的？它们彼此有什么不同？哪个是加速，哪个是减速？一次应该按下几个按钮？该产品应该如何放置？如何清洗？如何恢复原始状态？如何移动？这个圆环如何运转？把绳子拆下后该如何处理？尽管电视机、电脑显示器、微波炉等在形态上有很多相似点，但仍然很容易将其区分（见图 3.64）。

图 3.64　电视机、电脑显示器与微波炉的相似与区别

2．以视觉要素传达形象记忆

以刺激视觉的基本要素达到相似法，包括以形状、大小、色彩、质感、肌理传达形象记忆。是一种视觉记忆点的构成方法。在设计中，先要确定一种具有明显视觉基本特征要素。这种要素，可以是某种线形，或某种面状和体状，也可以是某种空间处理形式或色块，也可以是某种材质、肌理。总之，它具有比较独特的特征。把这种具有独特特征的视觉要素，作为众多产品群体中每一单体的语义符号加以体现，这样，成套产品群将具有非常的统一性。它们的功能各不相同，大小各异，但都被一个具有特征的基本形态要素统一起来，成为一套系统，是带有血缘关系产品的组合（见图 3.65）。

图 3.65　以视觉要素传达形象记忆

3．以特殊符号传达形象记忆

强化了产品的功能符号，特殊符号部位可以起到提醒、关注、高频率使用等关系，都为产品语义提供了一次表达的机会。设计者可以通过细节、产品造型、材料的强烈对比，以图形符号等为手段的方向定位及功能性元素 （如按钮）之间的特殊关系等传达产品的层次、顺序、关联等；通过表面的形状、质地、颜色、比例与关系、空间与速度、联合与分解来引导产品使用，彰显可以鼓励实践的部分，而隐藏阻碍实践的部分（如重新启动）。每个产品在逻辑一致性和内部一致性上都或多或少用到了语义要素，并通过设计语法将部分和整体有机地联系在一起，从而赋予其意义和地位。

产品的图像符号是通过造型的形象发挥图像作用来传递信息。其符号表征与被表征内容具有形象的相似，如按钮的表面做成手指的负形，气压水瓶的柱塞做成突起状来说明它们的用途。产品的指示符号说明产品是什么和如何使用，其符号与被表征事物之间具有因果的联系，如仪器的各种按钮的旋钮，必须以其形状和特殊的标志符号提供足够的信息使人们易于正确地操纵。产品的特殊符号是通过约定俗成的关系产生观念的联想来表现出产品功利的、观念的和情感的内容（见图 3.66）。

图 3.66　以特殊符号传达形象记忆

意大利年轻的设计师路基·西科勒和祖明·科根合作设计的公共电话，其主要特点是将听筒及话筒同置一个具象征性、宽约 50 厘米的外形类似大耳朵的组合公用电话系统中。其应用造型设计促使了语意符号的形象化，以强化人机交流，物人沟通，真是达到出神入化的境地。设计师将入耳具有的聚音、传音、感音的机制和功能直接运用在电话机设计中。当使用这公用电话系统时，人们不再提握话筒，而是直接对着它说话即可。打电话面对大耳朵说话的那种亲切有趣的情景可想而知。这里，人们对产品的性能判定、使用操作、审美感知，情感体验等融合于一体。同时这个设计作为公共设施，进一步避免了因使用人的不断提起、放下的动作容易造成的机件损坏等问题。

"立体收音机"使用音乐的符号与传统的乐器来诠释电子乐器的本质，同时也将看不见的声响合成过程借形态语言加以实现。当音乐借着数字化和合成化传出信号时，有次序、组织的音乐符号控制界面对不易了解的操作顺序提供了适当操作线索。主要的控制键——音量控制键，使用外形依次渐大的符号来说明功能的档次，并暗示了内耳螺旋的形状。

4．以音乐传达形象记忆

产品的听觉形象就是通过在产品使用过程中引入声音而实现的人机交流。产品听觉形象是对产品视觉形象的有益补充，听觉形象的引入必定会强化人们对产品视觉形象的感知。

产品听觉形象的构成包括 4 部分，即产品名称、广告标语、产品音效和背景音乐。它们对于产品形象建构，都有着巨大的作用。

产品听觉形象在塑造产品形象中的作用，在于产品听觉形象和视觉形象一样，都是独特的。产品听觉形象在传播过程中，引起大众的情感交流，甚至比视觉形象更易引起亲和力。

① 听觉形象引发"通感"效果在心理学上有联觉效应。即人的感官是相通的，其中听觉与视觉的联觉，是最常见的一种。当人们听到"我选择，我喜欢"，头脑中便会浮现出"安踏"运动鞋的形象；当人们听到唐老鸭独特的声音时，头脑中即浮现唐老鸭的可爱形象。

② 听觉形象可以激发情感体验。使人们把日常生活中的声音在心理上引起的刺激与感受，与听到的声音密切的联系起来，就会在头脑中形成一种情感体验，这种听觉形象可以不依赖视觉形象而独立发挥作用。

③ 视觉形象便于识记，不便于二次传播，但听觉形象便于形成二次传播，特别是广告歌曲，在不知不觉中起到了宣传品牌的作用。娃哈哈纯净水借用当时流行的一首歌《我的眼里只有你》，通过男女主角青春靓丽的形象和简单、自然的表演，使 "我的眼里只有你"的主题很自然地移情于娃哈哈纯净水。

④ 听觉形象能进一步完善补充产品形象。对于企业产品来说，富有特色的声音形象的引入，既可以保持产品形象的识别性，又可以让消费者使用产品更加方便、更有乐趣。例如，大家每次打开 PC 时，都能听到 Windows XP 启动的主题音乐，这正是微软公司想传达的一种信息"欢迎使用 Windows 操作系统"。当进入 Windows XP 后，几乎所有的操作都可以自定义反馈声音，给用户不断带来体验新事物的机会与乐趣，也正好体现了Windows XP 产品的核心理念——Experience（体验）。

目前，企业对听觉形象与产品形象的关系缺乏研究，企业的听觉形象缺乏识别性、使用的乐趣和听觉形象的感染力。鲜明独特的产品形象需要好的细节设计来支撑，所以也不能忽视产品听觉形象的设计。

5．以气味传达形象记忆

如果一个闹钟、一种书刊、一副眼镜携有一种独特香味的话，这种香味就有可能成功注册成为商标，因为这些物品本身不会有独特的味道。

使味觉变成有形的形象自古有之，"酒香不怕巷子深"讲的是，只要是好酒，就不在乎在哪里，酒香的气味都会把你吸引来；法国最著名的香水品牌"古龙"，代表了法国男士浪漫情怀的人生价值观（见图 3.67）。现在中国内地还在争论如何去提高品牌的有形资产的无形价值的时候，在发达的西方国家已经把音乐、气味这种无形的注册成专利商标。目前，中国香港也有一家企业把香烟的某种气味注册成专利。

图 3.67　法国的最著名的香水品牌"古龙"

第 4 章

产品形象设计的管理及维护

4

4.1 产品形象设计管理的内容

4.1.1 产品理念识别管理

产品理念识别是产品形象识别的基础，它决定了产品设计定位和设计的出发点。明确的产品理念识别系统对于提高产品的市场竞争力具有不可替代的作用。

可以想象，产品形象作为企业形象的有机组成部分和载体，属于外在表现的物质面，不可避免地受到企业内部理念的指导和辐射。视觉层面是产品设计核心理念的一种外在表现，其目的是让消费者能够理解产品所传递的特定理念。以理念为基础的产品形象具有丰富的象征内涵，使产品在审美、使用功能、质量、品牌、服务、展示等许多方面超越美学或实体的概念，具有特殊的意义。

产品理念识别管理的核心问题就在于，怎样将企业的理念快捷、有效地传达给企业内部的各个部门和企业外部的消费者，也就是所谓的有效沟通。

4.1.2 产品视觉识别管理

产品视觉是产品设计理念的视觉化表现，它是产品需要直接面对消费者的部分。对产品视觉的管理主要从以下几个方面入手。

（1）产品形态管理

产品形态的形成并不是设计师一时的突发奇想，而是遵循了一定的规则，产品形态是产品设计理念的符号化体现。因此，综合反映出来的性格，必须和产品形象中理念层面所要传达的价值观念、品牌理念等保持一致，并且还要保持一定的识别性和延续性，这样才能让消费者在形态和品牌间发生联想。事实证明，在市场上经久不衰的产品都是一种呈平滑曲线演变的产品。如前面所讲的汽车行业的 BMW，通信行业的 NOKIA，以及日用品行业的 ZIPPO 等（见图 4.1）。

图 4.1　ZIPPO 打火机

（2）产品色彩管理

色彩是最具视觉传达能力的要素之一，在有些情况下，人们对产品视觉形象的感知，色彩可能还先于形态。恰当的色彩，将会与形态糅为一体，满足人们的审美要求，在第一时间抓住你的眼球，并且创造出强烈的品牌印象，带来使用的乐趣。值得说明的一点是，跟产品形态一样，色彩的选择和搭配也不能是任意的，只有这样才能增强产品的视觉识别性。以日立电动工具色彩应用为例，采用的是大面积的橄榄绿色配合灰色、黑色（见图4.2）。绿色由蓝色和黄色组成，对视觉器官的刺激温和，对疲倦眼睛有调节和恢复作用。在工业安全用色中绿色是安全、求援的指定色，对操作受动频率较高的电动工具采用绿色可降低操作时的视疲劳。灰黑色搭配橄榄绿使电动工具产生不同层次的空间立体感变化，使之不会过于朴素、沉闷、呆板、僵硬。

因此，色彩的选择应该在企业 VIS 的指引下选择，使同一企业形象的标准色和产品形象的标准色能和谐统一。为产品指定色彩标准或规划，目的不仅是为了提高生产效率，降低成本，而且是为了保持产品视觉形象的识别性和延续性。

（3）产品界面的管理

用户界面作为一种传达产品理念、操作等信息的综合方式，同样成为产品形象的一个重要部分。它直接影响到产品使用的便利性，而人们总能对使用方便的产品留下深刻的印象，并影响到产品形象的整体评价。

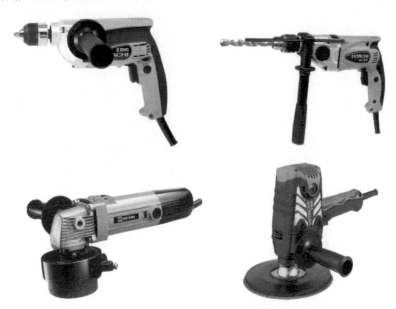

图 4.2　日立电动工具色彩使用

用户界面主要包括图形用户界面、实体用户界面和声音用户界面。这些都是和用户直接息息相关的。"苹果" iPod touch 用户界面系统，优雅时尚的色彩搭配、众多功能应有尽有、游戏娱乐影音高清流畅到底、轻松易会、老少皆宜的操作流程都给我们留下了深刻的印象（见图 4.3）。

产品形象设计管理工作内容包括产品形象设计的档案管理，还包括产品形象设计规划、开发、设计、营销、推广等的全部纸质文档及图形、图像、电子文档内容。

图 4.3　苹果 iPod touch 产品用户界面

4.1.3　工程设计与技术规范化文档

① 产品机构设计。

② 产品总装图绘制。

③ 产品零件图绘制。

4.1.4　产品试制与工艺监理文档

① 有关外形工艺与材料监理。
② 产品验收（仅限第一批）。

4.1.5　产品有关配套设计文档

① 产品色彩设计及规范。
② 产品界面设计。

4.1.6　设计手段文档

① 概念创意草图。
② 人机模拟测试。
③ 电脑三维图像成型。
④ 样机制作加工。
⑤ 表面及视觉设计处理。
⑥ 相应设计手册及规范。
⑦ 电脑工程图绘制。
⑧ 产品色彩规范报告。
⑨ 界面版式与制版。

4.1.7　产品平面设计策划文档

① 产品宣传设计。
② 产品说明书设计与电脑排版。
③ 产品展示设计及策划。
④ 产品包装形式。

4.1.8　产品营销计划文档

① 市场分析材料。

② 消费者分析材料。

③ 产品经营策略。

④ 市场营销策略。

⑤ 产品推广策略。

4.1.9　产品形象传播策划文档

① 传播策划。

② 媒体方式。

③ 广告的创意、文案与制作。

④ 媒体广告发布执行计划。

4.2　产品形象设计管理的步骤

品牌管理体系的建立意味着企业已经从纯粹的产品管理和市场管理中超越出来，企业的经营是将产品经营和品牌无形资产经营融为一体的商业模式，而品牌管理的对象，涉及品牌创造的全过程和各方面工作。

4.2.1　建立产品形象管理组织

成立产品形象设计管理委员会，这是以一个战略性的品牌管理部门或人员来弥补上述品牌管理体制的不足，如惠普公司就成立了品牌管理委员会，其主要职责就是建立整体品牌体系策略，确保各事业体品牌之间的沟通与整合，他们不再隶属于市场营销部门，而直接归属于公司最高层决策人。产品形象设计管理委员会的人员构成，主要构成人员应该包括企业的主管、设计总监经理、产品设计人员、技术人员、形象推广（平面设计、市场营销等）人员、财务人员等。此外，非常重要的就是引进外商，聘请专门的形象策划专家及媒体进行。

产品形象设计管理委员会，主要是解决企业形象体系的规划、产品的视觉形象、品质形象、社会形象的关联问题和新产品形象推出的原则等战略性问题。

还可利用外部品牌管理专业机构介入的方式，请他们担任产品形象管理与部分执行工作的代理人。欧洲、美洲国家在品牌管理方面还分成了专门的职能管理制和品牌经理制，欧洲、美洲公司则推行其品牌管家制等，这方面也可参考。

4.2.2　制订产品形象设计创造计划与预算

产品形象设计创造计划，应包括产品形象设计战略方针、目标、步骤、进度、措施、对参与管理与执行者的激励与控制办法、预算等。

4.2.3　产品形象设计长期定位的市场调研

通过市场调研，找到一个合适的细分顾客群，找到顾客群心目中共有的关键购买诱因；并且还要了解清楚，目前有没有针对这一诱因的其他强势品牌。

4.2.4　产品形象整合营销传播

产品形象整合营销传播 （策略）的执行阶段，主要分为两大类工作：一是沟通性传播；二是非沟通性传播。

① 沟通性传播包括广告、公共关系、直接营销、事件营销、销售促进等途径。

② 非沟通性传播，指产品与服务、价格、销售渠道。

从传播角度看，这些因素也是向顾客传达信息的载体，也应纳入传播控制之中。整合营销传播的主要任务，是运用统一的大传播组合和互动式沟通的办法，按照既定的形象设计，针对阶段性或间隔性市场形势，调动沟通性传播与非沟通性传播的各方面创造性努力及成果，形成面向顾客的统一产品形象与形象价值实证。

产品形象的创造，需要一个较长的时间周期和覆盖一个较大的市场范围，没有多个回合，是不可能完成的。在长期、持续、扩大的整合传播过程中，必须保持产品形象的一致性，这是一个重要原则，形成广泛认同的产品形象印象。

产品形象设计管理的目的，就是让既定的产品形象设计，为足够规模的顾客群与潜在顾客群所接受，并转化为高度认同的产品形象印象。

4.2.5　产品形象评估

通过权威机构对产品形象的评估，把产品形象确定为量化的资本财富，这是将产品形象资产运用到融资与合作、合资上的必要手段。一个完整、丰满的产品形象设计，包括 4 大内容，即产品形象视（听）觉识别体系、产品形象个性定义、产品形象核心概念定义、产品形象延伸概念定义。

4.3　产品形象设计的维护工作

4.3.1　产品形象管理组织

在现代企业的组织架构中，产品形象管理组织对于一个企业的管理有着相当重要的作用。设立产品形象管理组织的通常作法是，主要由市场部或广告部制定有关的产品形象管理制度，其职责主要由各职能部门分担，各职能部门在各自的权责范围对产品形象进行管理，产品形象管理组织的职责如下。

① 为决策层及时提供产品形象信息，如产品的市场容量、定位、属性及前景分析等。
② 申请产品外观专利权。
③ 研究对手的产品形象特点与竞争战略、广告媒体的研究与调查。
④ 监控产品形象运营。
⑤ 加强产品形象设计的知识培训。
⑥ 知识产权保护。
⑦ 产品经销商档案。
⑧ 产品形象更新工作的展开等方案实施的效果测评与改进。

4.3.2　产品形象设计的维护工作重点

① 制定产品形象设计管理的战略性文件、规定产品形象设计管理与识别运用的一致性策略方面的最高原则。
② 建立产品形象设计的核心价值及定位，并使之适应企业的文化及发展需要。
③ 定义产品形象设计架构与沟通组织的整体关系，并规划整个产品形象设计系统。
④ 产品形象设计的主品牌形象的延伸、提升等方面的战略性问题的解决。
⑤ 产品形象设计的体检、评估、传播的战略性监控。
⑥ 产品形象设计的主要技术与市场发展趋势及建设与发展规划等。

4.3.3　强化产品形象的忠诚度

产品形象的忠诚度，指消费者对品牌的满意度并坚持使用该品牌的程度。品牌忠诚度是测量消费者对所用品牌的依恋程度，或转向竞争品牌的可能性。品牌忠诚度反映了顾客对品牌情感的度量，是消费者品牌行为的指标。品牌忠诚度是品牌价值在产品使用方面的体现，维护并提升品牌忠诚度是企业经营和发展的法则，也是企业的终极目标。品牌忠诚度可以创造营销价值如降低吸引顾客的成本，产生贸易杠杆力等。

产品形象忠诚度表明某种产品在公众中受欢迎的程度。品牌忠诚度可分为五个层次，即一般消费、习惯购买者、满意购买者、情感购买者和忠诚购买者。顾客忠诚度越高，说明产品的品牌形象在消费者心目中影响越大，越有价值，消费者越容易产生爱屋及乌心理，喜欢甚至忠诚于延伸品牌，因此延伸策略越容易取得成功（见图 4.4）。

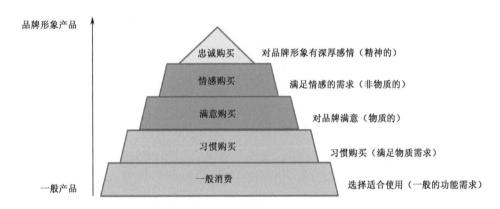

图 4.4　消费者行为的五个层次

形象忠诚度的高低和产品形象息息相关，良好的产品形象促使消费者重复购买某一产品，挑选的时间较短，表明忠诚度较高；反之，则忠诚度较低。企业塑造产品形象是为了提高消费者的产品形象忠诚度，提高其重复购买的频率。其中有五种动机是影响消费者购买决策的原因。

动机之一：价值。消费者之所以喜欢企业的产品，是因为相信它带来的价值比同类竞争产品更大。

动机之二：规范。消费者之所以喜欢企业的产品，是为了避免或消除一种 （与其规范和价值相左的）内心冲突。

动机之三：习惯。消费者之所以喜欢企业的产品，是因为他下意识地习惯使用这种产品。

动机之四：身份。消费者之所以喜欢企业的产品，是因为产品使他自己更觉尊贵，也能在他人面前尽显身份。

动机之五：情感。消费者之所以喜欢企业的产品，是因为他热爱这个产品形象。

为了达到这一目标，企业必须做好以下几个方面的工作。

① 树立"顾客至上"观念，营造"顾客至上"的环境。

② 妥善处理顾客的不满与意见，提高顾客满意度。

③ 努力提高产品的科技含量，建立完善的服务体系及运用适当的营销策略。

④ 注重企业文化建设及产品形象的塑造。

⑤ 预测消费者需求及变化，运用创新方法超前满足顾客需求。

第 5 章

产品形象设计评价研究

5.1 产品形象设计评价准则

对产品形象的认知是一个持续诱导的过程，与时间有关。消费者通过对产品形象知的重复经验将最终长期地建立起这种认知。为了在尽量短的时间内建立起这种认知需要运用一切可以利用的设计力量，最大化地发挥每一个设计元素的作用，对产品的体规划进行有效的设计管理，并制定出严格的设计规范和操作规范，对在产品形象的设计、规划中所涉及的方方面面，进行控制管理，使产品的形象始终与企业形象保持高度的统一性。

1. 企业文化与产品风格保持一致

企业文化与产品风格应该相一致，具有企业个性，体现企业精神。产品造型设计要充分考虑企业文化因素的影响，设计的产品要符合企业的文化内涵，符合企业的市场定位。

2. 品牌个性与产品形象保持一致

产品形象应与品牌个性保持一致，利用产品设计的各个侧面，不断强化关于品牌产品的些特定的属性和感觉，从而产生某种熟识和经验，将有助于消费者迅速而正确地理解品牌产品所传达的完整信息，并由不同且相关的意义侧面构成品牌产品的感性形象。

3. 系列产品的外在视觉形象保持一致

外在视觉形象是指视觉所能感受到的产品形象的整体，从视觉传达的过程及结果来看，任何一次产品形象的传播所留下的印象都是短暂的。而系列产品的品牌形象不是在短期内或者经过一两次传播就可以轻易形成。它需要一个较长的持续刺激过程，通过一些相似的东西持续刺激，来不断加深同一形象，使消费者对其形成较为固定的印象。因此，品牌旗下系列产品视觉形象个性的相似或延续，将有助于产品形象一致性的塑造。

4. 产品形象风格保持一致

形成一致的产品风格形象，需要整合一切可以统一的因素，大到整体，小到细节，从整体上把握，从细节上推敲，力争把产品的方方面面，包括形态、色彩、材质等统一到一种风格中去，表现出统一的视觉风格形象。

5. 主产品与附件产品保持一致

在重视主产品形象的同时，不能忽略附件产品的形象，因为它们也是构成产品整体形象的一个部分，它们品质的好坏直接影响到主产品的形象，应做到主产品与附件产品搭配协调、色彩统一、风格一致。

6. 产品形象与包装形象保持一致

包装是产品形象要素的重要组成部分，它除了满足盛放、运送产品的功能外，同时也是产品形象向消费者传播的重要途径，它的视觉效果将直接关系到消费者对产品的第一印象。不同的产品有不同的产品包装，包装的品质应与产品的品质一致，体现出产品的价值，根据产品的不同定位决定产品的包装，同时注意同系列产品包装的统一性。

7. 产品形象与视觉传播形象保持一致

产品的视觉传播形象主要包括产品广告媒体、网页设计、形象展示等，它们对产品形象的推广传播起着极其重要的作用，通过它们的持续轰炸，有利于在消费者心目中留下持久一致的形象，对于产品形象深入人心有着积极的影响作用。需要注意的是推广形象应体现产品的准确定位，突出产品的风格特点，强化产品的一致形象。

8. 产品形象与功能形象保持一致

产品的形象始终是和产品的功能联系在一起的，产品的功能性是产品的核心要素，早期的功能主义设计就提出"形式追随功能"的口号，强调功能对形式的决定作用。形式为功能服务，力求体现形象、功能的一致性，也是产品语义学中的一个重要组成部分。保持产品形象与功能形象一致，有利于人们对产品形象的理解，在了解形象的同时理解功能，理解功能的同时深化形象。

9. 产品的听觉形象与视觉形象保持一致

产品的听觉形象是对产品视觉形象的有益补充，听觉形象的引入，必定也会强化人们对产品视觉形象的感知。保持产品的听觉形象与视觉形象一致，对消费者进一步理解产品，加深印象，塑造整体形象有着不可或缺的作用。

5.2　产品形象评价系统

产品的形象设计是服务于企业的整体形象设计，是以产品设计为核心，围绕着人对产品的需求，更大限度地适合个体与社会的需求而获得普遍的认同感，改变人们的生活方式，提高生活质量和水平。因此，对产品形象的设计和评价系统的研究具有十分重要的意义，评价系统复杂而变化多样，有许多不确定因素，特别是涉及人的感官因素等，包括人的生理和心理因素。

由产品形象内部因素与产品形象外部因素两大部分组成的测评平台，涉及从产品的设计研发、生产制造、生产管理到使用者的因素、市场因素及社会因素等评价范围，以及由此产生的许多定性与量化的测试和测评点，从而能做出较为详细而具体的、有针对性的评价（见图5.1）。产品从设计研发—生产制造—销售—使用，是由产品—商品—用品—废品的演化过程，它涉及人—机—产品—社会—环境的各个层面与各种关系。因此，产品的形象设计必须解决好这种层面的关系，才能达到设计的目标与要求，才能称为好的产品形象。

从产品的概念可知，产品是由核心产品、形式产品及附加产品三部分组成的，其中，核心产品是指产品满足顾客需要的基本效用或效益；形式产品指核心产品的载体与外在表现，由商标、结构、性能、品质、包装等组成；附加产品则是由服务、安装、信贷条件、保证等组成的。由于产品形象是顾客或公众对产品的印象与评价，因而是产品各种构成要素的综合反应。将综合产品形象分解为核心产品形象、形式产品形象和附加产品形象三大部分，从而形成产品的综合形象空间（见图5.2）。

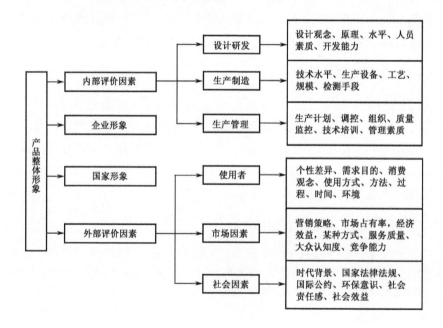

图 5.1　产品形象评价系统

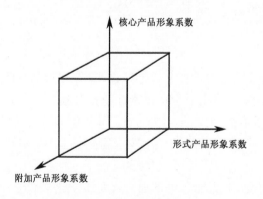

图 5.2　产品的综合形象空间

影响产品综合形象的产品要素即成为产品形象空间要素。产品形象空间要素可以根据核心产品、形式产品和附加产品的构成再加以细分，从而形成产品形象空间要素的完整组合。对于不同类型的产品，其产品形象要素的作用是不同的，表 5.1 表明了消费类产品与生产资料产品的形象要素及其构成。

从表 5.1 中可以看出，消费类产品形象要素主要是品牌、功能、式样等，但其他要素也不可忽视；而生产资料类产品的形象要素主要是功能与品质。

表 5.1　消费类产品与生产资料产品的形象要素及其构成

消费类产品形象要素

形象要素 / 产品类型	功　能	品　牌	品　质	包　装	式　样	服　务
服装		✔	✔	✔	✔	
食品	✔	✔	✔	✔	✔	
日用品	✔	✔		✔	✔	
耐用品	✔	✔	✔		✔	✔
教育用品	✔	✔	✔			
娱乐用品		✔		✔	✔	

生产资料类形象要素

形象要素 / 产品类型	功　能	品　牌	品　质	包　装	式　样	服　务
原材料	✔		✔	✔		
生产用设备	✔	✔	✔			✔
办公用品	✔		✔		✔	✔
初级农业生产资料	✔		✔	✔		✔
高级农业生产资料	✔	✔	✔		✔	✔

5.2.1　综合产品形象系数描述

综合产品形象是多种要素的综合体现，可由产品综合形象系数 α 表示，它由三大部分的形象系数复合而成，即

综合产品形象系数 α ＝核心产品形象系数 α_1 ×形式产品形象系数 α_2 ×附加产品形象系数 α_3。

其中，综合产品形象系数 α： $0<\alpha<1$，核心产品形象系数 α_1： $0<\alpha_1<1$，形式产品系数 α_2： $0<\alpha_2<1$，附加产品系数 α_3： $0<\alpha_3<1$。

由于核心产品、形式产品与附加产品形象受多种形象要素影响，因而

$\alpha_1=f(t, a_1, a_2, a_3, \cdots\cdots)$，形象要素细化指标 $a=(a_1, a_2, a_3, \cdots\cdots)$

$\alpha_2=h(t, b_1, b_2, b_3, \cdots\cdots)$，形象要素细化指标 $b=(b_1, b_2, b_3, \cdots\cdots)$

$\alpha_3=g(t, c_1, c_2, c_3, \cdots\cdots)$，形象要素细化指标 $c=(c_1, c_2, c_3, \cdots\cdots)$

t 为时间，t 越长，形象系数越大。因此，$\alpha = \alpha_1 \times \alpha_2 \times \alpha_3 = f \times h \times g$。

从产品综合形象系数可以看出，若核心产品形象系数为 0 的产品，综合产品形象系数为 0；形式产品形象系数为 0 的产品，综合产品形象系数为 0；附加产品形象系数为 0 的产品，综合产品形象系数为 0。

例如，对服装产品形象来说，α_1 系数的大小表示了该服装御风寒、舒适的能力；α_2 系数的大小表示了该服装品牌、知名度、式样、色彩、做工等综合状态；α_3 系数的大小表示了该服务售前、售中、售后服务及保证等状况。

若该服装不能御风寒，穿着不舒服，即 α_1 为 0，则其综合形象系数为 0；若服装品牌商标较差、样式老化、做工粗糙，α_2 为 0，其综合系数也为 0；若该服装服务差，顾客不满意，则 α_3 为 0，综合形象系数也为 0。

对大多数日用消费品品牌来讲，核心产品相差不大，因而其综合形象的主要组成部分为形式产品形象，由品牌、式样、色彩、包装等形象要素组成。而家用电器产品综合形象要素的构成则较为全面，包括核心产品、形式产品形象要素中的品牌、结构、品质及式样等。

5.2.2　综合产品形象系数定量化分析

由于产品形象是人们对产品的综合评价，因此，产品形象系数也应主要从顾客处获得。考虑到产品形象影响要素大多是定性因素，具有模糊性与不确定性，因此我们采用顾客与专家评分的方法得到各个相关因素的评分，然后通过正则化处理，求得核心、形式、附加三大形象空间组成变量的形象系数 α_1、α_2、α_3，即

$$\alpha_j = P_i / \sum_{i=1}^{n} P_i \quad (j=1,\ 2,\ 3,\ \cdots;\ i=1,\ 2,\ 3,\ \cdots n)$$

n 为形象要素变量个数，其中，P_i 为各形象要素对该形象的影响度，其分值可以考虑用（1~10）标准进行评分。

综合形象系数 $\alpha = \alpha_1 \times \alpha_2 \times \alpha_3$。

根据形象系数 α_1、α_2、α_3，可以作出产品形象空间的图形，如果将每个形象要素的评分值画到坐标图中，可清楚地看出该产品不同形象要素的分布状况与结构（见图 5.3）。

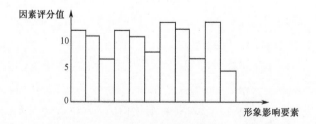

图 5.3　产品不同形象要素的分布状况与结构

建立产品形象设计的评价系统，有利于科学地评价产品设计的优劣；规范产品设计中的行为；指导产品设计的发展方向；为产品设计提供科学的理论依据。便于产品的设计开发、生产与管理的规范化；避免在产品形象评价中产生许多不确切的评价因素；减少以往在评价中绝大部分的人为因素和评价模糊界定不清的状况。但在评价的方式上，始终要遵循定性与定量的评价原则，否则，就会落入僵化的模式，严重地阻挠产品设计中的创新与个性化发展。

评价因素是随着人类自身发展而变化的，评价的方法与评价的内容也会不断发生变化。评价系统是动态的，测评、测试点是互动关联的。因此，评价最终的结果要以符合人的要求和社会发展需求为目标。

5.2.3　评价体系的指标

产品形象的评价体系是由内部评价体系和外部评价体系两大部分组成，包括六个方面的内容和三十六个评价点组成。要达到技术性、经济性、社会性、审美性评价指标四大指标中所提出的各项测评点的目标，才能保证整个产品形象的规划、设计、开发、生产、营销、服务等流程中有序的展开，形成鲜明的形象个性，并逐步接近企业形象的总体目标要求。

1. 产品形象的内部评价体系

（1）设计研发

设计观念、设计原理、设计水平、人员素质、开发能力。

（2）生产制造

技术水平、生产设备、生产工艺、检测手段、生产规模。

（3）生产管理

生产计划、生产组织、生产调控、质量监控、技术培训、管理素质。

2. 产品形象的外部评价体系

（1）使用者

个性差异、需求目的、消费观念、使用方式、方法、使用过程、使用时间、使用环境。

（2）市场因素

营销策略、市场占有率、经济效益、媒体方式、服务质量、大众认知度、竞争能力。

（3）社会因素

时代背景、国家法律、法规、国际公约、环保意识、社会责任感、社会效益。

3. 产品形象的评价指标

（1）技术性评价指标

技术可行性、先进性、工作性能指标、可靠性、安全性、宜人性技术指标、使用维护性、实用性等。

（2）经济性评价指标

成本、利润、投资、投资回收期、竞争潜力、市场前景等。

（3）社会性评价指标

社会效益、推动技术进步和发展生产力的情况、环境功能、资源利用、对人们生活方式的影响、对人们身心健康的影响等。

（4）审美性评价指标

造型风格、形态、色彩、时代性、创造性、传达性、审美价值、心理效果等。

一般来说，所有对设计的要求以及设计所要追求的目标都可以作为设计评价的评价目标测评点和测评依据。但为了提高评价效率，降低评价实施的成本和减轻工作量，没有必要把实际实施的评价目标列得过多。一般是选择最能反映方案水平和性能的、最重要的设计要求作为评价目标的具体内容。显然，对于不同的设计对象和设计所处的不同阶段，对设计评价的要求不同，评价目标的内容的基本要求如下。

① 全面性

尽量涉及技术、经济、社会性、审美性的多个方面。

② 独立性

各评价目标相对独立，内容明确、区分确定。

5.2.4　用于产品形象设计评价的层次分析法

产品形象是一个内涵极为广泛的概念，既指与企业文化和品牌个性等内在理念，包括与产品造型、色彩、材质、包装等有关的外在形象。在产品形象统一评价指标体系中，统一评价方法的选择是一个较为困难的问题。首先，产品形象统一的效果难以计算准确，其次，产品形象的人为主观影响也很难把握，一般的形象评价方法难以适用。使用层次分析的方法去解决这一问题的优势，在于可以将主观思维判断方便、合理地转化为客观定量的数据，将人们的主观判断用数量形式表达出来，并在此基础上做出各要素或方案的优劣分析。

层次分析法（AHP 法）是一种综合了定量与定性分析，使人脑决策思维模型化的决策方法，专为解决复杂的系统决策。它将人们的主观判断用数量形式表达出来并进行处理，通过建立层次结构模型而建立两两判断矩阵，计算各方案的相对权重确定出优先次序。通过分析复杂问题所包含的因素及其相互关系，将问题分解为不同的要素，各要素归并为不同的层次，从而形成多层次结构。在每一层次按一准则对该层各元素进行逐个比较，建立判断矩阵，通过计算判断矩阵的最大特征值及对应的正交化特征向量，得出该层要素对于该准则的权重，在此基础上进而计算出各层次要素对于总体目标的组合权重，从而得出各要素或方案的权值，以此区分各要素或方案的优劣。

利用 AHP 法求解多目标决策问题，一般计算过程有四步，即建立问题的递阶层次结构模型、构造两两判断矩阵、层次单排序、层次总排序。

1. 建立问题的递阶层次结构模型

根据对问题的分析，在弄清问题范围、明确问题所含因素及其相关关系的基础上，将问题所包含的因素，按照是否具有某些共性进行分组，并把它们之间的共性看成是系统中新层次的一个因素，而这类因素本身可与另一组特性组合起来，形成更高层次的因素，直到最后形成单一的最高层次的因素。这样就构成了由最高层、若干中间层和最底层组成的层次结构模型。

2. 构造两两比较判断矩阵

在所建立的递阶层次结构模型中，除总目标层外，每一层都有多个元素组成，而同一层各个元素对上一层的某一元素的影响程度是不同的。这就要求判断同一层次的元素对上一级某一元素的影响程度，并将其定量化。构造两两比较判断矩阵就是判断与量化上述元素间影响程度大小的一种方法。假设 C 层元素中 Cs 与下一层中的 $P_1P_2 \cdots P_n$ 元素有联系，两两比较 P 层所有元素对 Cs 上层元素的影响程度，将比较的结果以数字的形式写入矩阵表中，即构成判断矩阵，如表 5-2 所示。

表 5-2　判断矩阵

Cs	P_1	P_2	...	P_n
P_1	a_{11}	a_{12}		a_{1n}
P_2	a_{21}	a_{22}	...	a_{2n}
...	...	...		...
P_n	a_{n1}	a_{n2}		a_{nn}

表 5-2 中，元素 a_{ij} 表示对于元素 Cs，P_i 比 P_j 相对重要程度的标度，即两两比较的比率的赋值。萨迪教授运用模糊数学理论，集人类判别事物好坏、优劣、轻重、缓急的经验方法，提出一种 1~9 标度法，对不同情况的比较结果给以数量标度。它巧妙地解决了将思维判断定量化的问题，如表 5-3 所示。

表 5-3　标度法

标度 aij	定义	解释
1	同等重要	i 元素与 j 元素同等重要
3	略微重要	i 元素比 j 元素略微重要
5	明显重要	i 元素比 j 元素明显重要
7	强烈重要	i 元素比 j 元素强烈重要
9	极端重要	i 元素比 j 元素极端重要
2, 4, 6, 8	述两相邻判断的中值	为以上两判断之间的折中定量标度
上述各数的倒数	反比较	为元素 j 比 i 元素的重要标度

任何一个递阶层次结构，均可以构建若干个判断矩阵，其数目是该递阶层次结构图中除最底层以外所有各层的元素之和。

3. 层次单排序

判断矩阵是针对上一层次而言进行两两比较的评定数据，层次单排序就是把本层所有各元素对相邻上一层某元素来说，排出一个评比的优先次序，即求判断矩阵的特征向量。根据判断矩阵进行层次单排序的方法，主要有求和法、和积法、方根法、特征向量法等几种。以上几种排序的方法，其计算复杂程度以及计算结果的精确性是依次增加的。一般在 AHP 法中，计算判断矩阵的最大特征值及特征向量，并不需要高的精度，使用和积法、方根法等近似计算方法即可。

4. 层次总排序

利用层次单排序的计算结果，进一步综合计算出对更上一层（或总目标层）的优化次序就是层次总排序。这一过程是由最高层次到最低层次逐层进行的。

根据对产品形象统一问题的分析，建立递阶层次分析模型，由于产品形象评价系统是一个复杂而变化多样的构成体系，图 5.4 只是列出了一些主要的评价指标作为范例模型研究，实际的产品形象评价系统远比此复杂得多。

在产品设计的开始，首先必须确定总的功能目标，并将其进一步分解为各子因素目标，如产品形象、企业形象、品牌形象等。除总目标层外，每一层都有多个元素组成，而同一层各个元素对上一层某一元素的影响程度是不同的。

根据产品形象统一评价系统的递阶层次分析模型，通过判断同一层次元素对上一级某一元素的影响程度，采取模糊评价方法，比较下层所有元素对上层元素的影响程度，如产品形象对于塑造产品整体统一形象的影响与企业形象对于塑造产品整体统一形象的影响相比是同等重要、略微重要、明显重要还是强烈重要……，对照标度法表格中 1～9 标度法表格，选择合适的标度值填入判断矩阵，判断矩阵的对角线方位则填入其倒数值。接着使用同样的判断方法，继续比较产品形象与品牌形象对产品整体统一形象的影响程度，得出标度值填入判断矩阵，以此类推，最终可构造出一个 3×3 阶的判断矩阵。再利用和积法、方根法等近似计算判断矩阵最大特征值及特征向量，由于指标间相对重要性和下级指标对上级指标直至总目标的"贡献"程度不同，即各评价标准之间重要性是不一样的，各标准对产品综合形象的重要性也不同。所以利用层次分析法可以很方便地确定出产品形象、品牌形象、企业形象在区域整体形象评价指标体系中每个指标因素的相对权重，即谁对产品整体形象的统一贡献最大，它们在产品整体形象所占的相对权重各是多少。

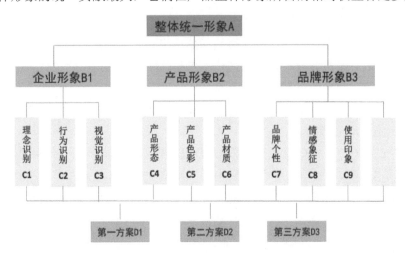

图 5.4　产品形象评价系统的递阶层次分析模型

当该层各元素全部进行逐对比较后，层次分析移动到下一层，比较第三层各因素对第二层因素的影响程度，如产品形态与产品色彩对产品形象塑造影响程度，产品形态与产品材质对产品形象塑造影响程度等，以此类推，又可得出一个判断矩阵，通过对判断矩阵的最大特征值及对应的正交化特征向量计算，得出一组权重关系。利用同样的方法，通过企业形象、品牌形象与它们下一层因素之间关系的比较分析，又可得出两个判断矩阵，计算其权重关系。最后在前面计算的基础上，通过层次总排序进而计算出各层次要素对于总体目标的组合权重，从而得出各要素或方案的权值，以此区分各要素或方案的优劣。如哪个方案对塑造产品整体形象统一的贡献最大，设计师在设计时最应该关注哪些因素，设计时考虑因素的优先次序等。

5.3　产品形象设计与产品语义学

5.3.1　产品形象语义的内涵

产品形象是企业产品在一定社会群体中的总印象，包含企业文化、经营战略与设计理念、制造水平等方面的内涵，是企业形象在产品上的体现。

企业文化是企业在实际从事经营活动的组织之中，形成的特定组织文化，它在企业的整个发展战略中起着引领作用，对企业形象、设计理念、产品形象都有决定性的影响。产品形象系统研究不能孤立地进行，不是就产品而论的研究，否则只能陷入一种急功近利的短视行为。作为一项长期的发展战略，产品形象必须与企业政策和经营战略一致，符合整体的经济效益原则，并且通过不断的积累，上升到文化层面，在文化层面上渗透到消费者的心里，占领市场。

任何一家产品生产厂商都不可能提供满足所有消费人群的所有产品，因此，企业对自己产品的定位，对市场的细分和对目标客户的研究也至关重要，往往影响到产品在市场上的形象，因此，除了深入调查本企业的文化形象和战略定位外，还要调查整个行业的设计背景和其他竞争对手的形象定位。将调查结果做横向和纵向的比较，在比较充分理解整个行业状况的基础上，结合企业的整体战略和发展趋势再做出符合企业发展的设计，在经营战略的层面上确立产品形象。

制造水平的优劣，是影响产品形象的最直接因素，而制造水平的高低在某种程度上又涉及产品的成本高低，因此，在制造应用中必须根据企业整体发展战略，根据产品形象的要求求得平衡，作出合适的选择。从企业文化、经营战略与设计理念、制造水平等方面出发，可以形成产品形象概念的一种抽象化语言，确立产品形象的基本语义特征，一种抽象的符号形式。例如，德国产品的坚硬、挺拔、简洁的语意体现着其高超的生产技术水平及其严谨、理性的思维方式；梅赛德斯-奔驰汽车产品系列和产品线的设置，充分反映了其传统、潮流和社会三大企业价值理论（见表 5.4）。

表 5.4　梅赛德斯-奔驰汽车产品线

A 级轿车	B 级豪华运动旅行车	C 级旅行轿车
CLS 级运动轿车	E 级敞篷跑车	SL 级敞篷跑车
GL 级豪华越野车	M 级越野车	G 级越野车

　　飞利浦产品和谐的色彩、曲线化的造型、充分考虑的人机形态显现其"以人为本"的理念（见表 5.5）。

表 5.5　飞利浦不同产品系列

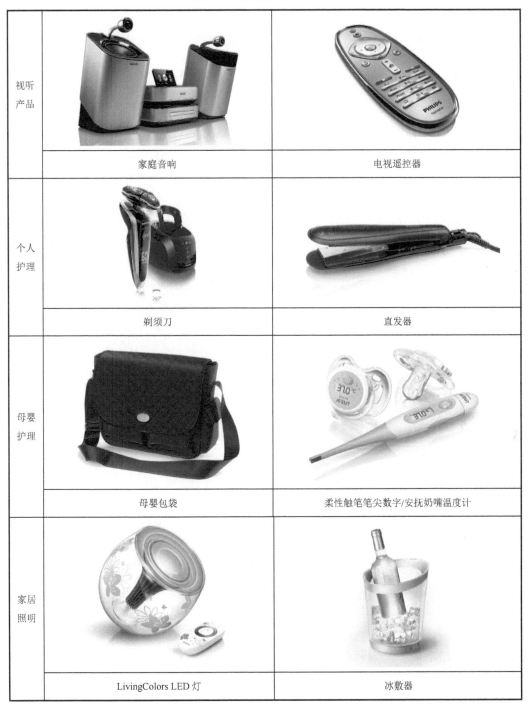

视听产品	家庭音响	电视遥控器
个人护理	剃须刀	直发器
母婴护理	母婴包袋	柔性触笔笔尖数字/安抚奶嘴温度计
家居照明	LivingColors LED 灯	冰敷器

产品形象语义的确定，以企业文化统领，结合研究经营战略与设计理念、制造水平等企业状况及趋势，提取简洁、抽象、最本质的符号语言。这种符号语言还要求具有个性特征，以区别市场上的同类竞争产品。

5.3.2　产品形象视觉语义符号解析

产品形象的具体体现是产品在设计、开发、研制、流通、使用中形成的统一形象特质，是产品内在的品质形象与产品外在的视觉形象形成统一性的结果。前面分析的产品形象语义内涵是产品形象的内在品质，是一种抽象化的理念。只有将这种抽象化的理念转化到产品的外在视觉上才能被人认知、理解，从而树立起实体的形象。

狭义上讲，产品的外在视觉指产品的外形。产品的外形既是外部构造的承担者，同时又是内在功能的传达者，而所有这些都是通过材料运用一定加工工艺以特定的造型来呈现。现代工业产品的形式在很大程度上是依靠对材料的运用和加工来表现的，造型材料是外在视觉形式表现的内容之一，同时它又有自身的特点，不同的材料有不同的材质情感，本身就具备不同的"品格"形象。不同性质的材料组成的不同结构（体现在外部造型上）的产品都会呈现不同的视觉特征，给人不同的视觉感受。从产品自身来讲，体现在外在视觉上的形象语义主要包括三方面的因素，即造型语义、色彩语义、材质语义。

1. 造型语义

形态是营造形象的一个重要方面，主要通过产品造型的尺度、形状、比例及相互之间的构成关系营造一定的产品氛围，使人产生夸张、含蓄、趣味、愉悦、轻松、神秘等不同的心理情绪，使消费者产生某种心理体验，让用户产生亲切感、成就感，从而建立起一定的产品形象。

对称的直角几何形态显示构造的严谨性，有利于营造庄严、宁静、典雅、明快的气氛；严谨又活泼的圆形显示和大同、包容的概念，有利于营造完满、大气的气氛；曲线能创造动态造型，使人容易感受到生命的力量，有利于营造热烈、自由、亲切的气氛。自由曲线接近自然形态、具有生活气息，有利于营造朴实、自然、环保的气氛。流畅的曲线有放有收、张弛适度、柔中带刚，适合于现代设计所追求的律动及简约效果；另类的非对称属于不完整的美，会产生神奇的效果，给人以极大的视觉冲击力和前卫艺术感，利用变异、非对称等造型手段可以营造先锋、前卫的氛围（见图 5.5）。

造型语义的象征性意义，还体现产品本身的档次、品质、趣味、时尚等方面。例如，精致的细节关系处理，能体现产品的优异品质、精湛工艺；通过产品整体造型关系、局部典型造型等来体现某一产品的等级和与众不同；在电器类、机械类及手工工具类产品设计中，造型语义还可以表达安全性象征意义，浑然饱满的整体形态、工艺精细的构造、细节的处理，都会给人以心理上的安全感，合理的尺寸、避免错误操作的防呆设计等会给人以生理上的安全感。

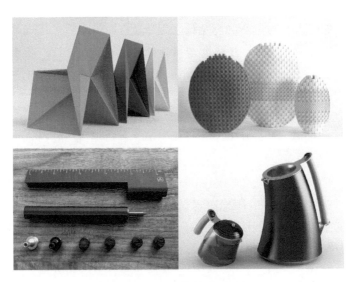

图 5.5　不同风格的造型语义

产品造型语义还要体现人机性能，造型要满足人机操作的实用性要求。产品语义学是研究人造物的形态在使用情境中的象征特性，它突破了传统设计理论将人的因素都归入人机工程学的简单作法，突破了传统人机工程学仅对人的物理及生理机能的考虑，将设计因素深入至人的心理、精神因素。通过一定的形态可以指示使用者把握该产品的使用方式、操作方式，并且尽可能在人机之间构成一种生理、心理上的和谐关系。把握产品的造型语义将使产品在人机使用性能和情感人性化上树立良好形象，这是产品形象造型语义的重要内容。

炒菜做饭，人们常常锅盖不知该放在哪。这款锅盖助手支架的使用极其方便，只需将弹簧钢丝一端轻轻置入锅盖把手内或将其卡在锅盖圆帽上即可，由此锅盖会附着在锅沿上或立在灶台上。此外，还能用于固定汤匙、木铲等（见图 5.6）。

图 5.6　方便的锅盖支架 LidSitter

2. 色彩语义

色彩是最抽象化的语言，作为情感与文化的象征，在产品设计上，不仅具备审美性和装饰性，还具备象征性的符号意义。作为首要的视觉审美要素，色彩深刻地影响着人们的视觉感受和心理情绪。人类对色彩的感觉最强烈、最直接，印象也最深刻。色彩对产品意境的形成有很重要的作用，在设计中色彩与具体的外形相结合，使产品更具生命力。产品形象的色彩语义来自于色彩对人的视觉感受和生理刺激，以及由此而产生的丰富经验联想和生理联想，从而产生某种特定的心理体验。

产品设计中的色彩，包括色相、明度、纯度和相互之间的组织关系。不同的色彩和组合会给人带来不同的感受，红色热烈（见图 5.7）、蓝色宁静、紫色神秘、白色单纯（见图 5.8）、黑色凝重（见图 5.9）、灰色质朴，表达出不同的情绪具备不同的象征意义。当代美国视觉艺术心理学家布鲁墨（Carolyn Bloomer）说："色彩唤起各种情绪，表达感情，甚至影响我们正常的生理感受"，阿恩海姆则认为"色彩能够表现感情"。因而"色彩是一般审美中最普遍的形式"。在设计中的色彩还能暗示操作方式和引起注意，是设计人性化表达的重要因素。红色引起警觉产生不安的心理感受、绿色表达安全引伸为环保象征。色彩语义还受到所处时代、社会、文化、地区及生活方式、习俗的影响，反映产品及与社会及时代潮流之间的关系。

图 5.7　红色产品　　　　图 5.8　白色产品　　　　图 5.9　黑色产品

3. 材质语义

材质语义是产品材料性能、质感和肌理的信息传递。在选择材料时首先要考量材料的使用性能，例如，强度、耐磨性等物理量来做评定，还要考量其加工工艺性能是否可以满足使用的需要。而材料的质感肌理是通过产品表面特征给人以视觉和触觉感受、心理联想及象征意义。

图 5.10　玻璃产品

因此，在选择材料时还要考虑材料与人的情感关系远近作为重要的选评尺度。质感和肌理本身也是一种艺术形式，通过选择合适的造型材料来增加感性成分，增强产品与人之间的亲近感，使产品与人的互动性更强。不同的质感肌理能给人以不同的心理感受，如玻璃、钢材可以表达产品的科技气息（见

图 5.10）；木材、竹材可以表达自然、古朴、人情意味等（见图 5.11）。材料质感和肌理的来源是对材料性能的充分理解，也就是说，材质的使用要力求吻合材质的加工工艺。如金属钣金件采用冲压成型、拉伸成型等工艺，比较之前由锻打工人手工打造带来很多的改变，可以使形态肌理多样化。例如，产生光亮如镜的金属表面质感，让人体验到高科技的神秘与骄傲（见图 5.12）；而高分子材料的注塑成型可以使产品表面产生磨砂的细腻质感，使人产生梦幻般的感受。

图 5.11　金属产品

图 5.12　木材产品

材料质感和肌理的性能特征，直接影响到材料用于所制产品后最终的视觉效果。作为设计者应当熟悉不同材料的性能特征，对材质、肌理、形态、结构等方面的关系进行深入的分析和研究，科学合理地加以选用，以符合产品设计的需要，为树立良好的产品形象服务。

第6章

品牌形象与产品形象

6.1 品牌形象与产品形象的关系

良好的品牌形象是企业在市场竞争中的有力武器，深深地吸引着消费者。人们对品牌形象的认识刚开始是基本着眼于影响品牌形象的各种因素上，如品牌属性、名称、包装、价格、声誉等。品牌形象包含产品形象，产品形象策略的建立基于品牌形象策略之上。

1. 产品形象是品牌形象的基础

按其表现形式，品牌形象可分为内在形象和外在形象，内在形象主要包括产品形象及文化形象；外在形象则包括品牌标识系统形象与品牌在市场、消费者中表现的信誉。

产品形象是品牌形象的基础，是和品牌的功能性特征相联系的形象。潜在消费者对品牌的认知首先是通过对其产品功能的认知来体现的。一个品牌不是虚无的，而是因其能满足消费者的物质或心理的需求，这种满足和其产品息息相关。奔驰牌轿车豪华高贵的品牌形象首先来自于其安全、舒适、质量一流的轿车。当潜在消费者对产品评价很高，产生较强的信赖时，他们会把这种信赖转移到抽象的品牌上，对其品牌产生较高的评价，从而形成良好的品牌形象。

品牌文化形象是指社会公众、用户对品牌所体现的品牌文化或企业整体文化的认知和评价。企业文化是企业经营理念、价值观、道德规范、行为准则等企业行为的集中体现，也体现一个企业的精神风貌，对其消费群和员工产生着潜移默化的熏陶作用。品牌文化和企业的环境形象、员工形象、企业形象等一起构成完整的企业文化。品牌背后是文化，每个成功品牌的背后都有其深厚的文化土壤，都有一个传达真善美的故事。"无印良品"四个字所包含的不仅仅是无限简洁的产品款式，也不仅仅是从产品上散发的浓厚的文艺气息，更在于它所体现的日本乃至全世界设计界认为是当代最有代表性的"禅的美学"，以及消费者生活在无印良品的世界，得到的那种归宿感（见图 6.1）。

图 6.1 无印良品

2. 品牌形象指导产品形象

品牌形象是品牌概念的延伸，比较而言，品牌是一个比较抽象的、对品牌内涵高度提炼的精神概念，产品形象则是具体生动的、有血有肉的物质范畴。品牌形象是品牌的视觉化表现，是企业整体形象的根本。一个好的品牌策划，品牌形象往往早于产品形象而出现，产品的策划也离不开品牌形象的指引。比如，如果某一个品牌形象希望给人一种"科技"的概念，那么，产品就必须在面料处理、功能界定甚至图案设计等很多细节上表现出科技的内在含量和外在表现，着力烘托"科技"的意味。

例如，奥迪一心想取代宝马，成为全球第一大豪华车品牌。这意味着它很难用宝马的方式打败宝马，奥迪的差异化竞争方式，就是科技。众所周知，不论是灯光技术、人机交互系统、自动驾驶还是车联网，奥迪是全球汽车巨头中对科技投入最疯狂的厂商之一。2015年 6 月，奥迪谢绝谷歌邀请，独自研发自动驾驶。奥迪公司首席执行官鲁伯特•施泰德在接受某媒体采访时表示，汽车对于消费者来说是第二个起居室，因此，它需要有足够的私密性，驾乘人员是唯一可以获得汽车行驶数据的人。而谷歌公司基于网络的自动驾驶技术将可随时获得车辆的行车信息，存在较大的安全风险。奥迪公司对谷歌自动驾驶汽车的态度基本代表了众多德国厂商对谷歌的态度。德国厂商希望能够在保证汽车数据安全性的基础上研发自动驾驶技术。另外，奥迪还计划在 2020 年超过宝马而成为全球最大的豪华车制造商，为此，集团从去年开启了历史上最大的投资项目。作为大众汽车的子公司，奥迪计划在未来五年中投资 240 亿欧元开发新车型、轻量化技术、新能源车型和车联网技术。

奥迪全新纯电动 SUV 车 Q6 在 2015 年 6 月首先以概念车的身份登场，时间选择在了9 月在家门口举行的法兰克福车展。而它的量产版车型则会在 2018 年推出，并竞争宝马的 X4 和同样即将推出的奔驰 GLC Coupe。它所搭载的电池组将会带来超过 500 公里的续航里程。另外，Q6 开起来也会很"Sporty"（运动），将配备高度可调的空气悬架系统；其他方面，为了使得 Q6 更加高效，其外观造型非常注重空气动力学性能的优化，而且大量的轻量化材料和技术的使用，会让它的车重在更优异的水平上（见图 6.2）。

图 6.2　电动版的 Q6

3. 产品形象影响品牌形象

产品形象是产品概念的延伸，是一个个具体的产品集合展示给消费者对该品牌产品的视觉认知，由此而产生对品牌的风格认同。产品的开发实力、生产实力影响着品牌形象，尤其是品牌初创期，品牌形象从模糊变为清晰更需要产品形象的支撑。正因为一个缺乏产品支持的虚无品牌形象不能成为真正的品牌，产品形象才对其发挥着很大的影响力，当潜在消费者对产品评价很高，产生较强的信赖时，他们会把这种信赖转移到品牌形象上，对其品牌产生较高的评价，从而形成良好的品牌。

每年，跨国品牌价值咨询公司 Brand Finance 都会制作一份有关全球最具影响力品牌的榜单，并将有时含糊不清的名词"品牌"定义为"与市场营销有关的无形资产，包括但不限于名称、术语、标牌、标志、标识和设计，或者它们的组合，目的是鉴别产品、服务或者实体，或这些的组合，在各利益相关方脑海中创造出别具特色的形象和联想，从而创造经济利益或者价值。"为了确定哪些资产加在一起最有价值，Brand Finance 对多种因素进行了分析，比如，一家公司在营销领域的投资力度，以在顾客和员工心中的声誉来衡量的资产，以及营销和声誉对这家公司"经营业绩"产生的影响。每个品牌都会获得一个评分，满分 100 分。

高居该榜榜首，并取代上届冠军法拉利（Ferrari）的是乐高（Lego）（见图 6.3）。半个多世纪以来，这家彩色塑料积木生产商一直深受儿童和成人的喜爱，不过在近几年，该公司通过授权合作伙伴获得了更广泛的吸引力。得益于《乐高大电影》（Lego Movie）取得的成功，乐高扶摇直上。这部动画片在全球斩获将近 5 亿美元的票房收入。

图 6.3　乐高

这份报告也指出，该公司"通常会避免分性别的营销"，而是以同样的方式"吸引男孩和女孩，因此，乐高目标客户群的规模得以实现最大化。随着人们日益担忧玩具可能对孩子，特别是女孩子的人生观和志向产生的影响，乐高的这种方式受到父母们的欢迎"（见图 6.4）。

4. 两者密切相关同步协调

从某种意义上来说，产品形象包含在品牌形象的范畴，是由不同部门负责具体操作的品牌形象的一部分。两者是在市场竞争中能够相互感应的孪生姐妹，应该同步、协调地发展。在目前竞争日趋激烈的品牌服装市场上，呈现出以下新的竞争焦点和方式。

图 6.4　乐高积木以同样的方式吸引男孩和女孩

一是竞争的侧重点从过去的产品质量和销售渠道的竞争转向品牌形象和服务质量,并以之为重点。

二是品牌形象竞争手段更加细化和深入,在"视觉营销(视觉营销是为达成营销的目标而存在的,是将展示技术和视觉呈现技术与对商品营销的彻底认识相结合,与采购部门共同努力将商品提供给市场,加以展示贩卖的方法。品牌(或商家)通过其标志、色彩、图片、广告、店堂、橱窗、陈列等一系列的视觉展现,向顾客传达产品信息、服务理念和品牌文化,达到促进商品销售、树立品牌形象之目的。)"理念的引导下,由原来的货架、形象面等终端的设计制作竞争转向了由货架、灯光、道具、橱窗、POP 广告等营造的购物环境和营业员服务水平的多元竞争。

三是品牌特征的竞争,各个品牌不断加强品牌特点的显示度和冲击力,让品牌形象与产品形象之间形成良好的互动,加深顾客对品牌形象的印象,提高顾客对品牌的认同,达到顾客青睐本品牌的目的。

6.2　品牌形象的内容

品牌形象主要有 3 大块内容构成,即品牌文化形象、品牌终端形象和品牌信誉。

6.2.1　品牌文化形象

品牌文化形象是指消费者对品牌所体现的企业文化或品牌文化的整体认知和评价。企业文化是建立在品牌形象上的企业经营理念、价值观、道德规范、行为准则等企业行为的集中体现，体现企业的精神风貌，对其员工产生着潜移默化的熏陶作用，对其倾慕的消费群体也深受其感染。品牌的发展基石是品牌的文化溯源和脉搏，每个成功品牌的背后都有其深厚的文化土壤，都有一个值得传递的感人故事。

6.2.2 品牌终端形象

品牌终端系统形象是指消费者对品牌终端系统的认知与评价，是品牌形象的主要外在表现内容之一。品牌终端系统形象包括卖场形象和标识系统，品牌标识系统包括品牌名、商标图案、标志字体、标准色系及包装装潢等除去产品本身的品牌标识的外观表现。消费者对品牌的最初评价来自于其视觉形象，是粗狂豪放的还是精细入微的、是清新活泼的还是庄重典雅的、是朴实无华的还是高贵雍容的…，这些构成了绚烂多彩的品牌语言，这也是"视觉营销"理念产生的主要原因。品牌标识系统是品牌形象最直接和快速传递给消费者的有效途径，一个鲜明而亲和的品牌标识系统形象是在现代商业产品极大丰富的情况下，吸引消费者注意力的法宝。

6.2.3 品牌信誉

品牌信誉即品牌的美誉度，是指消费者及社会公众对一个品牌信任度的认知和评价，其实质是来源于消费者对产品的信任。品牌信誉是维护顾客品牌忠诚度的利器，是品牌施展和维持其魅力的重要介质。相对而言，知名度是木然地被动接受的过程，美誉度是愉悦地主动接受的过程，品牌美誉度的建立需要企业各方面的共同努力，品牌理念、产品诉求、服务水平、技术能力等因素缺一不可，建立与专业客户合作的合同诚信，扩大品牌在消费者中传递的频率、范围与速度。

6.3 品牌形象的要素

品牌形象的有形要素包括产品及其包装、生产经营环境、生产经营业绩、社会贡献、员工形象等。

6.3.1 产品形象

产品形象是品牌形象的代表，是品牌形象的物质基础，是品牌最主要的有形形象。品牌形象主要是通过产品形象表现出来的。产品形象的好坏直接影响品牌形象的好坏。一个好的产品可以使广大消费者纷纷选购，一个差的产品只能使消费者望而生厌。品牌只有通过向社会提供质量上乘、性能优良、造型美观的产品和优质的服务来塑造良好的产品形象，才能得到社会的认可，在竞争中立于不败之地。

6.3.2　环境形象

环境形象，主要是指品牌的生产环境、销售环境、办公环境和品牌的各种附属设施。品牌厂区环境的整洁和绿化程度，生产和经营场所的规模和装修，生产经营设备的技术水准等，无不反映品牌的经济实力、管理水平和精神风貌，是品牌向社会公众展示自己的重要窗口。特别是销售环境的设计、造型、布局、色彩及各种装饰等，更能展示品牌文化和品牌形象的个性，对于强化品牌的知名度和信赖度，提高营销效率有更直接的影响。

6.3.3　业绩形象

业绩形象是指品牌的经营规模和盈利水平，主要由产品销售额（业务额）、资金利润率和资产收益率等组成。它反映了品牌经营能力的强弱和盈利水平的高低，是品牌生产经营状况的直接表现，也是品牌追求良好品牌形象的根本所在。一般而言，良好的品牌形象特别是良好的产品形象，总会为品牌带来良好的业绩形象。而良好的业绩形象总会增强投资者和消费者对品牌及其产品的信心。

6.3.4　社会形象

社会形象是指品牌通过非盈利的和带有公共关系性质的社会行为塑造良好的品牌形象，以博取社会的认同和好感。包括奉公守法、诚实经营、维护消费者合法权益；保护环境，促进生态平衡；关心所在社区的繁荣与发展，作出自己的贡献；关注社会公益事业，促进社会精神文明建设等。

肯德基始终坚持"立足中国、融入生活"，在自身不断加速发展的同时，坚持回馈社会。进入中国近 30 年，肯德基在儿童营养健康、教育、青年发展、灾害救助等领域持续开展"捐一元"、"曙光基金"、"天使餐厅"、社区关爱等公益实践，接下来还将充分利用品牌的资源和特长，结合社会需求，开展一系列长效的企业社会责任项目。

2016 年 9 月 21 日，肯德基首家公益艺术餐厅在杭州西湖正式揭幕。"捐一元"项目是 2008 年由中国扶贫基金会联合肯德基所属百胜餐饮集团中国事业部共同发起，旨在改善贫困儿童的营养健康状况。9 年来，"捐一元"累计从 1 亿人次的消费者中募集了 1.5 亿元，为 18.6 万人次的贫困山区小学生提供了近 3000 万份"牛奶+鸡蛋"的营养餐。中国扶贫基金会负责人在发布会上对肯德基及其所属百胜中国为中国扶贫事业做出的贡献表示感谢。将艺术和时尚同公益融合，也是肯德基在"捐一元"公益项目中的一大亮点。新锐时尚设计师 C.J.YAO 设计了两款"捐一元"时尚心意手袋和一批限量版时尚单品，而来自杭州的自闭症天才画家毕昌煜也授权自己的作品用于心意桶的包装设计以及餐厅装饰（见图6.5）。

图6.5　肯德基首家公益艺术餐厅在杭州西湖揭幕

6.3.5　员工形象

　　品牌员工是品牌生产经营管理活动的主体，是品牌形象的直接塑造者。员工形象是指品牌员工的整体形象，它包括管理者形象和员工形象。管理者形象是指品牌管理者集体尤其是品牌家的知识、能力、魄力、品质、风格和经营业绩给本品牌员工、品牌同行和社会公众留下的印象。品牌家是品牌的代表，其形象的好坏直接影响品牌的形象，为此，当今众多品牌均非常重视品牌家形象的塑造。员工形象是指品牌全体员工的服务态度、职业道德、行为规范、精神风貌、文化水准、作业技能、内在素养和装束仪表等给外界的整体形象。品牌是员工的集合体，因此，员工的言行必将影响到品牌的形象。管理者形象好，可以增强品牌的向心力和社会公众对品牌的信任度；职工形象好，可以增强品牌的凝聚力和竞争力，为品牌的长期稳定发展打下牢固的基础。因此，很多品牌在塑造良好形象过程中都十分重视员工形象。

　　品牌形象与消费者之间更为具体的联系是由产品形象达成的，消费者通过使用产品来形成对品牌更为真实和确切的印象。与品牌形象一致的产品形象能够帮助消费者加深对品牌的认知，提高对品牌的忠诚度。品牌形象和产品形象与工业设计密切相关，设计师不仅需要设计出贴合企业目标品牌形象的产品以巩固既有的品牌形象，也需要将品牌形象融入产品设计中以提升整体的价值水平，达到品牌形象延伸的目的。

6.4　品牌形象的评判

品牌形象可以用量化的方法来考察，常用于度量品牌形象力的指标有两项，一是品牌知名度；二是品牌美誉度。但这还不够，品牌形象还应包括品牌反映度、品牌注意度、品牌认知度、品牌美丽度、品牌传播度、品牌忠诚度和品牌追随度。

6.4.1　品牌知名度

品牌知名度是指潜在购买者认识到或记起某一品牌是某类产品的能力，它涉及产品类别与品牌的联系。

1. 品牌知名度的 3 个层次

品牌知名度分为 3 个明显不同的层次。

品牌知名度的最低层次是品牌识别。这是根据提供帮助的记忆测试确定的，如通过电话调查，给出特定产品种类的一系列品牌名称，要求被调查者说出它们以前听说过哪些品牌。虽然需要将品牌与产品种类相连，但其间的联系不必太强。品牌识别是品牌知名度的最低水平，但在购买者选购品牌时却是至关重要的。

品牌识别可以让消费者找到熟悉的感觉。人们喜欢熟悉的东西，尤其是对于香皂、口香糖、纸巾、糖、擦面纸等低价值的日用品，有时不必评估产品的特点，熟悉这一产品就足以让人们作出购买决策。研究表明，无论消费者接触到的是抽象的图画、名称、音乐，还是其他东西，接触的次数与喜欢程度之间呈正相关系。

另一个层次是品牌回想。通常是通过让被调查者说出某类产品的品牌来确定品牌回想，但这是"未提供帮助的回想"，与确定品牌识别不同的是，不向被调查者提供品牌名称，所以要确定回想的难度更大。品牌回想往往与较强的品牌定位相关联。

品牌回想往往能左右潜在购买者的采购决策。采购程序的第一步常常是选择一组需考虑的品牌作为备选组。例如，在选择广告代理商、试驾车型或需评估的计算机系统时，通常要考虑三四个备选方案。在这一步，除特殊情况外，购买者可能没有接触到更多品牌。此时，要进入备选组的品牌回想就非常关键。哪个厂商生产计算机？能够想到的第一家公司就占有优势，而不具有品牌回想的厂商则没有任何机会。

提及知名度是一个特殊的状态，是品牌知名度的最高层次。确切地说，这意味着该品牌在人们心目中的地位高于其他品牌。企业如果拥有这样的主导品牌，就有了强有力的竞争优势。

2. 考察知名度的 3 个不同角度

品牌知名度是指品牌被公众知晓的程度，是评价品牌形象的量化指标。考察知名度可以从 3 个不同角度进行，即公众知名度、行业知名度、目标受众知名度。

品牌的公众知名度是指品牌在整个社会公众中的知晓率。

行业知名度是品牌在相关行业的知晓率或影响力。

目标受众知名度是指品牌在目标顾客中的影响力。

3. 建立品牌知名度的误区

（1）说得太多

第一次在媒体上做广告，就想把所有的东西都讲出来，结果是等于什么也没讲，消费者什么也没听进去。

（2）说得太少

第一次在媒体露面，就象你去见一个新朋友，为了让别人记住你，需要既递名片，又要自我介绍，甚至让朋友来帮着引见，最后还要再向人家强调一遍，以强化别人的记忆，但是，却按常规的广告做法，只是在标板部分才出现产品名和企业 LOGO，结果是消费者看了半天，都没看到产品的名字，后果自然是，无声地来，无声地去。

（3）说得太精彩

精彩的故事自然吸引人，但是做广告不是讲故事，尤其是对于刚露脸的产品，如果故事讲得太精彩，结果是消费者把故事记住了，产品却给忽略了。最近看到一家刚打广告的品牌，一口气拍了三条煽情广告，问题不在于煽情广告好不好，而是对不对的问题。本是一个大家都熟悉的品牌，功能早已为人所熟悉，打煽情广告的目的是通过情感的诉求，来进一步拉近与目标受众的距离，从而建立情感区，但作为新产品上来就走情感路线，就会很容易地忽略产品本身。

（4）说的太平

出众的东西永远会引起别人的注意，大街上美女的回头率肯定要比老太太高。如果你的广告在创意上太大众化，就很难从众多的广告中跳出来，别人都以同样的方式诉说过几百次，还要再重复一遍？同行业的惯例是情感诉求，你也来情感？别人叫卖，你也吆喝？

4. 建立品牌知名度的原则

（1）简单

一定要明确现在的任务就是建立知名度，告诉人家你是谁，是做什么的，就足够了，也就是说首先要解决的是脸熟，不要奢望在广告里面表达太多的东西，让消费者连你有多少条生产线、工艺流程都记住，这些都是以后的问题，现在首要的任务是大声地喊出来一

—我来了。

（2）直接

尽量少绕弯子，一切创意都围绕产品爆破。斯达舒上市的时候，巧妙地借助斯达舒的谐音"四大叔"来搞，虽然有点恶俗、戏弄之义，但却直接突出了品牌的名字，整个创意就是围绕名字展开，你说消费者能记不住这个四大叔吗。同样的例子还有清嘴含片，"想知道亲嘴的味道吗？想哪儿去了，我说的是清嘴含片……"。

（3）出奇

要想让别人记住你，你就得动点心思，使自己显得与众不同。美国家庭人寿保险公司（AFLAC）最初做了十多年的广告，但是几乎没有人记住这家公司，直到他们以鸭子的"呱！呱！"声作为创意为止。这的确有点疯狂。当你大声地把 AFLAC 念出来的时候，听起来就好像鸭子叫，于是，他们大胆地把鸭子的呱呱声引入到创意中，当别人在交谈时，总会有一只鸭子在旁边呱呱地乱插嘴。这个在一般人看来疯狂、幼稚、不合传统的广告，居然取得了巨大的成功。在广告播出的六天之内，AFLAC 网站的访问量比前一年的总数还多，销售额总共增长了 55%，91%的美国人都知道了 AFLAC，更有趣的是，其中的 1/3 不是说出 AFLAC，而是像鸭子一样喊出来的。不仅如此，AFLAC 居然成了流行形象，大家总是时不时地喊出 AFLAC，这相当于价值数万元的免费广告。

自然这一切的取得，与 AFLAC 的决策层有着密不可分的关系，因为，他们知道现在需要的就是知名度，无论采用什么方式，只要别人能够知道他公司的名字就行，正是因为他们的理智，才促成了创意人的大胆。

别人用美女，你就试着用秃男，别人说的时候，你就试着唱出来。最不符合逻辑，就是广告的逻辑，也就是符合广告传播的逻辑。

（4）产品为主角

广告不能为了创意而忽略产品，尤其是第一次亮相，更应该对产品进行充分的展示，把产品作为整个创意的主角去放大，当然这样说绝非像有的广告那样，只是让产品在屏幕上飞来飞去，而是巧妙地进行展示。

（5）记忆点

人最容易被细节吸引和打动，在人的脑海里，经常会浮现一些断章式的情节，也许某一部电影的具体内容忘掉了，但是对里面的某个情节却记忆犹新，例如，《英雄本色》里面小马哥咬着火柴梗的情节，很多人对它过目不忘，这就是记忆点。一条广告播完了，必须有一个细节，用画面、语言让消费者记住，农夫果园的"喝前摇一摇"就是记忆点方面非常好的例子。

（6）多说两遍产品名

人是需要进行提醒记忆的，第一次和人家打交道，为了让别人记住你，你就要多喊两遍自己的名字，记住在 30 秒或者 15 秒的广告里，只出现一次品牌名字绝对是一个失误，你必须多喊两遍，消费者才可能听到，别怕重复，宁多毋少。

5. 建立品牌知名度的策略

（1）与众不同使人难忘

要提高知名度就必须让公众注意到这一信息，并留下难以磨灭的印象，最关键的一点是制造差异，做到与众不同。如会说话的 Parkay 人造黄油盒，这一异想天开的做法将 Parkay 的名字与人造黄油关联，与其他品牌名称的联系方式截然不同。毋庸置疑，必须将品牌与产品类别关联。例如，将汽车放在一座与世隔绝的山峰顶部，虽令人难忘，但观众可能难以回忆起是哪个品牌的汽车放在了山顶。

（2）品牌应该有标语或押韵

标语能够凸显产品的特征，强化品牌形象。如"漂浮于水面"或"今天你应该休息"等标语有助于人们回想品牌。对诸如香皂等产品而言，先提出"漂浮于水面"，之后再提出"象牙"这一名称比直接提出"象牙"更易为消费者所接受。因此，企业应该创建与品牌或者产品类别息息相关的标语，并使之为公众所接受。

押韵是创建品牌知名度的强有力工具。有人对新上市的 58 种新产品进行了为期 13 周的测试，研究结果表明，之所以某些新产品的回想层次高于其他产品，其中非常重要的一点是这些产品押韵，易于人们记忆。

（3）标志展示

如果企业拥有与品牌紧密相关的标志，如 Colonel 的磨沙机、Transamerica 的角锥或旅行家集团（Travelers）的伞，那么在创建或维持品牌知名度时，标志就能够发挥主要作用。标志包括视觉形象，视觉形象比文字更易为人们所理解与记忆。

（4）公共关系

广告适宜创建知名度，是展示品牌的有效方式。然而公共关系通常也会起到一定作用，有时甚至是关键作用。它不但比媒体广告的成本低，而且比媒体广告的效果好。与阅读广告相比，人们通常更愿意从新闻故事中获得信息。最理想的情景就是产品本身就能引起人们的关注，如新概念车——两辆马自达（Mazda）或新的计算机芯片。但是如果产品本身不具新闻价值，那就需要"制造"有新闻价值的事件。例如，本·杰瑞"牛车"这一汽车冰淇淋商店在进入农村市场时，向村民免费分发本·杰瑞冰淇淋，这一事件至少在当地小镇上具有新闻价值。

（5）赞助比赛

大多数情况下，赞助比赛的最主要作用是创建或维持知名度。很久以前，啤酒品牌就意识到了促销的价值，百威、米勒（Miller）、库斯（Coors）和其他一些品牌纷纷与上百场比赛建立了紧密的联系，向现场观看比赛的观众、通过电视观看比赛的观众那些在赛前或赛后阅读相关报道的读者展示其品牌（见图6.6）。

图 6.6　百威啤酒

（6）考虑品牌延伸问题

获得品牌回想、凸显品牌名称的方法之一就是在其他产品上使用该名称。最典型的是许多知名的日本企业在其所有的产品上都使用相同的品牌，如索尼、本田、马自达、三菱和雅马哈等。事实上，索尼这一品牌名称是经过精挑细选的，因此，可以广泛用于各种产品，同时在采用多重促销时可以收到显著成效（见图6.7）。三菱的名称及由3个钻石组成的标志出现在包括汽车、金融产品、蘑菇等2.5万个以上的产品中，可以说是无所不在。当然，如何进行品牌延伸也存在权衡问题。

图 6.7　索尼标志及在产品上的应用

（7）使用提示

最为有用的品牌提示是包装，因为包装是购物者所面对的最真实的刺激因素。有时还可用提示使人们回忆起广告中所培育的联系。在 Life 谷物食品的麦克广告中，一个名叫麦克的聪明伶俐的小男孩非常喜欢 Life 谷物食品，为此，公司在包装上打印了麦克的小图片，以强调与广告的联系。

（8）不断重复助益品牌回想

要让消费者回想品牌比让消费者识别品牌更难。这就要求品牌名称更为突出，品牌与产品类别的联系更强。即使只展示几次，品牌识别就能持续下去，而随着时间的推移，品牌回想却在不断弱化，就好像我们能够认出面孔却难以回忆起名字一样。只有通过深入的学习体验或多次重复才能建立品牌回想。当然要想让消费者铭记在心，则需做更多努力。例如，百威这一品牌要维持其让消费者铭记在心的状态，就需要无限期地进行相对较高频率的重复活动。

6.4.2　品牌美誉度

品牌美誉度是指品牌获得公众信任、支持和赞许的程度。对美誉度的考察也可从公众美誉度、行业美誉度、目标受众美誉度三个方面研究。品牌美誉度反映品牌对社会影响的好坏。

品牌美誉度是品牌力的组成部分之一，是现代企业形象塑造的重要组成部分。通过事件营销、软文和各种营销载体建立的企业及产品知名度，往往不是企业所一相情愿等同的品牌美誉度，于是，一些CEO惊呼在产品知名度空前的同时，产品的销量波动很大，总是要靠权威的媒介广告和无休止的促销战才可以拉动销售，这个时候CEO们才意识到，品牌知名度只是品牌美誉度的一个组成部分。

品牌知名度是美誉度的基础，而品牌美誉度才能真正反映品牌在消费者心目中的价值水平，二者都是衡量品牌价值外延度的重要指标。美誉度是品牌在消费者心中的良好形象。美誉度是以知名度为前提的，没有很好的知名度，更不用说有很好的品牌形象。但知名度可以通过宣传手段快速提升，而美誉度则需要通过长期细心的品牌经营，十年如一日地保持良好的品牌形象，才能建立起来。

如果认知度低，而且美誉度低，说明该品牌处于市场导入期，产品（广义上说，服务也是产品）品质和品牌推广工作都还做得不够；如果认知度低，而美誉度高，说明好产品"养在深闺人未识"；如果产品认知度高，美誉度低，往往容易给人一种臭名远扬的感觉；高认知高美誉度是产品非常成熟的表现。

提高品牌美誉度的策略主要有如下内容。

1. 产品品质永远是企业的生命线

产品品质永远是企业的生命线，然而正是不良的产品品质拖住了一些企业生存与发展的"咽喉"，在这种情况下，广告和促销做得越多，只会死得越快。为了保持品牌的美誉度，同时应保证产品在行业的领先，经常对产品进行创新改进。市场就是一场赛跑，如果企业成为跑在前面睡觉的兔子，就会被竞争对手后来居上。

品质包括功能、特点、可信赖度、耐用度、服务度、高品质的外观等多个方面。只有这些方面都做得很好，才称为高品质。

例如，苹果 iPhone 6s 是美国苹果公司为 Apple Watch 上市配备的一款产品，具备了许多手机前所未有的品质（见图 6.8）。

iPhone 6s
唯一的不同，是处处都不同。

图 6.8　iPhone 6s

iPhone6s 在屏幕上的最大升级是加入了 ForceTouch 压力感应触控，使触屏手机的操作性进一步扩展。ForceTouch 首次加入到苹果 iPhone 手机当中，在 iPhone6s 上苹果为其起了个新的名字 "3D Touch"。3D Touch 直接改变了 iPhone 的操作系统，基本是重新定义了触控屏幕的操作方式，使原有更平面的操作变得更立体起来，可以实现如下功能。

① 收发邮件。重力按压点击就能看到邮件内部内容，不用打开。

② 信息当中。按压就能看到日历、航班信息、链接预览，不用转换应用或点开链接。

③ 按压单个应用直接显示预览，比如音乐、照片。

④ 地图中按压能够看到具体地点的预览信息。

⑤ 滑动轻松切换应用。

⑥ 游戏。长压、短压、拉近拉远距离、释放技能等。

⑦ LivePhotos（实时照片）。按压照片画面可以预览动态效果，甚至听到音量，该功能可以在 AppleWatch、iPhone 和 iPad 等各种设备上使用。

卓越的品质，让使用者常有超值和满足的体验，继而将这种体验传递给周围的人一起分享，形成良好的口碑传播，对产品的销售和品牌形象的提升起着直接的推动作用；而使用者会对品牌形成忠诚，当这一品牌推出其他产品时，人们也会相信，这些产品都是高品质的。

2. "顾客回声系统"（ECHO）的建立

按照传统的市场习惯，作为供给方的企业只关注如何制造符合消费者需求的原产品。但 20 世纪 90 年代初以后，随着经济的飞速发展和消费者观念的更新，市场需求提升到一个更高的阶段，企业不能仅仅制造和出售产品，而要为顾客提供解决问题的整体方案。

比产品更重要的是消费者认为产品是什么。因此，保持和顾客的沟通非常重要。日本花王公司花费 15 亿日元开发"顾客回声系统"，一年可倾听 7 万名消费者心声，包括疑问、抱怨、建议等，然后根据这些意见和建议进行品质改进；同时，每天处理 250 名消费者咨询，提供最迅速、正确的商品和生活信息给顾客，使顾客得到最大的满意度（见图 6.9）。

图 6.9 日本花王公司标志

企业应该主动倾听顾客的意见和建议，妥善处理顾客的投诉。著名酒店集团里兹酒店有一条 1:10:100 的黄金管理定律，就是说，若在客人提出问题当天就加以解决所需成本为 1 元，拖到第二天解决则需 10 元，再拖几天则可能需要 100 元。

3. 对品质的控制制定具体的标准

阿斯顿·马丁汽车是英国老名牌，以生产超级豪华跑车闻名。马丁车厂的产品全部手工制作，现在该厂共有 6 名发动机技师，各自独立负责精制发动机，每一台发动机大约需 60 个工时才能完成，而且每台发动机均有一块铜牌，刻有技师姓名，这不仅是品质的保证，更是名誉的象征，马丁汽车年产量不到千部。一部车的生产周期约 11 个星期。从 1913 年建厂以来，累计产量仅 12000 辆，高贵得只有金字塔顶端的少数人才能拥有。价格最低的马丁车也得 350 多万港币（见图 6.10）。

图 6.10 英国阿斯顿·马丁汽车

4. 品质改进上的技术创新

在产品同质化时代，仅仅质量过硬还远远不够，必须随时保持领先，走在时代的前沿。但是，领先的代价是相当昂贵的，以国际医药集团每年的科研开发经费为例，葛兰素史克每年为 55 亿美元，诺华每年为 32 亿美元，辉瑞每年为 25 亿美元。

作为全球最大的日用消费品公司之一的宝洁，在全球 70 多个国家设有工厂和分公司，所经营的 300 多个品牌的产品畅销 140 多个国家和地区。与此相支撑的是，其研究实验室和工厂、市场一样繁忙，新产品一个接一个地出现，如象牙皂片，一种洗衣机和洗碗碟用的片状肥皂；CHIPSO，一种专为洗衣机设计的肥皂；CRISCO，改变美国人烹调方式的第一种全植物性烘焙油。所有这些创新产品都是基于对消费者需求的深入了解，公司以领先的市场调研方法研究市场、研究消费者。1946 年，宝洁公司推出了汰渍，这是公司继象牙皂后推出的最重要的新产品。汰渍比当时市场上的同类产品性能优越得多，因此，很快就大获成功。它的成功为公司积累了进军新产品系列和新市场所需的资金。在汰渍推出后的几年里，宝洁开拓了很多新的产品领域。第一支含氟牙膏佳洁士得到美国牙防协会首例认证，很快就成为首屈一指的牙膏品牌。公司的纸浆制造工艺促进了纸巾等纸制品的发展。

图 6.11　帮宝适婴儿纸尿片

宝洁发明了可抛弃性的婴儿纸尿片，在 1961 年推出帮宝适（见图 6.11）。正是产品的不断推陈出新，为宝洁公司赢得了良好的声誉。

5. 保证产品品质和消费期望保持一致

保证产品品质和消费期望保持一致，甚至高出或大大超出消费者的期望，给消费者一种意想不到的惊喜。实际具备的要比消费者期待的更多，因为消费者的期待很大程度上取决于你的承诺。承诺越重，消费者的期待越高；期望越高，往往失望越大。当承诺没有达到期望的要求时，消费者对品牌将失去信任，也许从此再也不买你的产品。

在保健品专卖店或专柜转一圈，会误认为自己进了药店，每一种保健品都在拼命地宣扬补肾、美容、降血压、增强记忆、免疫力等功能，几乎是包治百病。翻开报纸，房地产广告，尤其是期房广告，可以将一块荒地吹嘘成一座花园，本来离市中心几十公里，却说成是五分钟路程（这是以飞机作为交通工具计算的结果），这就是今天为什么保健品和房地产产生行业信任危机的根本原因所在。

一些成功品牌对给予消费者的承诺往往非常慎重，一旦承诺就一定做到。做百年品牌须切记：承诺必须是可以兑现的，否则就会伤害品牌的美誉度。当品牌被人们视为"值得信赖"时，品牌在以后再提出自己的优点时，就能被人们所接受和相信，为品牌和消费者之间建立起牢固的感情基础。

6. 建立对品质执行的激励机制

一些企业往往习惯于对品质维护采取严厉的处罚措施，这是理所当然的。任何事物都应一分为二地看，有罚就应有奖，只罚不奖，会使人积生怨恨，暗中抵触；只奖不罚将使一部分人不求无功，但求无过，起不到应有的警示作用。

建立奖惩结合的激励机制，才是正确之道。如建立品管会，设立品质奖金、品质勋章，对优秀的执行者予以奖励，设立品质黄牌、红牌，对落后的执行者予以惩戒，在企业内部创造一种重视品质的良好氛围。

6.4.3 品牌反映度

品牌反映度指品牌引起公众感知的反映程度，主要表现在人们对一品牌的瞬间反映。

6.4.4 品牌注意度

品牌注意度指品牌引起公众注意的能力，主要指品牌在与公众接触时的引人注目程度。如产品品牌为"魅族"，属于"魅族"的所有产品点击总数除以"魅族"品牌下所有产品的总数即得到品牌关注度。

可以通过以下几个地方看到品牌的关注度：品牌的搜索列表中；企业的品牌商铺中；配置中心的品牌中心和浏览统计中。提升产品品牌的关注度，可以申请品牌保护，通过站内外推广等（见图6.12）。

手机排行 品牌 新品		手机排行 品牌 新品	
1 华为nova（高配版/CAZ	18 三星GALAXY S7（G9300	1 苹果	18 金立
2 苹果iPhone 7（全网通	19 魅族PRO 6（全网通）	2 三星	19 努比亚
3 三星GALAXY S7 Edge（	20 一加手机3（全网通）	3 vivo	20 一加
4 vivo X7（全网通）	21 荣耀Note8（EDI-AL10/	4 荣耀	21 LG
5 OPPO R9s（全网通）	22 乐视乐2（全网通）	5 华为	22 酷派
6 OPPO R9（全网通）	23 360 手机N4A（全网通）	6 OPPO	23 大神
7 Moto Z（XT1650-05/全	24 vivo Xplay5（全网通）	7 Moto	24 微软
8 荣耀8（FRD-AL00/3GB	25 乐视乐Max 2（6GB版/全	8 中兴	25 TCL
9 中兴天机7（标配版/全网通）	26 nubia Z11 miniS（全网	9 HTC	26 朵唯
10 锤子科技M1（全网通）	27 三星GALAXY S6（G9200	10 魅族	27 神舟
11 乐视乐Pro 3（6GB/全网	28 苹果iPhone 6（全网通	11 联想	28 IUNI
12 苹果iPhone 7 Plus（全	29 魅族MX6（4GB/全网通）	12 索尼移动	29 华硕
13 华为Mate 8（NXT-AL10	30 小米5（标准版/全网通	13 诺基亚	30 SUGAR
14 华为P9（EVA-AL00/标准	31 魅族魅蓝E（全网通）	14 乐视	31 海信
15 荣耀畅玩6X（BLN-AL10	32 锤子科技M1L（标准版/	15 小米	32 MANN
16 OPPO R9 Plus（全网通	33 nubia Z11（黑金版/全	16 锤子科技	33 VEB
17 vivo X6S（全网通）	34 三星GALAXY C5（C5000	17 黑莓	34 飞利浦

图6.12　2016年10月28日中关村在线手机单品及品牌关注度

6.4.5 品牌认知度

品牌认知度指品牌被公众认识、再现的程度，某种意义上是指品牌特征、功能等被消费者了解的程度。

品牌认知度 Brand awareness 是品牌资产的重要组成部分，它是衡量消费者对品牌内涵和价值的认识和理解度的标准。品牌认知是公司竞争力的一种体现，有时会成为一种核心竞争力，特别是在大众消费品市场，各家竞争对手提供的产品和服务的品质差别不大，这时消费者会倾向于根据品牌的熟悉程度来决定购买行为。

1. 品牌认知的基础元素

差异性：代表品牌的不同之处，这个指标的强弱直接关系到经营利润率。差异性越大，表明品牌在市场上同质化程度越低，品牌就更有议价能力。差异性不仅表现在产品特色上，也体现在品牌的形象方面。

相关性：代表品牌对消费者的适合程度，关系到市场渗透率。品牌的相关性强，意味着目标人群接受品牌形象和品牌所做出的承诺，主观上愿意尝试，也意味着在相应的渠道建设上有更大的便利。

尊重度：代表消费者如何看待品牌，关系到对品牌的感受。当消费者接触品牌进行尝试性消费后，会印证他们的想象从而形成评价，并进一步影响到重复消费和口碑传播。

认知度：代表消费者对品牌的了解程度，关系到消费者体验的深度，是消费者在长期接受品牌传播并使用该品牌的产品和服务后，逐渐形成的对品牌的认识。

在品牌认知的 4 个支柱之间，相互间的关系非常关键。

当差异性高于相关性时，表明品牌具有正确的发展方向和空间，差异性明显，议价能力良好，同时相关性存在，目标人群逐步认同品牌。而未来在保持差异性的同时，相关性可以得到增强。在 BAV 的研究中，例如，Calvin Klein、Swatch、星巴克、奥迪、红牛等。

当相关性高于差异性时，表明品牌的独特性逐渐消失，可能被其他类似品牌替代，而相关性越大，意味着该品牌越适合大众的需求，价格将会成为影响销量的主要因素，降价促销成为保持市场的唯一重要行为，品牌竞争力逐步下降。这正是许多品牌常犯的错误：缺乏对目标消费群更深入细致的工作，盲目地让品牌迎合大众的口味，最终因为追求短期销量而丧失了品牌差异，被市场巨大的惯性同化。在 BAV 的研究中，例如，邦迪、家乐福、李锦记、夏士莲等。

当尊重度高于认知度时，表明消费者的评价很高、很喜欢，并期待进一步了解该品牌，认知度因此会逐步上升。整体而言，品牌处于这种状态是良性的。在 BAV 的研究中，例如，费列罗、IBM、The Discovery Channel/探索频道、林肯汽车、奥林巴斯、索尼 Cybershot 等。

当认知度高于尊重度时，表明消费者十分了解该品牌，但觉得品牌没什么特别之处，严重时可能出现类似"因了解而分手"离婚的状态。这也是品牌常犯的错误，在过多地告知消费者各类品牌信息甚至杜撰品牌故事的同时，放松了品牌基础工作，如质量、服务等的维护。在 BAV 的研究中，例如，小灵通、脑白金、巨能钙、两面针等。

2. 品牌认知和品牌好感

现在中国市场上的很多产品都已经处于成熟阶段，已经不再是选择谁知名度大的时候。这个时候再做知名度，就很难把自己的品牌做到被产品对应的消费群体认同的地步，因为这个时候很多产品都知名了，为什么要选择你而不选择别的呢？这个时候消费者不会根据知名不知名去做选择，而是根据对谁的产品概念更认同、对谁的品牌更有好感去进行选择。

（1）知名度高不一定是好品牌。

品牌知名和品牌好感是两回事。这种区别现在还有很多人搞不清楚，他们主要是被某些策划人员或广告公司误导了。广告公司做广告有几种创意方式，其中有一种本来是要做品牌认知，但却创意一个品牌好感的广告，结果这个好感永远也得不到，因为产品还在成长，要先被人认识，而后才能被人了解、喜欢。在没有被人认识之前，就想让人喜欢你，这是不可能的，没有人会对不认识的人产生好感。一般来说，达成认知的时间比较短，被了解的时间要比较长，所以，如果企业能被很快认知的话，其媒介发布费用就会很低。而用产生好感的广告去做认知，企业就要浪费大量资金，这样的话，广告公司就能挣到很多钱。当然，更多的情况是广告公司根本不懂怎么做，他们不知道所创意的广告到底能帮企业解决什么问题。

（2）把品牌做成知名其实最容易。

认知和好感的区别，举个例子。例如，你有一个街坊或者同学结婚了，或者他有什么事，你就会特别关注；但如果是一个你不认识的人有点什么事，你根本就不会搭理。也就是说，只有先认识了，你才愿意去了解。做一个品牌也是如此，先得让消费者认识你，然后才说让消费者怎么了解你。我们知道品牌是有情感的，这就涉及一个问题，例如，两个人谈恋爱，从认识到好感得有一个过程，不会说两个人刚一认识就结婚，因为刚开始两人之间还没有情感，它需要一个过程，慢慢地发展起来。就像电影里演的，两个人坐在公园的凳子上聊天的时候，开始还有一段距离，慢慢就牵手了，再慢慢就搂上了，这就是情感发展到一定程度了。

消费者在认知的时候是理性的，而产生好感的时候就变成感性了。品牌是存在于消费者内心的，感性成分越来越高的时候（也就是好感越来越多的时候），即使有缺点、有问题，消费者也能容纳。如果一个人总是很理性，这样的人是永远结不了婚的（指购买产品）。我们看到不少年龄很大却都还没结婚的人，就是因为他（她）们太理性了，对方的每个小毛病他（她）都计较，说这个人这点不行，那个人那点不行。老是挑，情感总是进不去，结果就成了老光棍。这都是因为这些人太理性，感性成分太少了。做品牌是需要感性成分的，如果没有感性，消费者是不可能接受品牌的，所以认知和好感本来是两回事。

举个例子，2003年"非典"肆虐，当时北京小汤山一夜知名，全国、全世界都知道了这个地方。后来我们做实验，找了一些人问："你们知道小汤山吗？"很多人都说："知道呀，那是一个很恐怖的地方！"继续问他们："如果让你们住小汤山，你们愿不愿意去？"没有一个愿意去的。有的说："打死也不去，那是什么地方呀？！太恐怖了！"小汤山被认知是因为令人闻之色变的"非典"，它是被大家广泛认知了，但并没有让人产生好感。其实小汤山本身是一个非常好的疗养胜地，并不是大家印象中很恐怖的地方。再举个例子，我们都知道很多名人，像希特勒知名度很高，但却是遗臭万年，列宁、斯大林的知名度也很高，他们会名垂千古。所以说，认知并不等同于好感。

（3）只有被认知的才愿意了解。

可以认知的东西容易操作情感需求，反过来，不被认知的东西不容易操作情感需求。"超级女声"在没有被认知之前，没有人关注，但现在不同了，很多人都会关注，都想了解。

要让人产生好感需要时间和过程，而被人认知只需要很短的时间。我们做认知性广告，目的就是要在最短的时间内被消费者认识。做认知的时间过长，就会失去意义，并会浪费很多资源和宝贵的时间。

有些广告公司所创意的广告打了一年，消费者都不知道产品到底是什么，但这些广告公司会把这个创意给企业讲得特别好，企业光觉得创意好，反而忽略了"你要先被别人认识"的基本原则。先做认知的时候，你可能只需要 5 天就能被大家认识。他们给你创意一个看起来很"优秀"的广告，消费者却要花一年的时间才能认识你，所以这只能说是一个非常失败的创意。其实创意本身没有好坏，只是要达到的目的有所区别。

（4）老是做认知，结果就是招人烦。

"恒源祥"，它的认知做得很快，"恒源祥，羊、羊、羊"，一夜之间就被认知了。应该说它的认知广告做得很好，只是它不会做好感广告。被消费者认识了就一定要接着做好感，但恒源祥把两者混在一起，老是在做认知，一做就是 10 年，消费者总是无法了解它的品牌概念和情感认同点，也就产生不了品牌依赖。

所以说，品牌有认知和好感之分，我们塑造品牌的过程，也是先做认知，后做好感的。但有些时候我们只做其中的一部分，为什么呢？因为不是所有的产品都希望做好感。有些产品消费者的购买频率比较高，这就需要让消费者产生忠诚度，要产生忠诚度就一定要做好感。但有些产品则完全是靠产品的特点去卖的，这个时候，就要做品牌个性或者产品的个性，也是营销中常说的品牌独立价值。需要这种个性价值的产品，偏要让它被重复认知，这就没有意义了。由于有些策划人员、咨询人员或广告人员，并没有把这些给企业分清楚，不管做什么都用一种模式，造成企业不知道要达成什么目的，只知道要做一个大的品牌概念，忽略了先完成什么、后完成什么，结果品牌总是做不出来。

3. 品牌认知的运作

品牌认知，直观的理解是"大众对这个品牌了解多少"。看似简单的问题，却恰恰是个覆盖面很广的课题，几乎涉及企业的方方面面，其评测标准比较复杂，是多纬度、多角度的，每家企业的情况不同，每个人的理解也大相径庭，使得众多市场从业人员对品牌认知阶段如何解构、如何理解和执行，总感觉迷惑和束手无策，由此往往造成在品牌建设过程中缺少这一个重要环节，使得品牌仅仅停留在品牌知名的阶段，无法实现品牌的长期价值。

对品牌认知可使用品牌矩阵。

① 每一个商业品牌，都包括两大元素，核心认知和延伸认知，二者相辅相成。核心认知指的是品牌内涵中最独特、最个性的元素；延伸认知指的是一些虽并非特别关键，但也不可忽视的品牌元素。

② 从受众角度来看，每一个商业品牌，都会在受众心智中引起两种类型的共鸣，即感性的和理性的，二者互相支撑。受众总是先从感性上认识你的品牌，然后才会深入到理性层面。

③ 因此，品牌认知可以解构为两个纬度，一个纬度是核心认知和延伸认知，另一个纬度是理性认知和感性认知。由此，通过这两个纬度的交叉划分，可以将品牌认知划分为4 个象限。

④ 将品牌的各方面元素进行整理归纳，就可以对应放入 4 个象限中。

⑤ 对于某一个特定品牌，只有 4 个象限都有充分且积极的内容，才能称为成功。反之，如果发现某个象限中无内容可填，或者内容是负面的，那么，下一步的品牌建设经费就应该向此象限倾斜。

4. 提升品牌知名度的策略

（1）响亮的品牌名称。

夸张地讲，一个好名字便成功了一半，日本索尼公司便是最好的例证。日本索尼公司原名为东京通信技术公司，英文译名为"TokyoTelecommunications Engineering Company"，盛田昭夫发现，这个名字很不中听，好像是拗口令，便决定要为公司改名。他翻遍了字典，无意之中在拉丁语中见到"souns"这个词，其意思是"声音"。在当时的日本，有人把聪明伶俐的小孩叫做"sonny"，即"快乐的小子"。"sonny"与拉丁词根"souns"颇相似，都有乐观愉快之意，然而，"sonny"这个词按照日文的罗马字拼写与"sohn-nee"同音，意思是输钱。便把一个重复的字母去掉，变成大写为"SONY"（索尼）。这个名字的特点是在任何语言中都没有真正的含义，而且发音都一样，它既易记，又表达了设计者需要的含义——体现产品与声音相关。此外，"SONY"一词是用拉丁字母书写的，很多国家的人们都以为它是出自本国语言。这对提高"SONY"产品的认知大有好处，容易获得认同感。"SONY"的命名可以算是经典杰作，与此相似的有可口可乐等。可见，一个响亮的名字，是命名的原则。

（2）品牌的统一形象设计。

统一形象的设计有利于消费者对品牌的记忆，能较快地获得认知，并且品牌形象统一有利于消费者的正确理解，避免产生无益的理解。在这方面，西方的许多公司就曾靠这一项工作使其业务得到飞速发展，如著名的可口可乐公司、麦当劳快餐等；国内许多公司自从引进了这项工作之后，也有长足进步，例如，雅戈尔服装、海尔电器、康佳电视等。

（3）有新意的口号或押韵的诗句。

一个有新意的口号或押韵的诗句在品牌认知上可能会有很大的不同。例如，荷兰著名品牌飞利浦就有一句"让我们做得更好！"的口号响亮全世界，让广大的消费者回味无穷，很容易得到品牌认知。再如麦当劳的"我就喜欢"、五叶神的"实干创未来"、海尔的"真诚到永远"等都很有震撼力。

（4）能与消费者情感需求相吻合的广告创意。

广告创意是现代广告的灵魂，美国著名广告专家大卫·奥格威指出，"要吸引消费者的注意力，同时让他们来买你的产品，非要有很好的特点不可，除非你的广告有非常好的点子，不然他就像很快被黑夜吞噬的船只。"大卫·奥格威所说的"点子"就是创意的意思。创意是广告设计者对广告的创作对象进行想象、加工、组合和创造，使商品具有潜在的现实美，例如，良好的性能、精美的包装、合理的价格、周到的服务等，升华为消费者能感受到的具体现象，它能抓住消费者的注意力，使之发生兴趣，从而达到品牌认知甚至达到深入人心的程度。

（5）适当规模的广告宣传。

广告宣传有利于品牌认知，我们今天的生活无时不受到广告的影响。广告宣传作为沟通的一种手段，成为营销者开拓市场的重要武器。广告规模有一个适当大小，并不是越大越好，过犹不及。它的效用是开始时随着投入的增大而逐渐增大，但是过了最佳选择点后，广告的效用则随着广告投入的增加而减少，有一个最佳选择的问题。很多广告标王的迅速败落就是很好的例证。

（6）有效的公关赞助活动。

企业赞助活动的目的就是为了产生或维护品牌认知。赞助者的品牌会随着赞助活动的推广而提高知名度，并且会使品牌镀上一层该项活动的意义色彩，如果这项活动是被大家所赞美的、所肯定的、所喜好的，那么，赞助该项活动的品牌美誉度就会得到很大的提高；否则，正好相反。在选择公关赞助活动的时候要注意，所赞助的项目要有积极意义，该项目有较大的影响力，该活动所影响的受众最好是目标顾客群。

可口可乐赞助奥运会就是一个非常成功的例子，奥运会已成为可口可乐的推广大使。可口可乐从 1928 年首次出现在阿姆斯特丹奥运会，开始到现在始终如一地赞助奥运会。1996 年，奥运会的圣火终于"烧"到了可口可乐的老家。它瞄准了这次天赐良机，拿出本年度的广告和促销费用的一半计 5 亿美元作为奥运活动经费；出动总部 1/3 的员工到会场当义务服务员；承办横跨 42 个州、全长 1.5 万英里（1 英里=1609.3 千米）的美国奥运会火炬接力；在市中心耗资 2000 万美元建造以公司为主题的奥林匹克公园，园内竖起 6.5 英尺（1 英尺=0.3048 米）高的红色线条可口可乐瓶，并建立国际奥林匹克运动会博物馆。2000 年悉尼奥运会，2004 年雅典奥运会都不断地展现了它的风采。通过这些公关赞助活动，使得可口可乐饮料得以维持世界第一的地位，赢得消费者的喜好，其品牌价值也高达

700 多亿美元，成为世界上最有价值的品牌。

（7）发挥名人效用。

名人的名气能够有效地带动品牌知名度的大幅提升。因为名人、明星、专家是许多消费者的崇拜、模仿、学习的对象。体育明星、电影明星、歌星往往是年轻人崇拜的偶像，借助明星宣传产品、品牌，容易引起注意，加深印象，达到品牌认知的深入人心的程度。而有些产品则需要专家推荐，如医药产品，名医的推荐效果就更好；照相器材，专业摄影师（全球品牌网）推荐较好；像电脑一类的高科技产品有技术专家推荐就很容易推广等。李宁体育用品公司就是一个非常成功的例子，耐克的辉煌可以说有美国篮球巨星—飞人乔丹一半的功劳。

（8）应用新闻事件。

由于新闻事件本身具有强大的新闻效应，不仅在各大媒体广而告之，而且也是人们乐于在茶余饭后谈论的话题，尤其是能够震撼人心的，例如，在我国四川汶川地区发生大地震后，在这段日子里可谓是所有其他与地震无关的消息都淹没在这个最重大的新闻事件中，倘若品牌能够借助它，那就可以突飞猛进，例如，王老吉的巨额捐款立马刮起王老吉的旋风，各大超市甚至出现供不应求的局面。王老吉这个原本名气并不是很响的品牌，立刻名扬天下，成为品牌在这次事件中的标杆，不仅知名度大幅提升，而且美誉度也极高，可谓是真正撬动了品牌原动力。当年，蒙牛牛奶也是靠神州飞船的发射成功而一飞冲天，借助"超女"的评选活动的新闻事件而风生水起。能够搭上新闻事件这辆"快车"，品牌认知度必将像"子弹头"列车一样风驰电掣。

6.4.6 品牌传播度

品牌传播是指品牌传播的穿透力，主要讨论品牌的传播影响。

品牌传播是确立品牌意义、目的和形象的信息传递过程，同样包括了信息传播的所有参与因素（内容、传者、渠道、受者）和类似流程。不过，品牌传播与一般的新闻传播、广告传播等存在不同之处，有着自己独有的特点。

品牌传播元素、传播手段、传播媒介、传播对象是品牌传播的核心构成。

1. 传播元素的复杂性

传播内容通常体现为品牌传播元素及其组合后的符号意义。有形和无形的品牌传播元素构成了品牌传播的主要信息。在理解品牌的内涵时我们就已经发现，品牌本身具有相当的复杂性。品牌是一个企业、社会组织的产品（组织）形象、声誉和符号的总和，是公众对意义、符号的编码与感知的结果。

品牌由两大部分构成，即品牌的有形部分和无形部分。有形部分主要包括品名、标志、标准色、标志音、代言人、标志物、标志包装、产品、员工等，无形部分主要是指品牌所表达或隐含的"潜藏在产品品质背后的、以商誉为中心的、独一无二的企业文化、价值观、历史等"，这两部分事实上也构成了品牌传播的核心内容。

品牌的有形部分和无形部分在组合形成品牌含义、参与品牌传播的过程中，会体现出无限的组合可能和延展性，由此也就决定了品牌传播信息的复杂性。

2. 传播手段的多样性

品牌传播手段是基于品牌传播类型的一种概念界定，主要是基于品牌传播的信息编码特点、信息载体运用形式、运作流程与组织形式等差异而做出的类型划分。各种传播手段之间应具有明显差异和相对的独立性，例如，广告、公关，它们既有类似甚至交叉之处，又有着显著区别，可以自成一体。

传播手段的多样性主要体现为并非只有广告和公关才是品牌传播的手段，事实上能够用来协助品牌传播的手段非常丰富。按照整合营销传播的理论，营销即传播，所有来自品牌的信息都会被受众看成品牌刻意传播的结果。换言之，在品牌传播中，一个企业或一个品牌的一言一行、一举一动都能够向受众传达信息。任何一个"品牌接触点"都是一个品牌传播渠道，都可能意味着一种新的品牌传播途径和手段。

3. 传播媒介的整合性

所有能用来承载和传递品牌信息的介质都可以被视为品牌传播媒介。新媒介的诞生与传统媒介的新生，正在共同打造一个传播媒介多元化的新格局。品牌传播媒介的整合要求与传播媒介的多元化密切相关。在"大传播"观念中，所有能够释放品牌信息的品牌接触点都可能成为一个载体，例如，促销员、产品包装、购物袋等。在网络中，接触点更是具有无限的拓展空间和可能。由互联网所带来的新媒体的丰富性，至今尚未为人们完全认识。如此，品牌传播在新旧媒介的选择中，就有了多元性的前提。品牌传播首先要整合与顾客和相关利益者的一切接触点的传播平台。

4. 传播对象的受众性

首先，从正常传播流程看，品牌的信息接受者不都是"目标消费者"，而是所有品牌信息接触者。品牌传播的受众是指所有与品牌（消费）经历、品牌广告或社会公关活动等相关的任何个体或群体。目标受众是指任何可能使用或感受品牌的特定群体或消费者。这里的"使用或感受"可能是接触品牌的标识和各类广告，或是完整的品牌消费等。

其次，从品牌传播的影响意图看，品牌传播的对象应是"受众"而不仅仅是"消费者"。虽然在一定程度上，"消费者"与"受众"是一致的，但不同的强调点却体现了不同的实践观念，将品牌传播的对象表述为"消费者"，强调的是消费者对产品的消费，体现的是在营销上获利的功利观念；而将品牌传播的对象表述为"受众"，强调的是大众对品牌的认可与接受，体现的是传播上的信息分享与平等沟通观念。

最后，从品牌传播对象的定位看，应以"利益相关者"来锁定和划分具体受众。品牌传播对象具有显著的多元性，既包括目标消费者，也包括大量的利益相关者。这些利益相关者通常也会成为品牌传播的目标受众。

5. 传播过程的系统性

前文探讨品牌属性时就曾指出，品牌具有系统性。在社会系统中，品牌既是一种经济现象，又是一种社会、文化和心理现象；在微观营销体系中，品牌几乎覆盖营销要素的所有环节，因此它具有明显的系统性特点。

系统性是品牌最为基本的属性。不承认品牌的系统属性，将导致无法科学理解品牌现象中的多元化特征，更无法正确全面地建构起品牌的理论体系。对品牌的感受、认知、体验是一个全方位的把握过程，并贯穿于品牌运动的各个环节。消费者品牌印象的建立是一个不断累积、交叉递进、循环往复、互动制约的过程。

作为一个复杂的系统，无论从消费者认知的角度来看，还是从企业创建的角度来看，品牌都是一个动态传播与发展的过程。这种动态传播与发展的目的，是在品牌—消费者—品牌所有者三者的互动性交流和沟通中，逐渐建立一种品牌与顾客之间的不可动摇的长期精神联系，即品牌关系，这也是品牌营销传播的本质所在。

由于品牌传播追求的不仅是近期传播效果的最佳化，还包括长远的品牌效应，因此品牌传播总是在品牌拥有者与受众的互动关系中，遵循系统性原则进行操作。其基本程序为审视品牌传播主体—了解并研究目标受众—进行品牌市场定位—确立品牌表征—附加品牌文化—确定品牌传播信息—选择并组合传播媒介—实施一体化传播—品牌传播效果测定与价值评估—品牌传播的控制与调整……

该程序构成了一个品牌传播的系统工程，并周而往复，使品牌不断增加活力，在系统性的传播与更新中走向强大。

6.4.7 品牌忠诚度

品牌忠诚度主要指公众对品牌产品使用的选择程度。

品牌忠诚度指消费者在购买决策中，多次表现出对某品牌有偏向性的（而非随意的）行为反应。它是一种行为过程，也是一种心理（决策和评估）过程。品牌忠诚度的形成不完全依赖于产品的品质、知名度、品牌联想及传播，它与消费者本身的特性密切相关，靠消费者的产品使用经历。提高品牌的忠诚度，对一个企业的生存与发展、扩大市场份额极其重要。

1. 品牌忠诚度五级构成

品牌忠诚度是品牌价值的核心，它由五级构成（见图 6.13）。

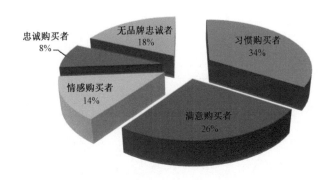

图 6.13　品牌忠诚度五级构成比例

（1）无品牌忠诚者。

这一层消费者会不断更换品牌，对品牌没有认同，对价格非常敏感。哪个价格低就选哪个，许多低值易耗品、同质化行业和习惯性消费品都没有什么忠诚品牌。

（2）习惯购买者。

这一层消费者忠于某一品牌或某几种品牌，有固定的消费习惯和偏好，购买时心中有数，目标明确。如果竞争者有明显的诱因，如价格优惠、广告宣传、独特包装，销售促进等方式鼓励消费者试用。让其购买或续购某一产品，就会进行品牌转换购买其他品牌。

（3）满意购买者。

这一层的消费者对原有消费者的品牌已经相当满意，而且已经产生了品牌转换风险忧虑，也就是说购买另一款新的品牌，会有风险、会有效益的风险、适应上的风险等。

（4）情感购买者。

这一层的消费者对品牌已经有一种爱和情感，某些品牌是他们情感与心灵的依托，如一些消费者天天用中华牙膏、雕牌肥皂，一些小朋友天天喝娃哈哈奶、可口可乐等，能历久不衰，就是因为这些品牌已经成为消费者的朋友，生活中不可缺少的用品，且不易被取代。

（5）忠诚购买者。

这一层是品牌忠诚的最高境界，消费者不仅对品牌产生情感，甚至引以为骄傲。如欧米茄表、宝马车、劳斯莱斯车、梦特娇服装、鳄鱼服饰、耐克鞋的购买者都持有这种心态。

2．品牌忠诚度的价值

品牌忠诚度的价值主要体现在以下几方面（见图 6.14）。

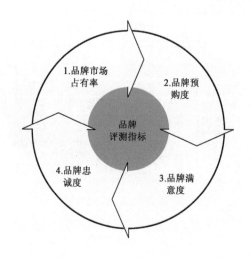

图 6.14　品牌评测指标

（1）降低行销成本，增加利润。

忠诚创造的价值是多少？忠诚、价值、利润之间存在着直接对应的因果关系。营销学中著名的"二八原则"，即 80%的业绩来自 20%的经常惠顾的顾客。对企业来说寻找新客户重要性不言而喻，但维持一个老客户的成本仅仅为开发一个新客户的七分之一。在微利时代，忠诚营销愈见其价值。我国很多企业把绝大部分的精力放在寻找新客户上，而对于提高已有客户的满意度与忠诚度却漠不关心。一个企业的目的是创造价值，而不仅仅是赚取利润。为顾客创造价值是每一个成功企业的立业基础。企业创造优异的价值有利于培养顾客忠诚观念，反过来，顾客忠诚又会转变为企业增长利润和更多的价值，企业创造价值和忠诚一起构成了企业立于不败之地的真正内涵。

（2）易于吸引新顾客。

品牌忠诚度高，代表着每一个使用者都可以成为一个活的广告，自然会吸引新客户。根据口碑营销效应，一个满意的顾客会引发 8 笔潜在的生意；一个不满意的顾客会影响 25 个人的购买意愿，因此，一个满意的、愿意与企业建立长期稳定关系的顾客会为企业带来相当可观的利润。品牌忠诚度高就代表着消费者对这一品牌很满意。

（3）提高销售渠道拓展力。

拥有高忠诚度的品牌企业，在与销售渠道成员谈判时处于相对主动的地位。经销商当然要销售畅销产获得来赢利，品牌忠诚度高的产品自然受经销商欢迎。此外，经销商的自身形象也有赖于其出售的产品来提升。因此，高品牌忠诚度的产品在拓展通路时更顺畅，容易获得更为优惠的贸易条款，如先打款后发货，最佳的陈列位置等。

（4）面对竞争有较大弹性。

营销时代的市场竞争正越来越体现为品牌的竞争。当面对同样的竞争时，品牌忠诚度高的品牌，因为消费者改变的速度慢，所以可以有更多的时间研发新产品，完善传播策略应对竞争者的进攻。

3. 提高品牌忠诚度的策略

忠诚联系着价值的创造，企业为顾客创造更多的价值，有利于培养顾客的品牌忠诚度，而品牌忠诚又会给企业带来利润的增长。

（1）人性化地满足消费者需求。

企业要提高品牌忠诚度，赢得消费者的好感和信赖，企业一切活动就要围绕消费者展开，为满足消费者需求服务。让顾客在购买产品与享受服务的过程中，有难以忘怀、愉悦、舒心的感受。因此，品牌在营销过程中必须摆正短期利益与长远利益的关系，必须忠实地履行自己的义务和应尽的社会责任，以实际行动和诚信形象赢得消费者的信任和支持。品牌有了信誉，何愁市场不兴、品牌不旺？这是品牌运营的市场规则，也是一个普遍的经营规律，也是提高品牌忠诚度最好的途径。品牌应不遗余力地做实做细，尽心尽力，切忌为追求短期利益犯急躁冒进的错误，否则，必将导致品牌无路可走，最终走向自我毁灭。

人性化地满足消费者需求就是要真正了解消费者。国内绝大多数品牌只提供了产品的主要使用价值与功能，但对细腻需求的满足远远不能与国外品牌相比。我国的火腿肠味道营养俱佳，外出携带方便，但食用时没有拉开的口子，必须要找一把剪刀剪开。美国的吉列手动刮胡刀的手柄不仅用一圈圈凸纹来增加摩擦力，以防止刮胡刀滑出手而刮破脸，并且还想到了在凸纹上套上一层橡皮，让顾客使用时提在手中更贴合皮肤、更舒服，每一细微之处都为消费者想到了。在麦当劳、肯德基等一些快餐厅的洗手间里，洗手的地方有高、低两个洗手台，小朋友们在用餐过程中要洗手不用家长陪同或抱起来，小朋友要洗手可以自己完成。而国内的中餐厅很少能满足消费者的这种细腻需求。因此，大老板和市场总监，应该多离开写字楼，去市场第一线和零售终端，与顾客保持紧密接触，才有可能深入地了解顾客的内心世界和潜在需求，为产品和服务的改进提供第一手详实的信息；既要到大市场中去坐坐公交车、吃吃大排档、到集贸市场找人聊聊，了解大众消费者的购买心理，也要运用规范的调查手段，如入户问卷调查、小组座谈会、连续追踪调查顾客满意度等。

（2）产品不断创新。

产品的质量是顾客对品牌忠诚的基础。世界上众多名牌产品的历史告诉我们，消费者对品牌的忠诚，在一定意义上也可以说是对其产品质量的忠诚。只有过硬的高质量产品，才能真正在人们的心目中树立起"金字招牌"，受消费者喜爱。产品的创新让消费者感觉到品质在不断提升。海尔的空调、洗衣机每年都有新功能、新技术产品推出；苹果、三星每年都会推出新款手机；宝洁公司的玉兰油、海飞丝等产品也时不时推出新改良的配方，让其产品有新的兴奋点，让人感觉到企业一直在努力为消费者提高产品品质。

（3）提供物超所值的附加产品。

产品的好坏要由消费者的满意程度来评判，真正做到以消费者为中心；不仅要注意核心产品和有形产品，还要提供更多的附加产品。海尔的维修人员不仅准时修好冰箱、空调，顾客还能获得维修人员温暖人心的礼貌问候；自带饮料而不喝用户一口水；套塑料鞋套避免用户家里地板污损等。海尔的售后服务正是因为给消费者提供了意想不到的好处，因而大大提高了消费者对品牌的评价与认同度。在产品同质化的时代，谁能为消费者提供物超所值的额外利益，谁就能最终赢得顾客。

（4）有效沟通。

企业通过与消费者的有效沟通来维持和提高品牌忠诚度，如建立顾客资料库、定期访问、公共关系、广告等。建立顾客资料库，选择合适的顾客，将顾客进行分类，选择有保留价值的顾客，制定忠诚客户计划；了解顾客的需求并有效满足顾客所需；与顾客建立长期而稳定的互帮、互助的关联关系。以广告为主的传播能提升消费者对品牌的熟悉、信赖感，使消费者产生对品牌的挚爱与忠诚。

减肥是不能回避的女性话题，做减肥活动已非罕见，贴片广告、户外媒体传统营销充斥信息过量膨胀，但是没有任何瘦身品牌敢于挑战跨界，将直播平台与减肥结合。人们对于既定套路已经难以忍受，越来越多的观众更喜欢直播这种更为真实的影像传播。无剧本更纯粹的减肥直播，去除套路化故事化情节，允许普通人看普通人成功塑身。做到参与活动的"主角"就存在在我们身边，更鼓励一种健康塑身的理念。

网红曝光指数堪比明星，粉丝文化成为主流，直播成为当今炙手可热的媒介，各路商界大咖也开始投身于此。2016 年，碧生源作为保健品行业龙头企业首度试水跨界营销，与阿里健康合作共同举办"燃脂女神直播战"。通过网络渠道海选出符合要求的微胖女生，在这群女生中精选出五名代表，参与为期 49 天的减肥计划，每周日八点通过斗鱼、天猫双平台直播为网友呈现减肥历程，活动反响热烈。

全民娱乐已经成为市场的主旋律，娱乐化营销成为主打项目。物质充沛的当下，人们更为关注自身娱乐满足需求，将空闲时间如何打发，选择更为清闲的娱乐方式成为热门，"燃脂女神直播战"是碧生源开启娱乐营销的前奏。碧生源一直致力于推广一种健康的生活方式与生活习惯，"燃脂女神直播战"正是碧生源透过直播平台，直接向外传输绿色健康理念。通过记录海选出的主人公减肥历程，并且将减肥燃脂形成良性竞争，让每个参与者竞争燃脂女神，同时恶魔教官与各位主人公的碰撞，让这档直播节目有矛盾点，有情节，增添视觉体验。将娱乐元素与减肥方式逐渐渗入碧生源品牌，用迂回含蓄方式将品牌传输。娱乐营销是一种体验式感性营销，不是硬生生将产品或者品牌直接广而告之，而是通过一种柔性地表述，让受众自己去感知品牌，理解品牌概念再自主推广。以活动创造话题，应用话题营销让品牌潜移默化深入人心（见图 6.15）。

图 6.15　碧生源"燃脂女神直播战"营销活动

4. 品牌忠诚度的衡量

（1）顾客重复购买次数。

在一定时期内，顾客对某一品牌产品重复购买的次数越多，说明对这一品牌的忠诚度就越高，反之，就越低。应注意在确定这一指标的合理界限时，必须根据不同的产品加以区别对待。

（2）顾客购物时间的长短。

根据消费心理规律，顾客购买商品，尤其是选购商品，都要经过比较和挑选过程。但由于信赖程度有差别，对不同产品，顾客购买和挑选时间的长短也是不同的。一般来说，顾客挑选时间越短，说明他对某一品牌商品形成了偏爱，对这一品牌的忠诚度越高，反之，则说明他对这一品牌的忠诚度越低。在运用这一标准衡量品牌忠诚度时，必须剔除产品结构、用途方面的差异而产生的影响。

（3）顾客对价格的敏感程度。

消费者对价格都是非常重视的，但并不意味着消费者对各种产品价格敏感程度相同。事实证明，对于喜爱和信赖的产品，消费者对其价格变动的承受能力强，即敏感程度低；而对于不喜爱的产品，消费者对其价格变动的承受能力弱，即敏感度高。据此也可衡量消费者对某一品牌的忠诚度。运用这一标准时，要注意顾客对产品的必需程度、产品供求状况及市场竞争程度三个因素的影响。在实际运用中，衡量价格敏感度与品牌忠诚度的关系，要排除这三个因素的干扰。

（4）顾客对竞争产品的态度。

人们对某一品牌态度的变化，多是通过与竞争产品相比较而产生的。根据顾客对竞争对手产品的态度，可以判断顾客对其他品牌产品忠诚度的高低。如果顾客对竞争对手产品兴趣浓、好感强，就说明对某一品牌的忠诚度低。如果顾客对其他的品牌产品没有好感，兴趣不大，就说明对某一品牌产品忠诚度高。

（5）顾客对产品质量问题的态度。

任何一个企业都可能因种种原因而出现产品质量问题，即使名牌产品也在所难免。如果顾客对某一品牌的印象好、忠诚度高，对企业出现的问题会以宽容和同情的态度对待，相信企业很快会加以处理。若顾客对某一品牌忠诚度低，则一旦产品出现质量问题，顾客就会非常敏感，极有可能从此不再购买这一产品。

6.4.8　品牌追随度

品牌追随度主要指品牌使用者能否随品牌变迁而追随品牌，是比品牌忠诚度更进一步的要求。

一个品牌成就的大小，最终往往是取决于与消费者的关系，世界上伟大的品牌莫不如此。例如，苹果和谷歌无不具有数量巨大的粉丝，是这些忠实的粉丝完善了苹果和谷歌品牌的成长，因为这些粉丝固执地认为，这是"他们的"苹果和谷歌。

史蒂夫·乔布斯把苹果设计成"封闭式"生态系统的时候，苹果粉丝们说他有性格；后来他为了迁就市场有所妥协的时候，他们说他成熟稳健。在忠实的苹果粉丝看来，不管他怎么做都有他的道理。因为这种情感联系，粉丝会原谅苹果的过错，义无返顾地继续购买其产品，帮助苹果公司克服了很多困难。

正所谓爱屋及乌，粉丝对苹果的喜爱甚至超越了品牌本身，衍生了许多周边产品。在美国 Etsy 购物网站，一种售价 1.75 美元的 iLunch 午餐袋，上架一天内就卖脱销。众所周知，"i"军团几乎成了苹果的代名词，iPod、iPhone、iMac、iLife、iWork 等。午餐袋借用了这一创意，在袋上打上苹果 Logo，并命名为"iLunch"。

苹果究竟是怎样培养出这样庞大的粉丝群，让他们产生价值认同，找到归属，建立品牌信仰，心甘情愿地购买 iMac、iPhone、iPod 等产品，答案就在于它成功的品牌营销战略。不同于其他的电子产品，苹果一开始便强调差异化的设计和情感诉求，购买其产品实际上就相当于为消费者购买了一个标签，彰显了自己特立独行的性格、年轻时尚的心态、社会身份等。

前苹果高级营销管理人员 Steve M. Chazin 透露，苹果 iPod 附带的那些小小的白色耳机之所以采用白色也绝非偶然，它是苹果的营销伎俩。因为人们在用 iPod 听音乐时，唯一能看得见的部分就是那个白色耳机，这就使得戴白色耳机成为一种新潮时髦的象征。

除了与消费者产生情感共鸣，互动体验是其品牌战略的另一个利器。苹果充分利用了客户评价及其他用户生成内容的优势，iTune 音乐商店就是一个很好的例子。在 iTune 音乐商店，打动你的是来自别人的评论和感受等信息，而不是音乐和视频宣传本身。当你在 iTune 里查询一个艺术家及其专辑时，相关的用户评论就出现在页面的显著位置。同时，还可以看到"听众还购买了"、用户 iMix，以及最流行的歌曲等信息。在 iTune 里，你会轻易地被其他用户说服，而不是被营销人员或其他广告形式说服。

在苹果的粉丝博客和论坛上，每天有大量的 Blog、文章、照片、影片传送，让"志同道合"的用户分享，引起兴趣和共鸣，进而达到广泛传播的效果。它以低成本、灵活、易复制、相对自由化等特性，实现宣传、传播苹果的品牌和产品价值，巩固忠实用户的同时吸引潜在的顾客。通过互动贩卖"苹果文化"，最终培养了一大批忠诚、"有个性"、"有品位"的苹果粉丝。

6.4.9　品牌美丽度

品牌美丽度是指品牌从视觉、心理上对人的冲击能否给人以美的享受。注意塑造品牌在用户当中的美丽形象和提高美丽度，在化妆品品牌中尤其重要。

6.5　品牌形象与产品形象提升策略

6.5.1　品牌形象创新升级的意义

消费者购买商品的心理活动，一般是从商品的认识过程开始的，在激烈竞争的市场上，品牌成为人们选择商品的重要依据，品牌也是人们地位、实力的象征。由此，品牌形象创新升级设计的意义就越来越大。

（1）企业之间的竞争是品牌的较量，而品牌的较量首先就要进行品牌形象设计

企业要在市场竞争中，长时间地独占鳌头或拥有一席之地，培养自己的著名品牌是唯一的选择，而要进行品牌规划，就必须对品牌进行定位，在定位时就需要进行品牌形象设计。

通过各种形象符号来刺激潜在消费者，在消费者心智模式中建立企业鲜明的企业形象，将其品牌信息与目标消费者达成心理共鸣，通过长期的宣传，在潜移默化中逐渐将企业的强势品牌概念深入人心，从而带动产品销售。

（2）品牌形象设计能减少消费群体的流失，稳定市场

品牌形象设计是为了将企业自身的产品和市场上同类竞品区隔开，通过各种方式的长期宣传，让消费者在潜移默化中逐渐形成企业独特的强势品牌，从而可减少消费者选择产品时可能会失去的消费群体。

（3）品牌形象设计是企业进行品牌延伸的前提

品牌延伸可以减少新产品导入市场的风险和成本。但要进行品牌延伸，被延伸的品牌必须是有价值的、消费者熟知和信赖的品牌。

品牌形象设计主要包括品牌的名称、标识物和标识语的设计，它们是该品牌区别于其他品牌的重要标志。品牌名称通常由文字、符号、图案三个因素组合构成，涵盖了品牌所有的特征，具有良好的宣传、沟通和交流的作用。标识物能够帮助人们认知并联想，使消费者产生积极的感受、喜爱和偏好。标识语的作用，一是为产品提供联想；二是能强化名称和标识物。

日本可口可乐公司 2015 年 1 月底宣布推出新品牌"Coca-Cola Life"，这是可口可乐自 2007 年 6 月的"Coca-Cola Zero"之后，约时隔 8 年推出的新品牌（见图 6.16）。

图 6.16　Coca-Cola Life

"Coca-Cola Life"包装在绿色的罐子里，上有小树叶标志。公司承诺，它比标准的可乐更健康。330 毫升饮料中含有 89 卡路里，与标准可口可乐相比少了三分之一。这是因为除糖外，它还使用了从甜叶菊植株上提取的树叶。这种天然的甜味植株不含卡路里。可口可乐公司认为，许多消费者不能区分绿色的可乐和普通的可乐。另外，即使可口可乐生命卡路里更低，但仍含有 22 克糖，这是一个成年人每天建议摄入量的四分之一（见图 6.17）。

图 6.17　"Coca-Cola Life"包装在绿色的罐子里用以区分普通的可乐

可口可乐公司表示，新产品主要瞄准以健康和自然为生活理念的 35 岁以上中年消费群体，希望能成为继"Coca-Cola"、"Coca-Cola Zero"之后的第三个支柱品牌（见图 6.18）。

Coke Light(健怡可口可乐)　Coca-Cola Zero (零度可口可)　Coca-Cola Life (可口可乐生命)
1995年首先在德国市场推出　2006年上市　2013年6月在阿根廷发起

图 6.18　可口可乐公司的三个支柱品牌

企业为使消费者在众多商品中选择自己的产品，就要利用品牌名称等品牌设计的视觉现象引起消费者的注意和兴趣。这样，品牌的真正意义才显现出来，才会日渐走进消费者的心中。因为人们对品牌的偏好大部分是从视觉中获得的，所以树立良好的品牌视觉形象是十分必要的，也是确定在消费者心中地位的有效途径。

6.5.2　品牌形象升级的要点

品牌形象的创新升级设计要注意以下几点。

（1）品牌视觉的统一与稳定

品牌视觉形象必须是统一的，而且还要求稳定，不能随意变动，这是品牌吸引消费者的重要条件之一，主要表现在以下四个方面。

① 文字的统一

要求品牌设计确定后，文字是统一的，几十年甚至几百年都不变，或统一稳定的文字形象。

② 图形的统一

品牌设计要求图形是统一的，不能常常更换图形，这样才有长久的品牌魅力。

③ 颜色的统一

品牌设计要求颜色是统一的，即要有象征性，又要有品牌特征和生命力。

④ 纯文字、图形、颜色的有机结合，使品牌更加耀眼，具有立体的视觉效果。

品牌的形象设计要结合消费者的心理需求，力图使品牌达到统一、稳定的视觉形象，简洁、易记的特点，良好的情结联想效果。

（2）品牌定位的要求

品牌定位反映了品牌的个性特征，没有个性的人容易被人忽视，没有个性的品牌同样被人们遗忘。品牌之所以成为名牌商品，是因为其所营造的品牌个性影响着消费者。凡是成功的品牌都有准确的定位，如海尔品牌的高质高价定位、金利来的男人世界定位等。

由于不同消费群体有不同的消费心理和特征，同时，社会文化习俗和消费习惯也会对消费者产生影响。因此，在品牌设计时，首先要对品牌进行定位，为其寻找到一个有利的位置，然后符合运用品牌所有的营销要素，去占据和适应这个位置与市场的变化。

（3）品牌的创新与文化

品牌创新是品牌的生命力和价值所在。是获得品牌心理效应的重要举措，品牌创新包括重创品牌和品牌更新。一方面，任何产品都必须创立自己的品牌，使其成为名品，产品有其品牌特征和特色，才能吸引消费者；另一方面，已经创立的品牌也有更新再创造的问题。同时，品牌文化也是一个不可忽视的问题，一个品牌文化传播和取向，是企业品牌塑造的重心所在。

品牌中的文化传统部分，是唤起人们心理认同的最重要因素。有时甚至作为一种象征，深入到消费者心中，未来品牌的竞争能力，实质体现在品牌与文化传统的融合能力。

6.5.3　产品形象提升策略

市场如是，毋庸多言。面对竞争的残酷，营销经营如"逆水行舟，不进则退"，那么中小企业的出路在什么地方？如何才能实现市场突围，并达成长期的发展愿景呢？无疑，在激烈的市场竞争中，中小企业提升产品形象和扩大品牌影响不可忽视且势在必行。中小企业可以通过以下六大策略提升产品形象和品牌形象。

（1）创意性的广告传播

在市场运作过程中，进一步确定、锁定目标消费群体，明确产品和消费诉求，然后迅速整合报纸、电台、电视、网络及车体、户外等媒介，通过创意性广告设计与广告传播以达成和实现产品形象、品牌的有效提升与推广。同时，虽不可置疑广告传播是提升产品形象和品牌影响的重要手段，然而，随着当下媒体的日益丰富及资讯的日渐密集，还需要企业在广告创意性设计上下好功夫，在媒体的应用上做好适宜选择，只要齐备了这两点，相信创意性的广告传播对产品形象和品牌影响的提升拭目可待（见图6.19）。

（2）强化、突出终端形象

终端，依据其作用，一方面是展示产品和企业形象的重要"窗口"，同时又是与消费者实现现场沟通达成购买意愿的重要"地点"，因而"终端制胜"看起来确实不虚。终端建设，分为软终端建设和硬终端建设。就软终端而言，主要通过提升一线销售员的业务技能和业务素质来展示产品形象和品牌面貌。硬终端方面，主要是表现企业争取优秀产品牌面、精致的堆头及通过海报招贴、吊旗、地贴、立牌、展架和其他宣传物料的组合应用，来进一步树立和突出产品的终端形象。而最终，通过软、硬终端两方面的差异化、特色化和氛围气势，可以达成强化并突出产品形象和品牌面貌的目的。

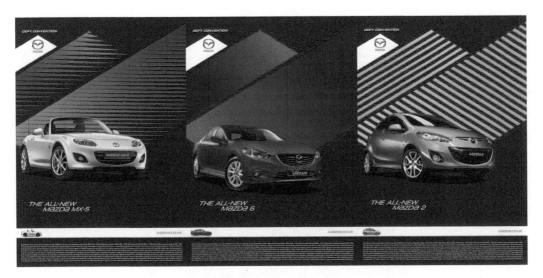

图 6.19　马自达 2015 广告

以武汉 Kids Moments 儿童品牌旗舰店设计为例，观察人们的生活方式和需求，以及这些需求随着时代发展产生的变化，对设计师来说是很有必要的。KidsMoment 这个项目，在着手开始设计之前，设计师对童装进行了一系列的思索。成人时装的消费，人们自主地选择品类、选择风格；而不同于成人服装，童装的消费行为是以家庭为核心，家长带着孩子买衣服，不是孩子自己在买衣服，从这个层面想，童装是建立在一种社会关系的立场上，由此引申一个设计的核心词，就是信任。

设计师希望营造一种近似家的感觉，一种信任的氛围，一个干净、整洁、有幸福感的场所，而不是一个冷冰冰只讲效率的商业空间。当然作为快销品牌，设计师在设计中依然注重陈列的效率，同时也刻意的把握色彩和材质，避免过于温馨而失去了商业空间那种特定的吸引力。

在空间分区上，除了成组团的多系列服装区和饰品区，设计师策略性地开辟了会员区和儿童体验区。在特定的区域，会员能够买到性价比很高的儿童文具、玩具以及服饰周边产品。在各个角落，也增加了很多趣味性的设计，例如印有身高标尺的转角，刷上黑板漆的墙面，孩子们在这里可以任意的涂鸦和玩耍。这些细节，都是设计师对于如何增强与顾客之间关系的思考，作为一种良性的结果，使得顾客和商家之间产生一种情感的连接，增强顾客的粘性。

设计师还为 KidsMoment 专门设计了一系列的道具。以一种介乎于成人和儿童之间的尺度，用丰富、模块化的不同道具，搭建出高低错落同时又满足组团分区逻辑的陈列空间。让道具本身成为空间搭建的一部分。同时，将过于硬朗的儿童高度道具台面做了导圆角的处理。

站在儿童的角度去理解世界，将房子简化成一种最为单纯的几何形式来暗示"家"，将这种几何图形大量的运用到空间展示板、道具、背景墙板。设计师还考虑到儿童对单数有一种纯粹的理解和敏感，于是设计师用显眼的数字强化各个不同功能分区。在材质上，设计师选择了毛毡、瓷砖等生活化的物料，以及柔和温暖的木质。同时配上多种场景化的、充满童真和幸福感的色彩。

设计师很重视视觉设计在空间中的感染力，将插画元素做了大量的软性应用，用一系列图案化的标识，给成人和儿童传递简单易懂的空间信息。让 VI 变成一种应用在空间中呈现。通过空间、行为、道具、视觉的整合，为品牌和公众打造一种创新型的体验终端（见图 6.20）。

（a）

（b）

（c）

图 6.20　武汉 Kids Moments 儿童品牌旗舰店终端形象

（3）创新性促销推广

谈到促销，自不待言这是提升产品销售额的重要市场手段，同时，这也是展示企业品牌形象的重要形式。

2016 年 8 月，亚洲首个本土豪华邮轮品牌——星梦邮轮就带来了一个名为"美人鱼之梦"的全新故事，故事勾勒出美人鱼与宇航员之间的动人梦幻爱情故事。尽管身体受限于宇宙和海洋的分隔，他们仍然越过重重困难，突破层层阻碍，将不可实现的梦想化作可能（见图 6.21）。

这支宣传片由国际知名电影导演亲自执导，运用奥斯卡获奖影片《地心引力》中的空间电影艺术以及三维动画技术，将一段史诗般的爱情故事以至臻艺术化的形式搬上银幕。

星梦邮轮是云顶香港旗下最新邮轮品牌，而视频中出现的那艘邮轮就是在 2016 年 11 月盛大启航的"云顶梦号"。"云顶梦号"的船体彩绘由中国波普艺术家蔡赟骅（JackyTsai）全力打造，他将自己的独特见解融入了传统的中国工艺，将这些文化遗产的美以前所未有的角度呈现。彩绘图案描述的就是一位美人鱼与宇航员的动人梦幻爱情之旅，蔡先生还为这件船身艺术品命名——"寻爱·启航梦之旅"（见图 6.22）。

图 6.21　"美人鱼之梦"故事

图 6.22　"云顶梦号"船体彩绘

面对发展中的中国邮轮市场，星梦邮轮打破了传统，运用创新的手法，积极向大众推广邮轮旅游概念。选择品牌标志中的美人鱼元素为创作主题，引领大众展开一段动人的梦幻旅程。配合一段梦幻的爱情故事和独具风格的主题，成功地向宾客传达豪华、讲究与优雅的品牌价值，以及"予梦新生"的品牌理念。

（4）创新服务、延伸服务

随着市场竞争的进一步激烈化，服务营销日渐被提升到一个新的认知水平，售前、售中、售后每一个环节的服务状况和服务水平无不直接影响着企业的产品和品牌形象。在这方面，以下几个品牌企业的服务值得借鉴和学习。例如，家乐福超市"微笑挂在脸上，效率握在手中"的收银形象，海尔手机"10 分钟满意服务"口号的提出与践行，还有安利

"一般顾客购买后 7 天内退回仍具销售价值的产品可获 100%现金退款"，"优惠顾客购货后 10 天内退回仍具销售价值的产品可获 100%现金退款，退回曾使用或不具有销售价值的产品（剩余至少达一半）可获 50%等额购货款"的售后服务，在护肤用品中更是少有品牌出其右，也正是基于这样优秀的售后服务，安利在不打广告的前提下仍能领军高端品牌一线。而所谓"服务无处不在"，服务的特色及每一次创新与延伸，无不标志着企业产品和品牌又获得了一次新的提升。

（5）倾心公益活动的推广

倾心公益活动，企业不仅可以借助报纸、电视新闻媒体实现产品和品牌的免费推广，而且成功的公益活动更大程度上是对产品和品牌知信度、美誉度的升华与塑造，从市场销售和发展的角度来看，无疑倾心公益活动为参与企业注入了新的发展源泉。

继两年前风靡全球的公益活动-冰桶挑战赛之后，2016 年 10 月，国内又有一项公益挑战赛席卷整个社交媒体，不仅引发了半个体育圈、娱乐圈、财经圈以及百位网红公开 PK，就连吃瓜群众也纷纷助力这项公益。

作为中国领先的外卖服务平台，饿了么除了不断进行受众消费服务的升级，坚持公益的社会责任感更是愈发凸显。最近饿了么联合悦普互动在社交媒体上强势发声，共同实现了西部儿童的篮球梦想。

饿了么的绝大多数早期用户多已离开高校，涉足职场。而一向热衷公益且作为饿了么品牌代言人的 NBA 篮球巨星科比，其粉丝和饿了么的用户画像高度重叠（见图 6.23）。

图 6.23　饿了么品牌代言人的 NBA 篮球巨星科比

借此契机，饿了么依托中国宋庆龄基金会科比中国基金号召目前占据整体市场 71.7%的白领目标受众参与到挑战中。于是，一场"挑战篮球传奇"的公益接力由此开启。

事件发起前，针对传播形式和途径，这项公益接力挑战采取了传播速度快、互动性强的 H5 游戏传播。从 2016 年 9 月 23 日晚开始，"挑战篮球传奇"的 H5 游戏横空出世，参与门槛低、简单流畅的操作体验，科比签名球衣等奖项设置让这款 H5 在社交平台上散播开来。H5 的设置则将游戏成绩作为一份慈善心意，活动期间投篮总数达到 14 亿，饿了么将向中国宋庆龄基金会科比中国基金捐款 100 万用于西部爱心篮球场援建项目，为鼓励全民完成公益挑战还将发放 1 亿红包（见图 6.24）。

图 6.24　提前完成公益挑战，投篮总数已超过 15 亿

　　明星所具有的粉丝效益一直备受品牌瞩目，作为传播的关键人物，整个接力挑战可以说是将数十位明星的影响力转化成了正面向上的社会效应。从体育界的易建联、朱芳雨、孙悦、周鹏和央视知名体育解说苏群，到娱乐圈的陈柏霖、王祖蓝、韩庚、郑恺、吴亦凡、孙红雷、张天爱、海清等，到网红界的百位人气主播，再渗透到财经圈的众多知名人士。其中，不乏数十位知名街球手也纷纷加入公益队伍。这些体育、娱乐、网红、财经领域不同圈层的联合，既解决了覆盖面的难点，也打破了千人一面内容的平淡性。公益挑战仅开启 2 天时间，"挑战篮球传奇"已位居话题榜第一位，进行至第 4 天，微博秒拍视频播放量更是突破 1 亿次（见图 6.25）。

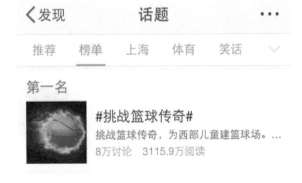

图 6.25　"挑战篮球传奇"位居话题榜第一位

　　明星公益接力的同时，百余位人气网红也开始化身游戏主播。为了满足受众对新奇、优质内容的需求，直播内容涵盖了 H5 玩法、高分挑战、花式吃法（如酷似篮球的圆形美食）、吃货妆「化妆教程」、左手街机右手 H5、个人篮球故事、饿了么外卖速度和个人做菜速度比拼等数十种花式 PK（见图 6.26）。

　　这场公益接力的社媒战役，总覆盖近 70 个微信微博红人大号，为品牌带来了超乎想象的好成绩。我们熟知的严肃八卦、同道大叔、衣锦夜行燕公子、黎贝卡的异想世界、里外生活、麦子熟了、日食记等一本正经做内容、绝不"裸泳"的微信红人大号均以单篇 10W+ 的阅读量将"挑战篮球传"的公益传播诉求覆盖到不同圈层。

饿了么以公益作为品牌新支点，联动体育、娱乐、网红、财经领域各大圈层，运用游戏这种简单的活动机制引发全民对公益的重视，这是公益、娱乐到电商的跨界力量，围绕"圆梦西部儿童"这一公益目标，有效地进行资源整合，将普通的明星营销、网红直播再度拔高，拉近了品牌与目标受众之间的距离，重塑了饿了么的品牌形象。

（6）把握时机，借事造势

借事造势就是要求企业和营销者能够随时随地随机地关注和把握身边的大事、小事，从大小事件中联系产品和企业，及时发掘和发现提升产品和品牌的每一次机遇。事实上，在营销过程中，事件营销往往更能出奇制胜，与广告和其他传播活动相比，事件营销更能以最快的速度在最短的时间创造最大化的影响力，对于产品形象和品牌知名度、美誉度的提升不可估量。

图6.26　人气网红花式PK

一掷千金成为官方赞助商的企业，一般都是奥运营销的"老司机"品牌们，麦当劳在奥运上已深耕多年，驾轻就熟。那么，这么占据"天时地利"的品牌，2016年如何布局奥运？营销切入点又是什么？

奥运村官方提供的标准伙食都是精心准备的，但巴西官方做出的努力，却没有赢得运动员们的青睐，奥运村的麦当劳反而成了奥运村运动选手们心中的"第一餐厅"，每天都供不应求。麦当劳门口从早到晚排着长队，风雨无阻，点餐有时能排上一个多小时。甚至有报道为了缩短运动员们的排队时间，奥运村的麦当劳规定每人每次最多能点20个单品。这样的画面纷纷进入到各大社交网络和媒体的报道中，这种无形中的宣传显然为麦当劳的品牌形象加分不小。最大的推力还是源于免费——由于麦当劳作为里约赞助商之一，对运动员免费开放。他们可以点十几个汉堡、十几对鸡翅，费力的提回宿舍慢慢享用，不用拿一分钱。

作为唯一能够进驻奥运村的餐厅，与麦当劳的奥运赞助商身份密不可分，麦当劳作为奥运会的合作伙伴已经超过40年，近些年举行的北京奥运会、伦敦奥运会和里约奥运会，都有麦当劳的身影。与奥运的挂钩，在快餐食品饱受争议的时下，无疑大力提升了麦当劳自身品牌的美誉度。里约奥运与往届相比，所面临的是观众的关注度更加碎片化，这就需要品牌打造全场景的奥运营销。7月，麦当劳正式宣布2016年里约奥运传播战略及主题："奥运，没你不行！"通过奥运主题广告、系列主题新品、奥运助威小冠军、麦当劳全明星冠军员工团队等一系列项目，全力支持平凡生活中的奥运精神。

首先是线下产品和餐厅的转变。在奥运会比赛开幕之前,五款美食进行了奥运主题包装,包含主食、小食、饮料和甜品。同期,麦当劳还推出奥运欢聚分享盒和麦乐送专享五洲风味分享餐(见图6.27)。麦当劳餐厅同时变身奥运的"欢聚赛场",主题美食和奥运元素的店内装饰一起开启奥运官方餐厅模式。店员换上奥运主题制服,用"欢聚奥运"招呼为每位顾客。

麦当劳的欢乐套餐一直是吸引消费者的重点,这次麦当劳拉来的是 LINE——根据奥运主题,以可妮兔和布朗熊两位为原型,提供了捧杯、乒乓、游泳、体操、排球和跑步共六款,在麦当劳进行任意消费之后,外加 20 元就能够得到一款,全套直接买的话要 150 元,套装里面还会多一组"跑道套装"(见图6.28)。

图 6.27　五洲风味分享餐

图 6.28　麦当劳的欢乐套餐

奥运期间刷屏的,拥有"洪荒之力"的傅园慧,当然也进入了麦当劳团队的视线。在 2016 年 8 月 8 日傅园慧因在预赛后的采访爆红后,麦当劳的团队就开了一两个小时的会,专门讨论如何跟这个热点,因为傅园慧的调性完全符合麦当劳营销的基调。除了"游泳和表情包一样精彩"的文案,因为微博的一则留言,麦当劳在中国线下门店还推出了"洪荒之力美少女套餐"(见图6.29)。

奥运会在麦当劳的赛事赞助中占了相当大的一部分,这个全球领先的餐饮品牌正在通过每一届奥运期间的变化,通过不断的策略调整,配合一系列的营销活动和支持性服务,正在一步一步强化自己在餐饮品类中的领先地位。

图 6.29　洪荒之力美少女套餐

6.6　品牌形象的营销

6.6.1　品牌形象营销的定位

营销界有这样一句话："推销产品先要推销自己"。所以，形象对企业来说是极其重要的。

在工业化时代早期，产品需求市场较大，企业只要把人、财、物与技术手段结合起来，生产出产品，就能够生存。因此，商品力是决定企业生存和发展的唯一因素。在我国处于短缺经济时期，"皇帝女儿不愁嫁"就是这种状况的写照。

当工业社会进入大规模生产阶段时期，企业竞争激烈，产品种类增多，消费者的选择余地增加，企业必须将自己的产品以各种形式介绍给消费者，市场具有越来越重要的意义。因此，企业的生存和发展不仅取决于商品力，同时也取决于营销力。

在现代高科技背景下，社会进入"无差别化"时代，商品生命周期缩短，市场瞬息万变，商品力的相对地位下降了。尤其是在买方市场下，企业竞争已不是孤立的产品竞争，而是升级为企业整体形象的竞争。这时，形象力对企业的生存和发展显得日益重要起来。形象力与商品力、营销力一起成为决定企业生存和发展的三大要素。由此，借助企业形象、品牌形象、产品形象等形成的形象力来展开的营销活动——"形象营销"便应运而生，已越来越受到企业界的青睐。

形象营销是指基于公众评价的市场营销活动，就是企业在市场竞争中，为实现企业的目标，通过与现实已经发生和潜在可能发生利益关系的公众群体进行传播和沟通，使其对企业营销形成较高的认知和认同，从而建立企业营销良好的形象基础，形成企业营销宽松的社会环境的管理活动过程。企业塑造和提升营销形象就是期望企业营销在利益关系公众中树立稳固的心理地位，使其对企业有较好的评价，产生认同感和归属感，从而便于企业进行产品推广、市场扩张和培养忠诚顾客，为企业市场目标的实现和长远发展营造宽松的社会环境。Bolon（暴龙）品牌太阳镜秉承"享受夺目"的设计理念，将时尚与典雅深入设计，紧跟世界的时尚潮流，利用创新的压模技术和喷色等新工艺，许多产品的设计出自意大利名家之手，其过硬的产品质量和精心的品牌推广，紧跟世界时尚潮流的做法，体现出"暴龙"品牌一贯追求"品质至上"的创新风格，使得"暴龙"太阳镜声名鹊起，在国内受到众多太阳镜爱好者的欢迎（见图 6.30）。

图 6.30　时尚"暴龙"太阳镜

形象营销的细分，可以分为以下几个方面（见图 6.31）。

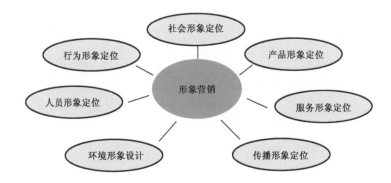

图 6.31　形象营销

① 社会形象定位

区域市场公众印象需求、公关活动定位、企业价值表现整合规划。

② 产品形象定位

产品形象的市场价值规划、包装策略、设计风格等形象定位分析。

③ 服务形象定位

企业形象系统涉及潜在营销系统，加深合作伙伴和客户诚信表现。

④ 传播形象定位

分析企业形象、文化定位、传媒要素、定位品牌内涵、诉求主题。

⑤ 环境形象设计

企业环境硬件和软件协调规划，有利于客户认可和职员忠诚度提升。

⑥ 人员形象定位

整体形象整合定位，调整适合企业文化的整体内外部品质形象。

⑦ 行为形象定位

在职、离职人员对企业形象价值的推动要素，是强制性执行规范。

因此，形象营销是各方面形象的全方位的、统一协调的有机整体。

形象营销是一个需要长期并不断调整的过程。该过程可分为几个阶段进行。当企业以自我为中心，开展形象营销是站在企业自身的立场或从企业的认识角度进行的。此时期的形象营销可分为三个阶段（见图6.32）。

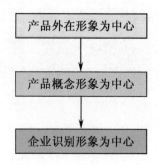

图 6.32　企业以自我为中心的形象营销

① 以产品外在形象为中心阶段

企业只注重产品外在形象的设计和包装成本，期望采用美丽的产品吸引顾客。

② 以产品概念形象为中心阶段

企业大量运用推销技巧、卖点设计、概念创意等手法，以吸引顾客关注，推销自己的产品。

③ 以企业识别形象为中心阶段

企业导入企业形象识别战略（CI战略），设计和传播理念、行为、视觉三种系统的识别，达到在公众心目中树立独特企业形象的目的，增强公众的识别程度和认同程度。

在企业导向时期的形象营销主要取决于企业自身，企业为达到产品销售的目的，诱导顾客产生购买欲望，对顾客的心理评价关注较少，因此，在这一时期，企业形象还属于从属地位和外在刺激，形象营销忽视对公众心理关注。

当企业以公众为中心，开展形象营销是站在公众的立场，或从公众的认识和评价角度来进行的。此时期的形象营销也可分为三个阶段（见图6.33）。

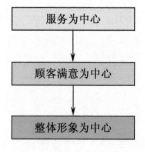

图 6.33　企业以公众为中心的形象营销

① 以服务为中心阶段

企业认识到只有高质量的有形产品还不够，需要增加产品的附加值和利益，就需要通过服务提升产品形象，通过制定服务标准、严格履行标准来吸引和留住顾客。

② 以顾客满意为中心阶段

在以顾客满意为中心的阶段，企业注重按照顾客让渡价值理论，导入和实施顾客满意战略（CS 战略），提升顾客价值，降低顾客成本，提高顾客对企业产品的满意程度，建立和维系顾客对企业产品的忠诚程度。

③ 以整体形象为中心阶段

企业面对的内外环境复杂多变，需要面对和处理复杂的公共关系，企业营销能否顺利开展，很大程度上取决于企业在公众心目中的形象，即在以顾客为核心的公众心理上的评价和认可程度。企业通过与现实已经发生和潜在可能发生利益关系的公众群体进行传播和沟通，使其对企业营销形成较高的认知和认同，从而建立企业营销良好的形象基础，形成企业营销宽松的社会公关环境。

那么，企业究竟应该如何运用形象营销这一手段，提高自身市场竞争力呢？可从以下四个方面着手。

① 找准罗盘：战略定位与形象定位

战略定位是"皮"，形象定位是"毛"。对人生而言，罗盘比时钟更为重要。时钟代表我们的各种时间表、短期目标、活动、邀约等；罗盘则代表我们的价值、原则、良心、方向等。对企业而言，同样如此。有效的形象营销是建立在准确的形象定位基础之上的。而准确的形象定位又是以准确的战略定位为前提的，因此，要为企业找准罗盘，就必须明确企业的战略定位。

道理似乎非常简单，但在现实经济活动中，不少企业却往往是"只埋头拉车，不抬头看路"，只想要把企业做大，至于要把企业办成什么样的企业则未必十分明确，以致于盲目扩张，什么赚钱就做什么，最终可能被稀里糊涂地淹没在市场经济的汪洋大海之中。

把形象定位比作"毛"，战略定位就是"皮"，皮之不存毛将焉附？曾经有过一家资产为 3.2 亿元的企业，已成立三年多，在经营过程中始终没有明确的发展主业和主导产品，采用的是一种在市场开发过程中被称作"跟进大势，人云亦云"的思路，使得企业整体经营思路一直处于混乱状态，最终导致了企业在上海、广东、北京、深圳、新疆、湖南、海南等地的投资项目全面亏损。当有人请教公司老总"这家企业经营什么"时，得到的回答是，公司经营所涉及的行业包括金融投资、房产开发、酒店、计算机、汽车、娱乐、餐饮、化工、新产品开发等。很显然，企业在如此缺乏战略定位的情况下，是不可能谈得上形象定位的，有效的形象营销也就无从谈起。

缺乏核心竞争力的多元化使得形象模糊。在确立企业的"罗盘"时，必须避开多元化的陷阱。这些年，国内有一种倾向，即企业越大越好，跨的行业、地区越多越好。殊不知，缺乏核心竞争力的多元化，不仅无助于企业竞争力的提高，而且从形象营销的角度来看，它还会使企业形象模糊不清。

企业必须清楚，要把自己的主力用在哪里，需要专注、有焦点，应把资源集中放在培养核心竞争力、开发核心产品上，发展出自己的流程和技术，并且把品质标准提升到世界水准，到国际上竞争。有一家德国企业，它的创始人在1948年发明了世界上第一个用高级尼龙制成的锚栓，开创了建筑锚固技术的新时代，半个世纪以来，企业不断革新进取，在完善锚栓安全性的同时，为适应建筑固定技术的不同要求，开发出5000多种产品，形成三大系列，即尼龙锚栓、金属锚栓和化学锚栓系列，从而在市场上形成鲜明、独特的企业形象。

只有企业的自我认知清楚，战略定位明晰，才能确立准确的形象定位。

② 为产品打造光环：竞争力=产品+光环

"光杆产品"不敌"光环产品"。近年来，称为"家乡鸡"的肯德基在中国大行其道，而我们真正的家乡鸡却节节败退。原因何在？虽说可以见仁见智，但其根本原因在于"光杆产品"不敌"光环产品"。

我们的家乡鸡仅仅被作为"鸡"来销售，因此称其为"光杆产品"。而"肯德基"的"鸡"却罩着一层光环，这便是肯德基的形象，它是企业理念、文化背景、企业行为、店铺氛围、视觉形象所构成的企业形象与产品形象在消费者心目中的综合反映。消费者在肯德基餐厅里所消费的不仅仅是鸡，而是一个以"鸡"为核心的系统。试想一下，如果把肯德基的炸鸡搬到别的快餐店去卖，会有人买吗？

其实，类似"肯德基"这种以企业形象、品牌形象和产品形象来为产品打造光环的做法，在跨国公司中并不鲜见。仅以家电市场为例，即可窥见一斑。

每年国庆是商家必争的销售旺季。2011年的国庆黄金周，苏宁电器家电一线品牌之间的争夺非常激烈，包括海信、海尔、格力、美的等品牌都推出了新产品，并且实行各种让利政策和赠品组合。海信不仅以大幅价格折让回馈消费者，另一方面，所有参与套购活动的冰箱、空调、洗衣机都能在技术、外观等方面给消费者以惊喜。

其中，海信全净化空调是海信集团与中国疾病预防控制中心环境所联合研制的，搭载最新的FPA全净化系统，能强力吸附空气中的苯、甲醛、病菌和异味，并将其完全分解为对人体无害的二氧化碳和水，从而有效地去除有害物质，全面净化室内空气。权威实验结果表明，在使用了该款空调的环境中，24小时内，苯、甲醛、氨气的去除率分别高达98.12%、99.67%、97.38%，能有效解决许多消费者非常担心却不知如何解决的装修污染问题（见图6.34）。

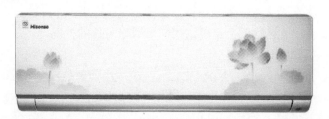

图6.34　海信全净化空调

同系列的海信荷塘月色系列冰箱，则将3D面板与6A技术完美结合，时尚与科技并存。海信是首家将 3D 技术运用到家用电器的企业，海信荷塘月色冰箱融合了科技、时尚、动感、低碳、环保等元素，将荷塘月色的唯美画面，结合先进的立体 3D 工艺，给消费者生动地呈现"一缕暗香清风起，鱼戏荷塘闹月来"的景象，作为家居的一部分，无疑是赏心悦目的艺术品。同时，该系列冰箱运用了海信独有的多项保鲜节能技术，在能效指数、噪声、负载温度回升、冷冻能力、冷却速度、冷藏食品储存质量六个方面均达 A 级标准，是 6A 冰箱中的精品。正因为时尚的外观与领先的技术，海信荷塘月色三门冰箱一举夺得素有工业设计奥斯卡之称的"好设计"大奖（见图 6.35）。

图 6.35　海信荷塘月色系列冰箱

海信"3D"手搓洗洗衣机，将手搓洗、旋立方、喷淋洗等技术融于一身，并通过一系列人性化的设计实现全方位立体冲洗，这种全新的设计不仅能轻松洗净衣物顽固污渍，还能节水省电，并有效保护衣物不受损伤，一举解决多个烦恼（见图 6.36）。

我们的产品多为"光杆产品"，而世界名牌却罩着一层光环，这便是名牌的形象，它是企业理念、文化背景、企业行为、店铺氛围、视觉形象所构成的企业形象与产品形象在消费者心目中的综合反映。消费者所购买的不仅仅是产品的使用功能，而是一个以其为核心的系统。

形象营销何以在众多的传统营销手段中脱颖而

图 6.36　海信"3D"手搓洗洗衣机

出，成为跨国公司的营销利器呢？奥妙大概就在于此。

③ 竞争力=产品+光环

"变革大师"佐治亚州大学教授罗伯特·戈连比耶夫斯基说过，"企业革新关键在于价值观重塑"。可见，要想成功打造光环，必先从革新意识做起。

首先，必须建立"形象营销"的观念。在买方市场下，由于消费者的消费观念发生了变化，消费者所购买的或者说企业所销售的不仅仅是商品，也包括商品和企业所具有的形象，实际上是以产品为核心的一个系统。形象营销正是为了适应这一市场变化的趋势。

其次，要输入新的竞争意识。企业靠什么竞争，在市场发展的不同阶段，竞争的手段和形式是不同的。在买方市场下，仅有好的产品是不够的，形象营销的生命力就在于，通过为产品打造光环，来提高产品和企业的竞争力。鉴于此，通过一个公式来表明，即竞争力=产品+光环。

再次，要认识到"光环不等于广告"。在打造光环的过程中，一定的广告投入是必要的。但不能把二者混为一谈。打造光环的途径不只是做广告，营销的每一个环节都是打造光环的过程。在江苏如皋市属工业企业厂长、经理营销培训班上，有这样一个事例很能说明问题，江苏昌升集团在销售其产品卷扬机、胶印机时，其售后服务有一条承诺，即在配件供应上，宁可少装整机，也要优先保证用户的配件需求。该公司的一家客户需要配件，但公司一时缺货，为了保证信誉，公司从整机上拆下配件来满足客户的需求。这件事在客户中传为美谈，公司产品随之增色。可见营销的每一个环节都会对产品光环的形成产生影响。因此，光环是通过包括广告在内的各种营销手段，在营销的各个环节中逐步累积而成的综合效应。

最后，要认识到光环效应不是静态的，而是可以叠加和放大的。营销过程应该是光环效应累积的过程。企业通过形象营销，可以将产品营销提升为品牌营销，将单品营销发展为系列营销，将产品形象营销提升为企业形象营销，并进而以企业形象营销带动产品营销，最终提高企业的市场竞争力。如著名的宝洁公司，每当推出新品牌时，在初始阶段十分突出公司形象，以此带动品牌形象的提升。以后再逐渐过渡到以传播品牌形象为主。而各个品牌的成功推出，又进一步强化了公司形象。二者相互促进、相互推动，效应叠加，共同提升。

6.6.2 品牌形象营销战略

为品牌寻找捷径，即"三位一体"的营销战略。

（1）"三位一体"战略的优点

"三位一体"战略是指将企业、品牌、商标三者名称合而为一，以获得单一名称的张力，便于形成集中、统一的形象，并增强名称的传递力（见图6.37）。

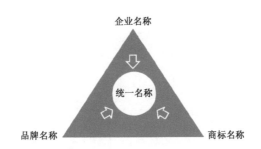

图 6.37　"三位一体"战略

对于中小企业或创业阶段的企业而言，运用"三位一体"战略，从形象营销的角度看，具有明显的优点。

其一，容易被大众接受和识别。要使大众接受、识别一个概念，比同时接受、识别两个、三个甚至更多的概念要容易得多。因此，对企业、品牌、商标冠以统一名称，与三者名称各异相比，优势自不待言。

其二，容易传播。"三位一体"使企业信息高度集中，传递力增强。如 SONY 公司，几乎所有产品都以 SONY 这一名称销售。实际上 SONY 既是公司名称，又是产品和商标名称，松下公司和东芝公司的电器也是如此。这样在销售产品的同时，自然而然地传播了企业形象。相反，多名称、多品牌不利于传播的一致性，也使企业形象分散。

其三，费用降低。由于企业、品牌、商标的名称一致，不仅企业形象、品牌形象的策划设计成本降低，而且对外宣传也可收"一箭三雕"之效，可以最小的投入获得最佳的传播效果。如果三者名称各异，而且公司开发的新产品均冠以新名称，传播费用将会大大增加。如宝洁公司采用多品牌策略，每年的广告费都在数十亿美元，成为全美最大的广告客户。像宝洁这样财大气粗的公司可以投入大量广告培养多个品牌，但对一般中小企业而言，多品牌策略所需的巨额传播费用就难以承担了。

（2）"三位一体"战略的实现途径

从企业、品牌、商标三者形象的互动关系角度来看，"三位一体"战略的实现途径大体有以下三种。

① 商标、品牌形象主导型。

对于因历史等原因拥有著名商标、品牌，但企业名称却与商标、品牌互不相干时，企业可将三者名称统一起来，以商标在消费者心目中的形象来带动企业形象和品牌形象的提升。如原化工部第一胶片厂（保定）与第二胶片厂（南阳）及感光材料研究所（沈阳）联合组建一家新的公司时，就以著名的品牌"乐凯"作为公司的名称，即"中国乐凯胶片公司"。上海冠生园（集团）总公司拥有"大白兔"、"佛手"、"华佗"等著名商标、品牌（见图 6.38），为了充分利用这些无形资产，总公司分别将其组建成独立的品牌公司。云南红塔集团正是利用中国卷烟第一品牌红塔山高达近 400 亿元的无形资产，以红塔命名，使该集团成立不到几年变成"大哥大"的形象立于企业界。

图 6.38　冠生园旗下众多品牌产品——大白兔奶糖、华佗药酒、佛手味精

② 企业形象主导型。

如果企业具有较高的知名度，可将企业名称应用于品牌及商标上，以此带动品牌及商标形象的提升。如一些拥有金字招牌的"老字号"企业，在进行产品和品牌开发时，可重点考虑对金字招牌这一无形资产的挖掘和利用。

③ 同步培育型。

对于一些专业化经营的新公司而言，可在公司成立伊始，即将企业、品牌、商标三者统一起来，同步培养，共同提升。近些年在国内市场涌现出来的著名品牌，有相当一部分属于这一类型。

当然，"三位一体"战略并不是对所有企业都适用，如对各事业部门之间相关性不强、多元化经营的集团公司来说，采用"三位一体"战略就不一定合适。况且，"三位一体"战略还有"一损俱损"的风险。因此，要视具体情况来决定是否采用"三位一体"战略。

第 7 章

产品形象设计案例分析

7

7.1　苹果电脑产品形象设计

我们都知道 Apple 可以代表简洁设计，从线及形状上来说，可以说是现代主义风格，例如，正四边形，比例控制良好的矩形，在此基础上引入圆角。而这是对 Apple 风格的大致印象，实际上 Apple 一直在变，我们把起始点定在 1998 年，来看一下 Apple 产品上这些圆角和曲线的进化历程。

7.1.1　自由主义时期

设计特点：自由的曲线，伸展的线条，大量地采用半圆弧（iBook G3 尤为明显）。舒展、自由、连续的曲线，搭配绚丽的色彩，给人以饱满感、亲和力，形成了产品放纵、张扬的外向型的气质。

代表成员：iMac G3　iBook G3。

自由主义是追求自我的解放，摆脱束缚，信马由缰。不管这样形容 Apple 是否正确，但不可否认的是，在 1998 年之前，Apple 已经压抑了很久。

1998 年之前，Apple 的产品与其他 PC 厂商的产品在设计上相差不是很大，也就是整个个人计算机领域虽然时有一些创新设计，但是已经在塑料壳子上循规蹈矩了，或许可以看作从打字机到电视机走出而进入一个成熟期，Apple 保持了早先 Frog Design 时期留下的一些设计元素，例如"雪白"、"装饰凹槽"（1982—1988），后期则是 Robert Brunner 主管（1989—1996），设计出色的 PowerBook 系列产品，此时圆弧线条已经在设计上使用较多，但这些圆弧如同成熟的套路一样，并没有鲜明地表征什么（见图 7.1）。

你的·笔记本频道 nb.it168.com

图 7.1　PowerBook G3

iMac G3 的发布开启了 Apple 新的篇章，也标志着 Apple 设计 Jonathan Ive 时代的到来，这是 Apple 1998 年的 1984，只不过老大哥是自己，从此 Apple 焕然一新，个人电脑的设计也出现了新的历程，iMac G3 的彩色和半透明流行风一直刮到 21 世纪（见图7.2）。

图 7.2　iMac G3

iMac G3 不再将曲线作为一种修饰的服务配角，而是接近尽情挥洒，此时曲线的特征是饱满。无论从正面还是侧面还是顶视，都可以看到舒展的线条。

一个能代表整体的细节就是半圆弧或类半圆弧的使用，例如，图 7.3 的扬声器、背部的提手，甚至是背部的接线区。

图 7.3　iMac G3 细节设计

iMac G3 的设计风格延续到 1999 年推出的 iBook G3 (Clamshell) 和 Power Mac G4 上（见图 7.4）。

图 7.4　iBook G3

舒张的完整大圆弧，饱满的曲线给人亲和力及生命力的感觉，当时，个人计算机还没有完全脱离精密仪器的形象，而 Apple 打破了这个界限，肆意挥洒。由于多种原因，也使得 Apple 的产品容易让人和时尚甚至女性化结合起来，这种影响一直作用到现在，曾几何时，iMac G3 是杂志媒体上个人电脑的代言人。iMac G3 解放 Apple，也解放了个人电脑。

7.1.2　后自由主义时期

设计特点：过渡、收缩、有限制的放纵、内向型、高品质、科技。

后自由主义时期指的是自由主义和理性主义的过渡阶段。这个阶段的产品在一定程度上摒弃了自由主义阶段产品过于放纵，外向型的设计元素，转而采用有限制的、内向型的曲线形态。产品逐渐具有理性的特质，但仍旧可以看到产品内在的遗传性。

代表成员：iMac G4、iBook G4、iMac G5、iMac Core、Duo MacBook Pro。

Power Mac G4 Cube 或者简称为 G4 Cube，2000 年推出，2001 年终止，这是从 Steve Jobs 离开 Apple 创办的 NeXT 的 NeXTcube 上继承过来，边长 7 英寸的立方体，虽然 G4 Cube 本身寿命不长，但是它设计的影响远大，包括对 Apple 自己的产品（见图 7.5）。

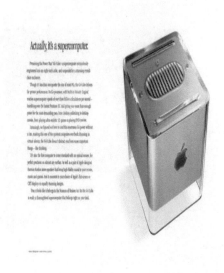

Power Mac G4　　　　　　　　　　　　　　Power Mac G4 Cube

图 7.5　Power Mac G4

透明已经是此时 Apple 的一个风格，我们仍然以讨论曲线为主，Cube 的顶面可以看到继承自 iMac G3 的大半圆弧。而在 Cube 四周出现的圆弧过渡，结合简洁的形状，将成为 Apple 一个主要形态，也就是我们开头说到的"当你模仿 Apple 时，你在模仿什么"的那个特征，在那个年代，如果让自己设计一个方块，很可能毫不犹豫将另外的边也圆角过渡，当然，决定 Cube 的还有材料的关系。从显示器中，也可以看到原先的大圆弧，包括长自由曲线已经开始收缩，走向理性。

Power Mac G4 的升级版 Power Mac G4 Quicksilver，主要是颜色材质上有一些变化，如果说浪漫主义时期是一种开拓，让人感受到亲和力、生命力、时尚等，那么，此时透明及纯色，则在品质的追求上更进一步（见图 7.6）。

将 2002 推出的 eMac 也归类到其下，可以比较一下 iMac G3，曲线由更多的直线代替，曲线也由肆意的自由曲线过渡到基本曲线，如正面边框的圆角面。

（1）iPod G1（见图 7.7）

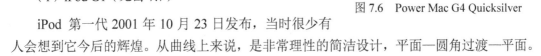

图 7.6　Power Mac G4 Quicksilver

iPod 第一代 2001 年 10 月 23 日发布，当时很少有人会想到它今后的辉煌。从曲线上来说，是非常理性的简洁设计，平面—圆角过渡—平面。

（2）iMac G4（iLamp）（见图 7.8）

2002 年最新款的 iMac 在中国首次亮相，没有方头方脑的显示器，没有笨重占地的机箱，一个有晶莹质感的半球形底座用支架托起可随意改变方向的平板显示器，有人说它像台灯，有人说它像一个现代化家居的装饰品，无论如何，继 iBOOK 之后，新 iMac 新颖的造型再一次彻底打破了传统电脑设计理念的桎梏。

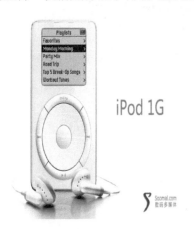

图 7.7　iPod G1

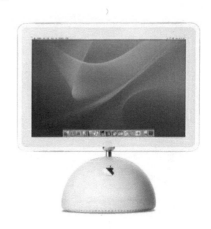

图 7.8　iMac G4

从这个阶段的产品就可以明显观察到，此前过于饱满的自由曲线形态和大圆弧元素得到了收缩和限制，由直线和基本的曲线所取代，使产品形成了内向型的亲和力，多了份灵动的感觉（见图 7.9）。

产品的四角开始出现规则的圆弧过渡，产品的边缘处形成了规整、平滑的高光效果，时尚感、科技感十足，同时也彰显出苹果公司对细节的追求；但多少会有模拟时代感的意味。另外，材质和纯色的使用也体现了苹果公司对高品位的探求（见图 7.10）。

由更多的直线构成

基本的曲线，较为理性

规则平滑的高光

理性的圆弧过渡

图 7.9　iMac G4 细节设计　　　　　　　　图 7.10　iBook G4 细节设计

（3）理性主义时期

设计特点：刚柔相济、理性的自由曲线、锐利、傲骨、光芒。

这个阶段的产品不仅四角圆弧过渡，而且四周也出现了曲面过渡，反映在侧视图上就是一条曲线过渡，感觉更加平缓、自然。

代表成员：MacBook Air、MacBook（见图 7.11）、升级版的 iMac、Mac mini、Mac Pro（见图 7.12）。

图 7.11　11 英寸 MacBook Air、老款 13 英寸 MacBook Air 和 15 英寸的 MacBook pro 厚度对比

图 7.12　产品 iMac、Mac mini、Mac Pro

从上面这组对比图片中可以很明显看出，圆弧过渡+曲面过渡，比较之前的单纯采用规则圆弧过渡的产品，感觉更加的典雅、亲近、精致，突出铝材特性的同时，也减小了视觉上的厚度；采用规则圆弧过渡的产品会产生些许模拟时代的感觉，略显造作和过于硬朗；而圆弧过渡+曲面过渡的产品弥补了这一缺点，而且更具品位感，彰显出一种略带柔和的张力。

苹果产品始终力求每次完美地亮相，华丽地收场，始终贯彻"三网合一"的完美理念即"脑联网+互联网+物联网"，实现硬件、软件和脑件的三位一体，实体与虚体之间实现完美地契合，高科技与高情感完美地结合，兼具美丽与性能一体化。

7.2 诺基亚手机产品形象设计

产品是由企业生产者提供给消费者而构成买卖关系的媒介，也是企业与消费者沟通最直接的方式。通过产品形象识别，可以更准确地传达品牌的内涵，也最能塑造企业品牌的形象。产品识别主要是通过产品本身的形象来反映产品品牌的理念，因此，消费者通过产品识别所建立起来的对品牌的忠诚度也是最稳固的。

产品的外观形态是塑造品牌形象的核心，也是吸引消费者注意的首要原因。外观造型除了暗示产品合理的使用功能和操作方式外，还通过产品的形态与企业品牌塑造相呼应。认知心理学认为用户信息的 90%都源于视觉，而产品形态上的形式或差异则是引发消费者视觉注意的主要原因。形态识别的主要方法即在产品中采用相同或相似的特征，如相同的点、相似的轮廓与区域线、相近的体面或特征等，使产品形成统一的造型风格。

另外，色彩、材质、工艺等方面，对形成独特的产品形象和品牌特征也起着重要的作用。因此，整体品牌产品形象的延续性，对于品牌及该品牌下的产品在消费者心中的完整性、重要性、时续性、忠诚度都是不可估量的。德国布劳恩（Braun）的首席设计师提出："公司或产品的一致形象，比起特殊的个别发展更为重要，因为一个公司商品的推出需要经由不同媒体的传播，如果缺乏一致性的形象，社会大众就会无法认识其经营目标。"企业必须在产品设计的外观、风格上做到统一，能让消费者在视觉上形成固定的印象，在头脑中形成鲜明的企业形象。从而形成产品设计的品牌延续性，使产品获得长久的生命力。

手机功能的集成和移动通信技术的发展，使得手机逐步从简单的通话工具逐步向个人移动信息终端的方向发展，正在从根本上改变着人们的工作、生活和休闲方式。人们审美情趣的变化和个性化需求也影响着未来手机设计的方向。

随着 3G 的迅猛发展，我国移动互联网时代已经来临。截至 2011 年 6 月，中国网民规模达到 4.85 亿，手机网民规模为 3.18 亿，手机网民在总体网民中的比例达 65.5%，成为中国网民的重要组成部分。移动音乐、手机游戏、视频应用、手机支付、位置服务等丰富多彩的移动互联网应用迅猛发展，移动互联网正逐渐渗透到人们生活、工作的各个领域。

手机造型特征在某种程度上代表着手机品牌的形象。对手机造型元素的研究，能够让设计师更理性地进行手机造型设计，有助于其发散思维和获得更多的思考点，使造型在更深层次上影响品牌形象。使企业不仅仅在一款产品上获得成功，而且能够在产品系列上同样获得成功；进而再由多个产品系列的成功，演进到企业整个品牌的成功。

下面选取诺基亚手机为例，通过对诺基亚手机以造型特征为基础的产品形象的延续性分析，以期对其他手机品牌形象的建立和发展提供借鉴和参考价值。

7.2.1 诺基亚的设计理念及品牌产品形象

诺基亚设计总监 AlastairCurtis 这样解释诺基亚设计 DNA：诺基亚有一种自身的，它不是一个具体特征，也不是一个具体的细节，它是一种由不同元素构建而成的设计语言。这些元素在不同的产品中有不同的使用方式，因而彼此之间有所差异，但是当把它们看成一个系列的时候，又会看到它们的共同点要保持不断发展，同时也要适应不同的消费需求，就要采纳一些具有突破性的外观设计产品，除了美观外，还必须实用，所以不断完善的实用性指向，创造出了一种"产品之爱"。

人性化的设计语言，就是诺基亚产品识别的核心，也是诺基亚致胜的关键。诺基亚对人性化的理解是多元的。不仅仅在功能使用上要简单易用，还要恰当地满足人们体验情感上的需求。

① 简单易用。创造出易于使用的设备。这并不意味着牺牲功能，而是通过创新的方式使技术成为简单而又完美的体验。当拿起一部手机时，会意识到这是一部诺基亚手机，知道怎样使用它。当继续玩它的时候，会突然意识到，它能够做的事情比想像的多得多，而且能够很简单地完成这些操作。

② 恰如所求。诺基亚一直注重拥有一系列的设备，确保自己对不同的市场都有相关的设计，这其中包括了解地域品味和偏好的重要性，创造出新的设计和特性，并更偏向于特定的流行趋势，如时尚、运动或商业生活方式等。

③ 一切为了体验。人们使用手机的目的更多的不只是为了通话、发短信，它是人们随时随刻带在身边的物品。从人们的体验出发进行设计是我们探索的核心。诺基亚会使用非常人性化的方式去设计一款按照人们所想的方式工作的时尚产品。诺基亚的设计团队导入大范围的消费者调查，分析趋势并观察当地人们的生活方式。所以，诺基亚能不断创造出提升质量的优秀产品，最终目的是在消费者中创造产品真爱。

7.2.2 诺基亚手机连续性的产品线分析

在企业管理中，产品线是指密切相关的一组产品，因为它们具有相同的技术配置，售给同类顾客群，通过同一类型的销售渠道，或者属于同一售价范围的产品。这样的一组产品往往因为集中于某一消费者需求点而具备相同的识别特征，或使用统一的设计风格。

产品线主要有四个指标。

① 产品线组合的宽度。是指企业拥有的产品线数目，诺基亚共有 12 条产品线。

② 产品线的长度。每一条产品线的产品品种数称为该产品线的长度，例如，诺基亚 2 系产品线的长度就是 17。

③ 产品线深度。每一生产线内所包含的产品品种规格，也可以理解为同一产品线内产品之间的差异度；深度越大意味着企业研发实力越强，能够提供较多规格的产品。随着 3G 时代的到来，诺基亚将大部分研发精力转移到 3G 手机的研发上来，诺基亚 N 系手机也成为其所有产品线中深度最大的一支。

④ 产品线的相关度。不同的产品线在性能、用途、渠道等方面可能有某种程度的关联，这叫相关度。对于走规模化之路的企业来说，关联度越高，产品识别性越强，市场覆盖率也会越高。

诺基亚的产品线是按照手机型号的首数字来划分的：1 系手机定位在低端市场，以实用功能为主，设计中庸，以人性化为主；2 系手机定位在中低端市场，技术和功能比 1 系手机要强；3 系手机重在时尚化设计上，主要针对亚洲市场；5 系手机的定位在音乐和三防运动两大主题；6 系手机定位在中高端，外形定位在全球大众化市场；7 系手机注重人文风格设计；8 系手机是诺基亚手机经典设计的集合；9 系手机只有 5 款手机，主要是早期的智能手机，后被 E 系取代；E 系列手机主推智能手机；N 系列定位在大众化市场的中高端 39 手机；Oro 系列为诺基亚推出的面向高端用户的豪华智能手机；Asha 在印度语中是"希望"的意思，Asha 系列拥有强大的音乐功能，包括高品质的扬声器、增强型立体声 FM 收音机和铃声编辑功能。诺基亚 Asha 系列支持最大 32GB 的 microSD 卡扩展，可以放入数以千计的歌曲，超长的持续音乐播放时间也让你不用担心充电问题，采用绚彩全键盘设计，是希望时刻保持社交在线、关注价格，以及喜欢听音乐的年轻用户的理想选择；Lumia 中文名"非凡系列"，代表 Lumia 系列独特的设计、强大稳健的系统，旨在给广大用户带来前所未有的非凡体验；vertu 手机是唯一一部奢侈手机（见表 7.1）。

表 7.1　诺基亚手机产品线

	1011	1100	1112	1200	1209	1600	1650
1 系							
	2110	2135	2220S	2228	2323C	2355	2505
2 系							
	2600C	2605	2610	2626	2630	2660	2680S
	2700C	2720	2760				

续表

	3108 	3109C 	3110c 	3110E 	3120C 	3155 	3200 
3 系	3208C 	3230 	3250 	3300 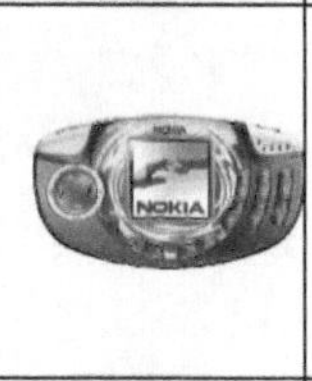	3500C 	3510I 	3555 
	3600S	3602S	3610A	3710F	3720C		
	5000 	5070 	5110 	5140 	5200 	5208 	5230 
5 系	5232 	5233 	5235 	5300 	5310XM 	5500 	5530XM 
	5610XM 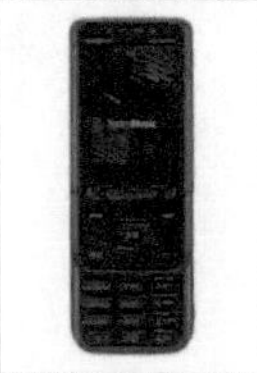	5630XM 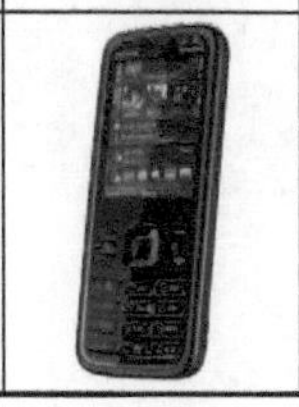	5700XM 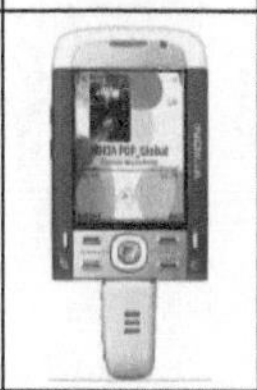	5730XM 	5800W 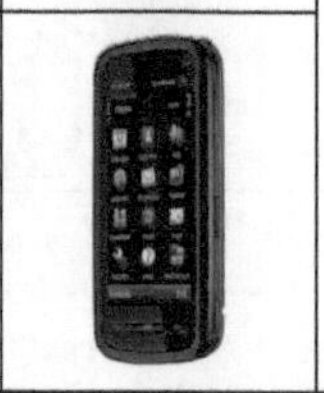		

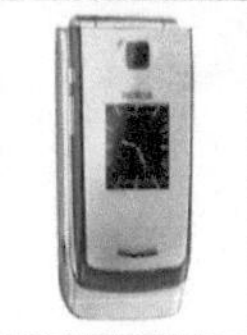

续表

603	6020	6021	6085	6100	6111	6125
6系						
6133	6151	6155	6170	6208C	6210N	6220
6255	6300	6555	6610I	6700S	6750 MURAL	6800
7230	7280	7600	7610	7650	7705	
8110	8210	8250	8800	8850	8855	8860
8910	8910i	8900E				

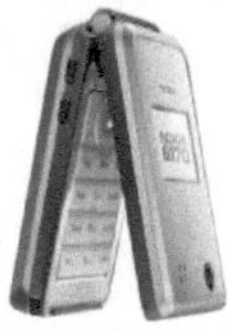

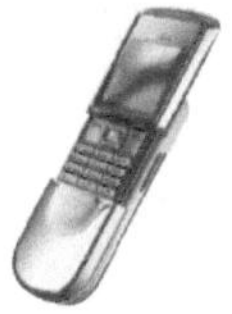

续表

9 系	9000					
Asha 系	Asha 200	Asha 201	Asha 306	Asha 3000	Asha3030	
C 系	C1 	C1-00 	C1-01 	C1-02 	C1-03 	C2-00 	C2-06 
	C3-00 	C3-01 	C5-00 	C5-01 	C5-03 	C5-04 	C6-00 
	C6-01 	C7-00 	C201 				
E 系	E5 	E6 	E7-00 	E8 	E10 	E50 	E51 

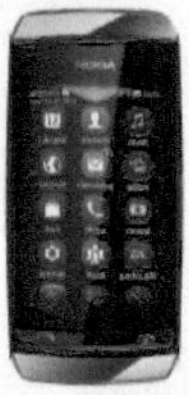

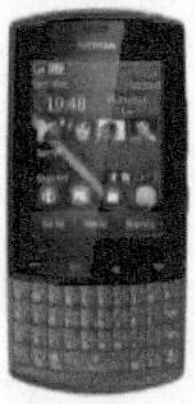

续表

	E52	E55	E60	E61	E62	E63	E65

	E66	E70	E71	E72	E73	E75	E900

Lumia 系	Lumia 610	Lumia 610C	Lumia 710	Lumia 800	Lumia 800C		Lumia 900

N 系	N8	N9	N70	N71	N72	N73	N75
		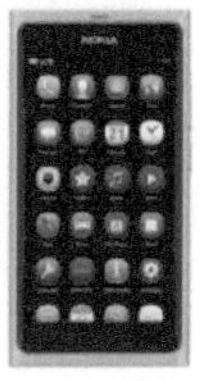					
	N76	N77	N78	N79	N80	N81	N82

	N85	N86	N91	N92	N93	N95	N96

续表

	N97	N800					
	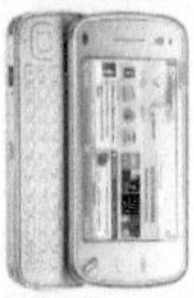						
	T7-00						
T系							
	X1	X2	X2-01	X2-02	X3	X3-02	X5
X系							
	X6	X7					

	Grand Premiere	Oro	Vertu				
其他							

7.2.3　诺基亚手机的造型特征元素分析

由上面的分析可以看出，诺基亚的产品家族呈现一种平滑演变的趋势。对比系列，能清楚地看到产品形态发展的前后继承性。通过对产品的整体轮廓细节特征、色彩、装饰和材质等显性特征进行重复应用，实现产品的一致。诺基亚对产品的统筹管理，使其形成并然有序的产品脉络，面向不同的群体推出不同的产品，这也是诺基亚占据手机行业领导地位的原因之一。

造型特征元素是某一品牌或某一类产品最直观的产品形象构成之一，下面是对诺基亚直板、滑盖及翻盖手机的造型特征元素的提取和总结，通过对比可以看到诺基亚手机的变与不变。

1．直板手机

对诺基亚品牌历年来推出的直板造型手机进行分析和元素提取，大致总结出诺基亚直板手机的 12 项造型元素，将每一项造型元素的变化进行归纳总结如下。

（1）顶部造型

即手机顶部的线条形状，可提取出平顶大倒角、平顶小倒角、圆弧顶小倒角、圆弧顶大倒角、圆弧顶尖角五类造型特征（见表 7.2）。

表 7.2　顶部造型

平顶大倒角	平顶小倒角	圆弧顶小倒角	圆弧顶大倒角	圆弧顶尖角

（2）底部造型

即手机底部的线条形状，可提取出平底小倒角、平底大倒角、圆弧底小倒角、圆弧底大倒角和圆弧底直角五类造型特征（见表 7.3）。

表 7.3　底部造型

平底小倒角	平底大倒角	圆弧底小倒角	圆弧底大倒角	圆弧底直角

（3）机身腰线造型

即手机侧边线条的形态，可提取出平行直线型、中间微凸型、中间收紧型、上宽下窄型和两段型五类造型特点（见表 7.4）。

表 7.4　机身腰线造型

平行直线型	中间微凸型	中间收紧型	上宽下窄型	两段型
	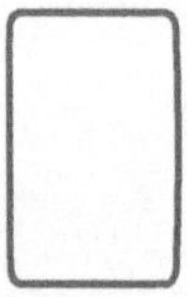	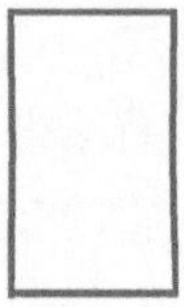	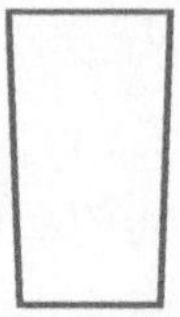	

（4）整体形态结构

即整体穿插型、上穿插型、中间装饰框型和外边框型四种（见表 7.5）。

表 7.5　整体形态结构

整体穿插型	上穿插型	中间装饰框型	外边框型
		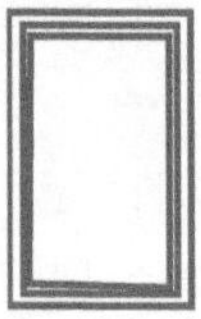	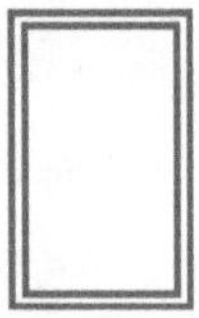

（5）屏幕造型

即内屏幕和外屏幕的造型关系。分为方型、方形倒角型、外倒角内方型两侧/上下圆弧型和单独屏幕五类造型特点（见表 7.6）。

表 7.6　屏幕造型

方型	方形倒角型	外倒角内方型	两侧/上下圆弧型	单独屏幕
			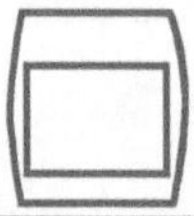	

（6）方向键造型

方向键即为功能键中间控制上下左右方向及确认的组合键，一般位于功能键的中间，可提取出内外长方型、内外中方型、内外圆弧型、外圆内方型和上宽下窄方型五类造型特点（见表 7.7）。

表 7.7　方向键造型

内外长方型	内外中方型	内外圆弧型	外圆内方型	上宽下窄方型
		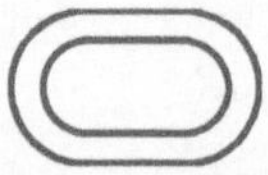		

（7）方向键标志位置

方向键控制方向的标志一般为上、下、左、右四个箭头，这些箭头的分布也有一些规律，由于诺基亚方向键一般为内外两层的造型，可提取出方向键标志的位置一般为两层中间型、内层型、单独层型、无标志型和中间摇杆型五类造型特点（见表 7.8）。

表 7.8　方向键标志位置键

两层中间型	内层型	单独层型	无标志型	中间摇杆型

（8）功能键造型

诺基亚品牌手机的功能键一般为方向键和四个功能键组成，位于屏幕和数字键盘的中间部分，可提取出整体型、整体上下平分型、整体左右平分型、三分型和五分型五类造型特点（见表 7.9）。

表 7.9　功能键造型

整体型	整体上下平分型	整体左右平分型	三分型	五分型

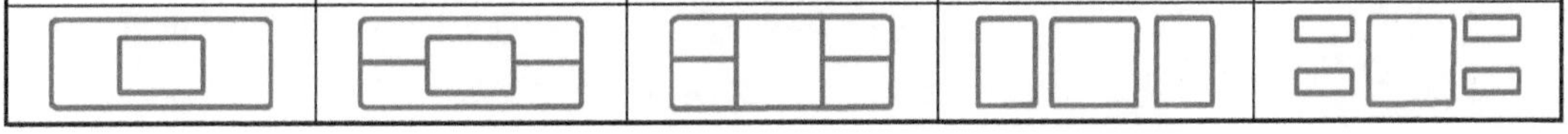

（9）数字键造型

数字键是包括 0～9 数字，以及 "#" 键和 "*" 键在内组成的键盘的整体造型，可分为整体型、条型和散点型三大部分。

① 整体型分为方型、上平下弧型、上扬型、圆弧型和上宽下窄型五类造型特点（见表 7.10）。

表 7.10　整体型数字键造型

方型	上平下弧型	上扬型	圆弧型	上宽下窄型

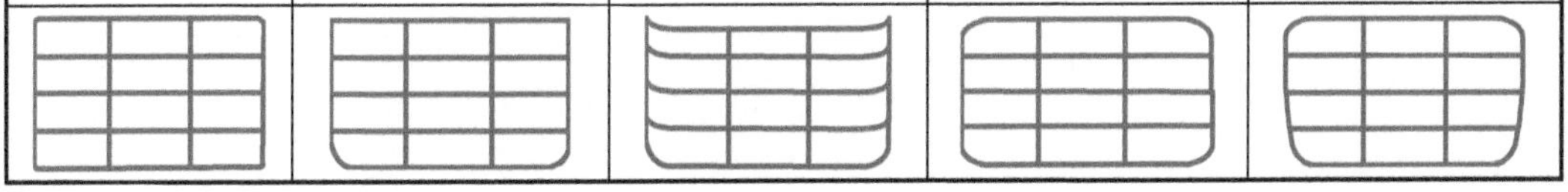

② 条型分为上平下弧型（侧平角）、上平下弧型（侧圆角）、上弧下弧型和上扬弧型和平弧型五类造型特征（见表 7.11）。

表 7.11　条型数字键造型

上平下弧型 （侧平角）	上平下弧型 （侧圆角）	上弧下弧型	上扬弧型	平弧型
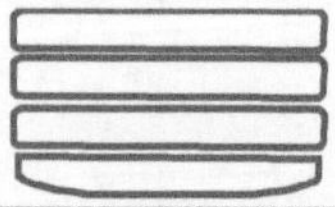	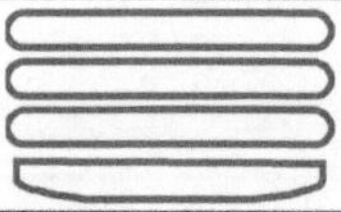			

③ 散点型分为方型、上平下弧型和上扬散点型三类造型特征（见表 7.12）。

表 7.12　散点型数字键造型

方型	上平下弧型	上扬散点型
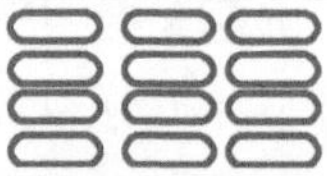	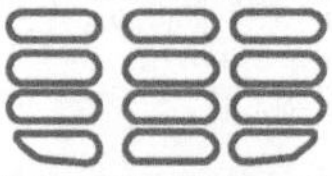	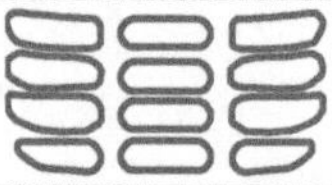

2. 滑盖与翻盖手机

经过对诺基亚历年推出的滑盖造型手机和翻盖造型手机进行分析和元素提取并总结出各自的造型元素：顶部造型、底部造型、机身腰线造型、听筒造型、外屏幕位置造型、内屏幕造型、翻盖轴、方向键和功能键造型、数字键造型等，如表 7.13、7.14 所示。

表 7.13　诺基亚滑盖手机造型特征元素

顶部 造型	平顶大倒角	圆弧顶小倒角 	平顶直角	圆弧顶直角	
底部 造型	平底小倒角 	圆弧底小倒角	平底大倒角	圆弧底直角	
面/ 腰线	平行直线型 	上宽下窄型 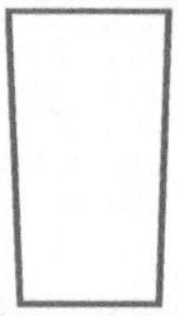	上窄下宽型 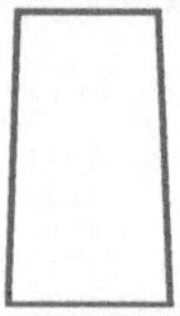	上宽下窄中凸型 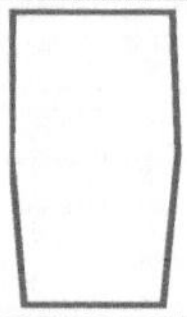	中凸型 
外部 材质 分割 位置	U 型 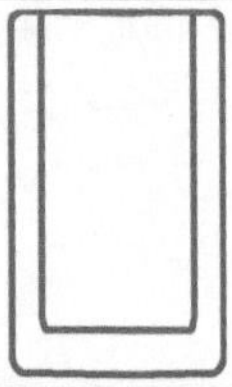	外轮廓型 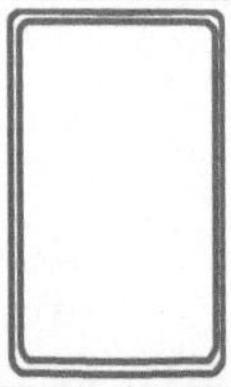	回型 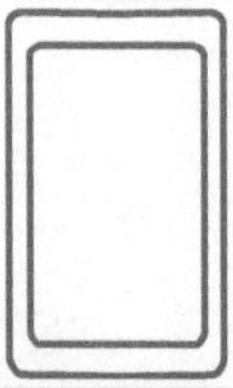	偏上/下回型 	梯回型 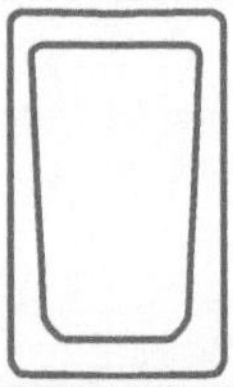

续表

外方向键造型	方型 	长方型 	梯型 	方型外凸型 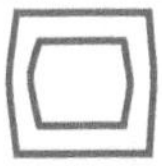	方弧型 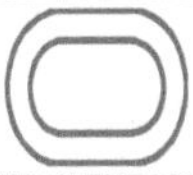
功能键造型	整体型 	整体上下平分型 	整体三分型 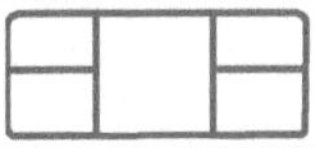	三分型	五分型 
屏幕造型	方型 	上弧下方型 	上弧下弧型 	方形大倒角型 	
整体型键盘	方型 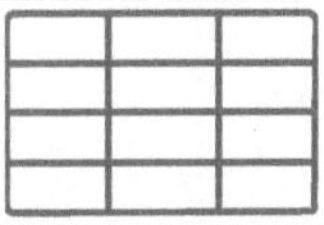	上平下弧型 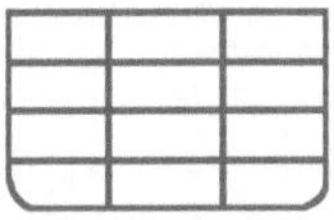	上弧下平型 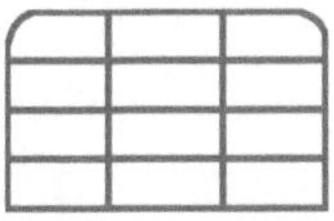	上扬型 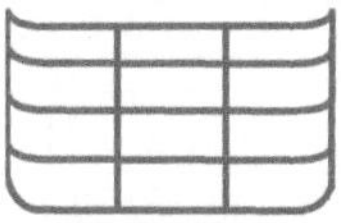	圆弧型 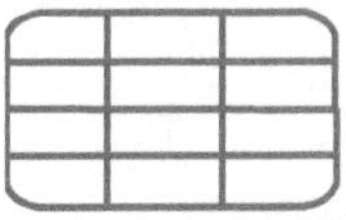
条型键盘	上扬弧型 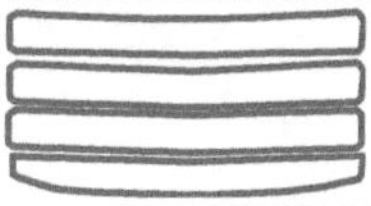				
散点型键盘	方型 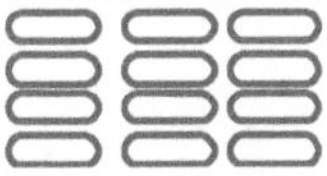	上扬型 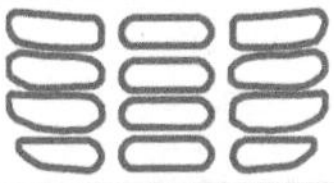			

表 7.14　诺基亚翻盖手机造型特征元素

顶部造型	平顶大倒角 	平顶小倒角 	圆弧顶小倒角	圆弧顶尖角	圆弧顶直角
底部造型	平底小倒角	圆弧底小倒角	平底大倒角	圆弧底直角	圆弧型 
面/腰线	平行直线型 	上平下弧型 	上平下圆型 	上宽下窄型 	中缩型 

续表

	中间型	偏上型	偏下型	无外屏幕型	隐形屏幕型
外屏幕位置					
	内侧轴型	中间轴分离型	中间轴一体型	侧轴型	外轴型
翻盖轴					
	整体型	整体上下平分型	整体三分型	三分型	五分型
功能键造型					
	方型	上弧下方型	上方下弧型	弧型	
内屏幕造型					
	方型	上平下弧型	上宽下窄型	上扬型	圆弧型
整体型键盘					
	上下半弧型				
条型键盘					
	方型	上扬型	上平下弧型	特殊散点型	
散点型键盘	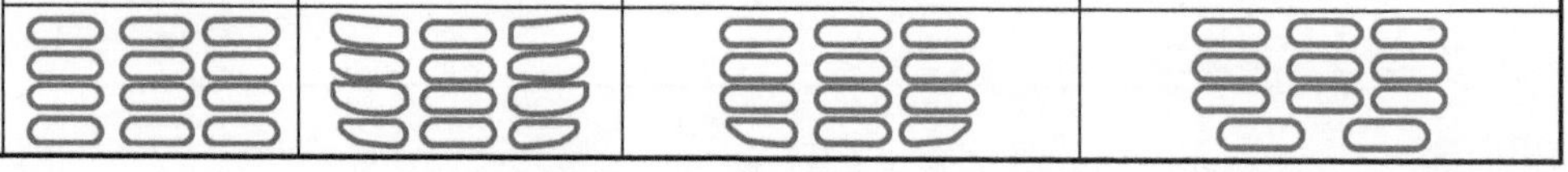				

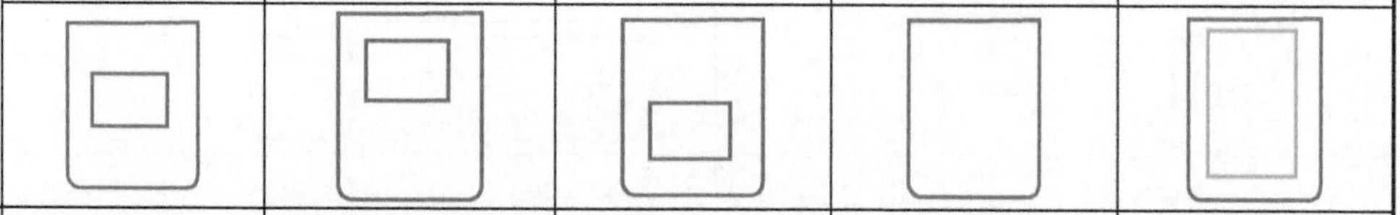

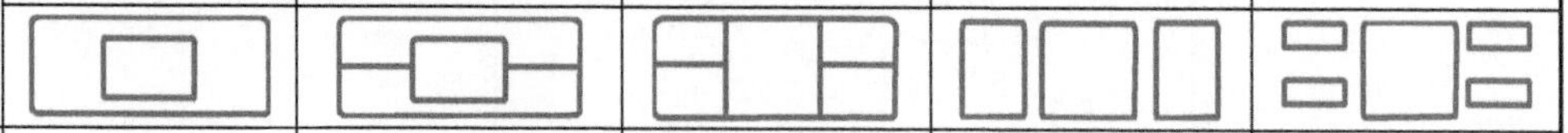

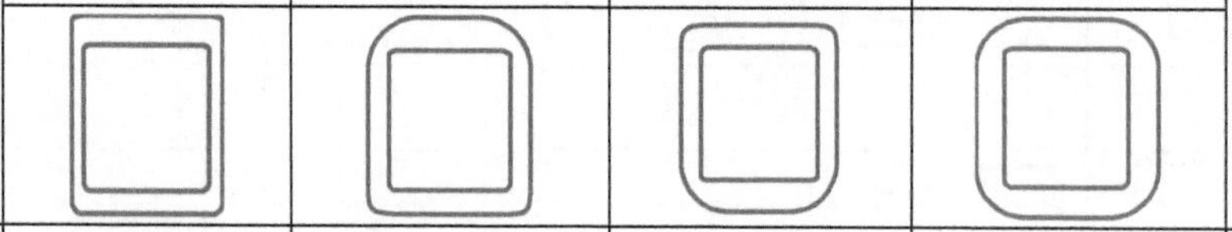

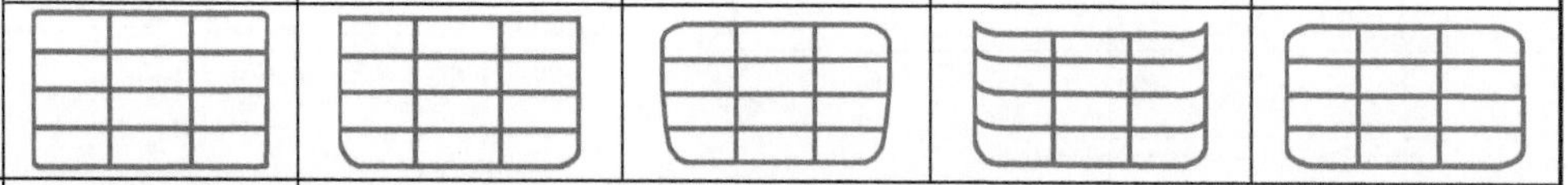

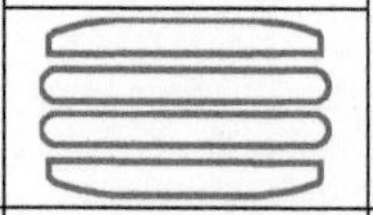

从以上对比分析可以清楚看到，诺基亚手机在历年的设计生产中保持着统一协调的整体造型元素，上百款手机的造型元素都可以归纳为以上几大类，其中最突出的为导航键设计和微笑弧线的造型元素，具有明确的品牌造型识别特征。

（1）导航键的设计

独创的高互动性操作系统是诺基亚手机获得品牌忠诚的一大重要因素。诺基亚这方面的优势在黑白屏时代尤为突出，双向箭头的菜单导航键是这个时代诺基亚手机的标志（主要在 2003 年之前），大部分手机的双向箭头是纵向排列的，也有一部分根据手机造型的需要进行了适当的倾斜，但始终保持了上下的顺序。对于高频率使用的按键来说，上下式的误差率远远小于水平式。另外，上下式的按键排布也更加适合固定的长矩形手机外形，空间利用更加合理。

诺基亚双向箭头菜单导航键的具体造型并不固定，而是随着手机的大小自然变化。由于导航键在整个手机视觉中心的位置，诺基亚对导航键外形的推敲也是最用心的。既要保证导航区域造型和整机造型的协调统一，又要制造出动感和节奏，更重要的是还要考虑使用的舒适性（见表 7.15）。

表 7.15　诺基亚手机 2003 年前的导航键设计

在 Symbian 智能平台普及之后，诺基亚手机的导航按键进行了统一，自 2004 年之后，几乎所有的诺基亚手机都统一使用了方形。一方面是由于菜单选择方式的变化；另一方面是为配合手机的整体造型更加简洁大方的设计趋势，而更加讲究细节、材质与工艺，追求的是简洁与精致。方形导航按键在手机大型的视觉中心，起到了很好的稳定作用。方形的导航键已经成为当前诺基亚手机外形上最重要的识别特征。

在手机设计中，方形导航键的形态也不是一成不变，方形的四条边没有纯粹的直线，取而代之的是微笑弧线的应用。方形的倒角根据手机尺寸的定位不同而不同，娱乐音乐手机的导航键就非常大，几乎接近圆形。另外，诺基亚手机的导航键中经常嵌入确认键，形成一个方形和一个环形组合。这种组合可以使材质和颜色的应用和对比更加丰富，层次更加饱满，细节更精致（见表 7.16）。

表 7.16　诺基亚手机方形导航键设计

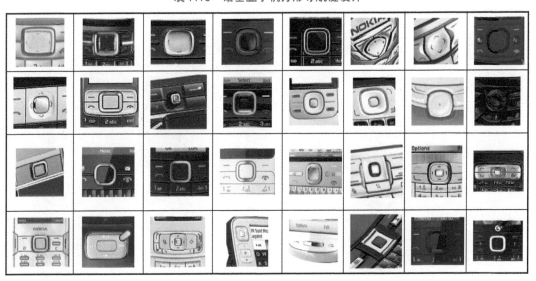

（2）微笑弧线的设计

诺基亚的人性化设计在产品外形上突出的表现形式就是对弧线的运用，在诺基亚的手机模型中是纯直线的。就是在定位为严肃商务系列的 E 系列手机中弧线的运用也是非常丰富的。微笑弧线是诺基亚弧线运用的典范，也是诺基亚手机正面造型的一个标志元素，绝大部分诺基业手机的下部曲线和按键的横向结构线都是微笑的弧线。也许消费者并没有注意到，它代表着微笑，但却让消费者第一眼就拉近与机器之间的关系（见表 7.17）。

表 7.17　诺基亚手机微笑弧线设计的延续性表现

诺基亚对微笑弧线的应用也是区别对待的。诺基亚用一个微笑来诠释他们的目标消费者，将不同型号、不同系列的诺基亚手机放在一起，可以看到不同类型的笑脸。例如，定位于高端娱乐型的 N 系列手机的微笑曲线是爽朗性感的微笑，而定位在商务型手机的 E 系列的微笑曲线则是两边嘴角上翘的微笑和商务礼仪上稳重的微笑相符（见表 7.18）。

表 7.18　诺基亚 N 系列与 E 系列微笑弧线设计的区别

N 系列				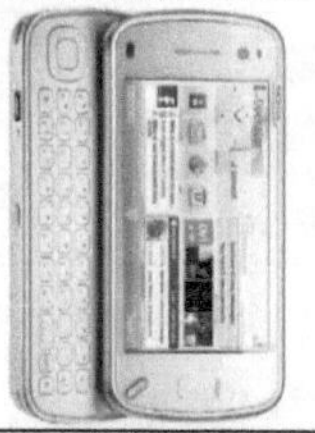
E 系列				

微笑弧线可以说是诺基亚整个手机造型的主导元素，很多手机在设计定型的最初确定下来的就是这条微笑弧线，之后的大量工作就是在这个大感觉指导下进行的。诺基亚手机中弧线的运用是三维立体的，是深入到每个细节处的。除了微笑弧线的普遍应用之外，诺基亚手机在两边的腰线、侧面的分模线，甚至电池盖开关处都使用了弧线。

在大量使用弧线的时候，最重要的一点就是注意弧线元素之间的协调统一。所有的按键横向结构线都是与底部微笑弧线平行的，在手机中心的导航键处则使用软化的导角矩形，即与微笑弧线统一又和屏幕的结构线协调。使用弧线的作用不仅仅是外观形象塑造上的需要，它同时还具有更多的功用。弧线一方面能够增加 PC 材料在透视角度下的光泽感，美化金属材料的反光效果；另一方面能够柔化产品大型，给人容易亲近的感觉，在两侧的腰部使用变化弧线，可以增加使用时的手持舒适度。这也从另一方面展示了诺基亚以人为本的设计理念和设计方法（见表 7.19）。

表 7.19　诺基亚微笑弧线对按键排布设计的影响

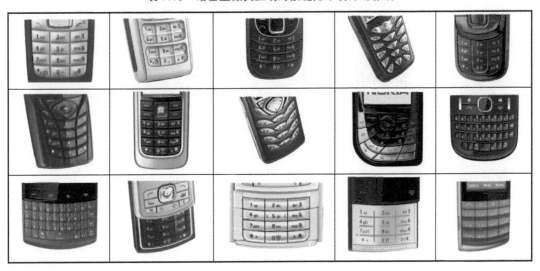

7.2.4　诺基亚手机产品形象的创新

在 2011 年，手机行业发生了许许多多的大事。诺基亚的没落、乔布斯的逝世、iPhone5 的缺席、谷歌和摩托罗拉的联姻、被抛弃的 MeeGo…，国产品牌联想的一部乐 phone 预示着国产品牌的崛起。步步高作为国内一线手机厂商，在 2011 年末也开始发力智能手机领域，创立 vivo 智能手机品牌，用户群定位清晰、色彩年轻个性。基于市场竞争和产业发展趋势的需要，2012 年 2 月索尼爱立信被索尼收购成为索尼全资子公司， 2012 年 2 月正式更名为"索尼移动通信"……，所有的这一切表明手机行业竞争浪潮的汹涌。2012 年全球经济继续低迷，中国宏观经济结构持续调整，内需推动力不足，外资投资热度减退，中国手机企业也面临着严峻的市场压力。对于各手机厂商来说建立识别性的品牌形象、与消费者建立良好的关系，是企业竞争制胜的重要战略。这需要对手机市场、消费者的购买行为与消费心理进行研究，以建立适时、适地、适人的手机品牌形象。

在多年激烈的市场竞争中，诺基亚以其清晰的品牌理念和独特的产品形象赢得了无数消费者的青睐和一直的追随。虽然在诺基亚历年的产品线开发中，也有不少创新性的产品突显出来，但随着手机市场竞争的加剧，诺基亚手机以往稳固的市场地位受到前所未有的威胁，诺基亚正在通过追随潮流，挖掘用户需求在危机中寻求突围。

7610 是 NOKIA 发展史上一个里程碑，它是 NOKIA 第一款百万像素的手机，并且造型是以经典的"S"造型，更是让人惊叹 NOKIA 的设计，键盘是采用大小不同的排列，让人感觉眼前一亮，但是 NOKIA 也考虑到 7610 并不一定适合市场需要，随后又出推 6670，这款手机和 7610 功能完全一样，只是走回了比较保守的款式，可以适合别的人群使用，体现出 NOKIA 的人性化理念（见图 7.13）。

图 7.13　诺基亚 7610、6670

音乐手机 5700 的出台，使得 NOKIA 设计思路又上了一个档次。它汲取了 3250 和 5300 的精华，丝毫不显突兀。3250 代表着另类和不羁，在机身用料、色彩搭配，以及细节处理上，5700 在很大程度上借鉴了 5300 的成功经验。机身造型流畅自然，屏幕、键盘比例得当，手感舒适，机壳结合紧密。扭腰机身除了提升回头率之外，也让手机的操作多样化了许多，无论是听歌还是拍照都能够用与众不同的方式来达到自己想要的效果（见图 7.14）。

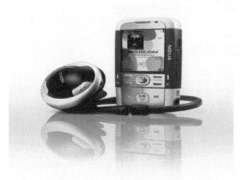

图 7.14　诺基亚 5700

诺基亚在 2011 年沉浮了一阵后，终于崛起，凭借着诺基亚 N 系列手机在市场上引起了一场轰动。N 系列（Nokia Nseries）诺基亚定位为偏向于娱乐性能的高端智能机。是面对追求时尚的年轻人而开发的智能手机。是诺基亚将时尚、功能、商务定位结合的多媒体智能终端，代表其未来发展潮流。该机精致的外观和全新 MeeGo 系统，时尚多彩的外壳，让人们眼前一亮。

诺基亚 N8 采用的是直板全触控的造型设计，机身为全金属打造，两端采用弧形切角设计，增加了持握时的舒适度，12.9mm 的机身厚度十分纤薄动感，该机还拥有多种机身颜色可以选择。N9 的设计灵感来源是易用、回归根本，一块没有按键的屏幕，并且非常好用。围绕这个概念和目标、软件、硬件共同设计，最终成就 N9 设计之美。造型设计简约线条流畅，采用特殊的聚碳酸酯材料，拥有质感非常出色的机身，在使用过程中给人触感优秀，既防滑同时还不易掉色，拥有蓝色、红色、黑色等五种配色设计（见图 7.15）。

图 7.15　诺基亚 N8、N9

Asha 系列和 Lumia（非凡）系列也是诺基亚 2011、2012 年的新品，尽显时尚独特。

Asha 的设计灵感源自对发展中国家消费者的密切关注，是中低端机型，为低端手机用户带来更好的操控体验。Asha 3030 和 Asha 3000 采用 1GHz 处理器，这样强劲的计算能力之前仅属于智能手机。在交互方面都采用触键双控设计，既可以通过触屏更直接地点击屏幕，也可以通过键盘快速输入文字（见图 7.16）。

图 7.16　诺基亚 Asha 系列手机——200、3000、3030、306

2012 年诺基亚 lumia 系列手机采用全新的操作系统，而且在外观上比较炫丽，适合普遍人群的使用。诺基亚凭借 lumia 800 在市场上成功实现翻身，外观方面，诺基亚 lumia 800

延续了 N9 的整体造型，一体化机身设计，给人以棱角分明的感觉。正面采用了一块 3.7 英寸 AMOLED 显示屏，分辨率高达 800 像素×480 像素，色彩自然饱和，细节体验出色。诺基亚 lumia 800C 采用了全新的极简主义设计哲学，一次成型的一体化机身，消除任何多余的分割线。机身表面看不到一颗螺钉，配合一块镶嵌在机身内的高强度 2.5D 弧面玻璃，整个机体浑然一体（见图 7.17）。

图 7.17　诺基亚 lumia 800、800C

诺基亚庞大而秩序井然的产品家族并不是一蹴而就的，而是根据时代和市场的需求，在产品识别设计策略的指导下逐步建立和完善起来的。诺基亚用科学的管理办法对它的产品家族进行统筹规划，每一个系列的产品定位都清晰明确，不同系列之间又血脉连贯，产品透射出的理念简单、明确、清晰、有力，最终都展现了其品牌"简单、实用、一切为了体验"的核心价值观。

7.3　B&O 产品形象设计

国际设计界 Bang&Olufsen（简称 B&O）是一个非常响亮的名字，在每年的国际设计年鉴和其他设计刊物上，在世界各地的设计博物馆和设计展览中，B&O 公司的设计都以其新颖、独特而受到人们的关注。尽管由于价格等因素的限制，目前，B&O 公司的产品还没有大规模进入中国大陆，但在中国的设计师和音响发烧友中，B&O 已经有了相当的认知度。

对一家提供高品质产品的公司来说，一个重要的问题在于如何让消费者迅速感知乃至感染到产品的品质，虽然"路遥知马力，日久见人心"的老话没错，但是，如果必须依靠时间的积淀才能打动消费者，恐怕在时下竞争激烈的商业环境中，未必都能幸运等到消费者明白的那一天。所以，即使拥有高品质，也要善于通过各种方式来充分表现，这正是品牌营销大师马丁·林斯特龙在《感官品牌》一书中，提出企业要善用感官来塑造品牌力的原因。丹麦顶级音响企业 Bang&Olufsen（B&O），正是一家这样善于利用视觉、触觉等各种感官体验强化消费者对于高品质认知的感官品牌。B&O 是丹麦一家生产家用音像及通信设备的公司。多年来，该公司把设计视为生命线，一方面系统地研究新产品的技术开发；另一方面瞄准国际市场上的最高层次，并致力于使技术设施适合于家庭环境，设计出了众多质量优异、造型高雅、操作方便，并富于公司一贯特色的产品，达到了世界一流的水准，享誉西方各国。B&O 的设计成了丹麦设计的经典和象征（见图 7.18）。

图 7.18　B&O 音响彰显丹麦贵族风范

7.3.1　B&O 产品设计原则

最早体现出 Bang & Olufsen 特定风格的产品设计是 1967 年由著名设计师 Jacob Jensen 设计的 Beolab5000 立体声收音机。Bang & Olufsen 公司给 Jensen 的设计任务书要求他"创造一种欧洲的 Hi-fi 模式，能传达出强劲、精密和识别特征"。Jensen 创造性地设计了一种全新的线性调谐面板，其精致、简练的设计语言和方便、直观的操作方式确立了 Bang & Olufsen 经典的设计风格，广泛体现在其后的一系列产品设计之中。Jensen 在谈到自己的设计时说："设计是一种语言，它能为任何人理解"（Jensen，1969 "Design is a language understood by everyone"）（见图 7.19）。

图 7.19　著名设计师 Jacob Jensen 设计的 Beolab5000 立体声收音机

对 Bang & Olufsen 而言，设计不是一个美学问题，它是一种有效的媒介，通过这种媒介，产品就能将自身的理念、内涵和功能表达出来。因此，基本性和简洁性应是产品设计非常重要的原则：① 设计不能只考虑美学方面，去掉一切不必要的装饰；② 产品的操作必须限制在基本功能的范围内；③ 始终忠实于自己的信条，做最好的。米斯的"少就是多"的法则在 Bang & Olufsen 设计中得到了充分的实现，其目的是使用户与产品之间建立起最简单、最直接的联系。

为了保持 B&O 公司独特的个性，创造统一的产品形象，公司在设计管理方面做了很大的努力，并卓见成效。出于多方面的考虑，公司并没有自己的专业设计部门，而是通过精心的设计管理来使用自由设计师，建立公司自己的设计特色。尽管公司的产品种类繁多，并且出于不同设计师之手，但都是具有 B&O 的风格，这就是设计管理的成功之处。

B&O 公司的设计队伍是国际性的，因为公司本身是国际性的，85% 以上的产品供出口。公司与本国及英国、美国、法国等国家的多名设计师建立了稳定的业务关系，有的设计师与公司合作多年，比大多数员工在公司的工龄还长，他们为公司积累了极有价值的经验，并创造了设计的连续性。

B&O 公司的设计管理负责人 J·巴尔苏是欧洲设计管理方面的知名人士，他在谈到自己的工作时说："设计管理就是选择适当的设计师，协调他们的工作，并使设计工作与产品和市场政策一致。"他们认为如果 B&O 公司没有明确的产品、设计和市场三个方面的政策，公司就无法对这些居住分散、各自独立的自由设计师进行有效的管理，也就谈不上 B&O 的设计风格。为此，公司在 20 世纪 60 年代末就制定了七项设计基本原则。

① 逼真性。真实地还原声音和画面，使人有身临其境之感。

② 易明性。综合考虑产品功能，操作模式和材料使用三个方面，使设计本身成为一种自我表达的语言，从而在产品的设计师和用户之间建立起交流。

③ 可靠性。在产品、销售和其他活动方面建立起信誉，产品说明书应尽可能详尽、完整。

④ 家庭性。技术是为了造福人类，而不是相反。产品应尽可能与居家环境协调，使人感到亲近。

⑤　精练性。电子产品没有天赋形态，设计必须尊重人机关系，操作应简便。设计是时代的表现，而不是目光短浅的时髦。

⑥　个性。B&O 的产品是小批量、多样化的，以满足消费者对个性的要求。

⑦　创造性。作为一家中型企业，B&O 不可能进行电子学领域的基础研究，但可以采用最新的技术，并把它与创新性和革新精神结合起来。

七项原则中并没有关于产品外观的具体规定，但通过这七项原则，建立了一种一致性的设计思维方式和评价设计的标准，使不同设计师的新产品设计都体现出相同的特色。另外，公司在材料、表面工艺及色彩、质感处理上都有自己的传统，这就确保了设计在外观上的连续性，形成了简洁、高雅的 B&O 风格。

马丁·林斯特龙在《感官品牌》一书中分析全球顶级品牌成功的共性时提出，它们大多运用了感官品牌的营销手段，创造出全新的"五维"感官世界，从视觉、听觉、味觉、触觉和感觉，让顾客对品牌保持忠诚度。在他看来，出众的外观或其他感官体验对产品的内在高品质，能起到强烈暗示作用，所以，聪明的企业会有意强化用户的感官体验，这也就是为什么 B&O 会如此强化设计的地位，甚至因此被人们称为"视觉企业"，它的品牌描述如此陈述："设计是我们所做一切的核心工艺，我们通过设计讲述创意、产品和品牌的故事。"

于是，这个音响产业里的"视觉系"公司，在产品材质上用铝材来替代木材，让人们能直观地认识到它的"铝表面处理技术"；圆锥形的扬声器和它厚重的底座，与减少地板和天花板回音，实现 360° 均匀散播的"声学透镜技术"联系了起来，还没听到声音，消费者从外观上就能感知到音响器材的独特。

在触觉设计上 B&O 同样十分精心，B&O 的遥控器有意做得沉重而结实，非常有手感，这种有意营造的"庄重感"也延伸到了 B&O 的所有产品线中，从电话到话筒，甚至一般追求轻盈的耳机产品之上。对于消费者"心理声学"（Psychoacoustics）的研究让 B&O 深知，视觉和触觉等感官体验一样也能影响听觉体验。

在 B&O，一款产品从选题开始，经由设计、研发、选材、制作、影音测试、耐久性测试等工序，前后需要的时间，短则一年，长则三、四年。通常由设计师提出概念，对于颜色外形、用户舒适度、科技可行性、潮流走向选择，直至模型确定。为了尊重设计师的创作自由和艺术尺度，管理层对设计模型案没有修改的权利，只能选择接受或否认，只有设计师才有权利对模型做出修改。正是这种开明的合作方式吸引了许多艺术家、设计师，设计师不用受到公司内部规定的限制，更能从外界吸收最新鲜的灵感、视野和设计理念。

7.3.2　B&O 产品形象的展现

Bang & Olufsen 公司的七项原则使得不同设计师在新产品设计中建立起一致的设计思维方式和统一评价设计的标准。另外，公司在材料、表面工艺及色彩、质感处理上都有自己的传统，这就确保了设计在外观上的连续性，形成了简洁、高雅的 Bang & Olufsen 风格。

Bang & Olufsen 产品形象特点归纳如下。

① 质量优异、造型高雅、操作方便，并始终沿袭公司一贯硬边的特色。

② 精致、简练的设计语言和方便、直观的操作方式，风格独特，与众不同。

③ 贵族气质、简洁、高雅的 Bang & Olufsen 风格。

④ 以简洁、创新、梦幻称雄于世界。

⑤ 体现一种对品质、高技术、高情趣的追求。

⑥ 简约风格、经久耐用、简易操作，而且力求让产品与居住环境艺术相融合。

⑦ 拥有全球最具创意的设计，融合了顶尖的技术成果。

运用独有的视觉语言，B&O 成为第一个发掘"由设计主导的、家庭娱乐设备"的高端市场。1968 年，B&O 提出这样一句广告词："为那些考虑品味和质量先于价格的人"。将产品作为一种生活方式进行营销，瞄准一群人数不多，但更国际化的目标消费群体。他们受过良好的教育，有舒适的房子和汽车，既有品位又有自我激励的生活态度，在宽屏电视成为时尚潮流之前，他们就愿意为获得高质量的音频和视频设备付出更多的金钱，这种定位至今也没有变化。

在 B&O 独占顶级音响市场长达 40 多年之后，20 世纪 80 年代，西班牙罗威、美国 Bose 音响、日本中道公司 Nakamichi 纷纷宣布进军高端影音市场。

那时，两大家族掌控下的 B&O 正面临史上最严重的生存危机。公司管理层只注重贵族式品味，无视消费群体的傲慢，使得产品与市场严重脱节。尤其是产品存放在仓库中，造成物流效率低，许多顾客难以忍受长时间的等待，转而购买其他品牌。这场跨度近 10 年的危机，其程度之深，一度令外界以为这家老牌公司将从国际工业设计舞台上消失。

1991 年 7 月，公司旧有的管理层被一个新的、富有野心的管理团队所取代。克努森担任 CEO 之后，及时采取有力的改革举措"爆破点计划"。他们展开一次激进的公司重组，重新挖掘了"系统集成"的产品优势。"从产品、顾客体验、销售到竞争，每一步都要设定标准。在营销、销售、物流的各个环节，我们都需要知道标准在哪里，差距在哪里，然后去弥补差距。"麦若浦说，这是从失败中学到的重要一课。

他们不再以开设更多店铺的方式获取销售业绩的增长，而是展开精耕细作。1994 年，从澳大利亚分销渠道开始，传统的多品牌展厅逐渐为单一品牌店所代替，店面成为品牌形象的一部分，尤其是对一线销售人员的"投资"，除了入职前的筛选和培训，还要有好的着装品味和销售风格。经销商专门为一线销售人员订阅该国最权威的商业杂志，要求他们熟读商业话题，并能与顾客自如交谈。销售人员不仅要识别出个性化的消费需求，还要善于阐释，把"需求"变成经过剪裁的、智慧的建议。

许多顾客被展厅简洁的设计风格所吸引，他们缠住销售人员，想要知道把复杂的电线隐藏起来的技巧；或者他们被店铺陈列用到的某个小配件吸引，想要照搬照抄到自己的家中。这些方法，为一线销售人员更好地收集顾客数据提供了条件。最终，它定位于四类目标消费群，即正在成长的青少年、组建家庭的年轻夫妇、富裕家庭和灰发群体。公司负责市场推广的人员认为，这样分类并不是为了将顾客标签化，只是为了让经销商更好地理解不同顾客的需求。

　　沿着这个思路，B&O 适应迅速变化的时代需求，从原有的三大核心业务扬声器、电视机、播放器，扩展至车载音响和数码产品，完整地覆盖了一个人从家庭到路上、从视觉到听觉的影音生活。

1. B&O 为奥迪 A8 设计的第一套车载音响

　　2005 年，B&O 在奥迪 A8 上制造了第一套车载音响。A8 W12 所配备的 B&O 音响系统中的前部高音扬声器运用了声学透镜技术，是音响系统中的重要部件之一，且声学透镜的独特外形设计更是成为了 B&O 高级音响系统的标志。透镜位于中控台的顶部，在音响系统开启时，两部声学透镜高音扬声器自动从仪表盘中伸出，直径 19mm 高音扬声器发出的音频通过透镜折射，将高音以 180°的角度平行散发，并且得益于 B&O 精确调节的水平传送技术，确保了每个乘客都可以享受到富有穿透力的音响效果（见图 7.20、图 7.21）。

图 7.20　B&O 为奥迪 A8 设计的第一套车载音响

图 7.21　B&O 为奥迪 A8 制造的第一套车载音响细节

　　车载音响是对市场的一种回应，B&O 本来就专注于高品质的家庭影音设备，汽车本身就是一个听音乐的好场所，消费者喜欢在户外享受音乐，B&O 理所当然地要把音响放到汽车上。目前，车载音响占公司业务量的 15%，电视机、扬声器、播放器和其他音频设备则占据剩下的 85%。尽管车载音响所占比重不大，但在中国市场它却有着独特的营销价值。对大中华区市场有着深刻洞察的 B&O 亚太区执行董事麦若浦说："在中国，我更希望自己是路易威登、兰博基尼或劳力士的营销经理。"他发现，"在中国，购买豪车的人群可能会喜欢我们的产品，人们喜欢体积、规模、功率大的音响，有点像俄罗斯。"正因为如此，B&O 在中国的分销渠道，有针对性地制定了营销政策——更多地与奢侈品牌、星级酒店合作，以此获得消费者的认知。

2. 炽焰新色　天籁之声——Beosound8

2011 年 5 月份，刚刚在中国上市的新款耳机，专为苹果设计的音箱底座，标志着 B&O 实现了从核心用户向轻用户的过渡。专为苹果设计的音箱底座 Beosound8 是一款"入门级产品"，如果你或你的另一位与 iPhone 和 iPad 如胶似漆，难分难舍，B&O 的 BeoSound8 扬声器将会是属于你们和音乐爱好者的终极利器。引人注目的圆锥形喇叭专为出众音质的呈现而生，震撼的低音和自然发散的高音在强大系统的支持下此起彼伏，在天衣无缝的融合中缓缓流淌。即使在处处裹得严严实实的冬日，BeoSound 8 也能轻松满足对升级型风格的追求。除了以往简约的白色和黑色，可更换的扬声器前罩新增一系列醒目选择，包括红色、银色、黄色和橙色，随性搭配你的心情与居家环境，为生活增添一抹亮色的同时，更可与爱人坐享清丽音符穿透心底，化作绕指温柔（见图 7.22）。

图 7.22　B&O 专为苹果设计的音箱底座 Beosound8

Beosound8 成功吸引了苹果粉丝、青少年和白领阶层。自 2010 年 11 月在海外上市以来，已售出 2.5 万余套，成为这个品牌"史上最畅销的音响产品"。它颠覆性的设计，在赢得艺术品的赞叹之外，也证明了老品牌适应新时代的能力。

3. 经典复古，历久弥新——Form 2

当你与 Form 2 同时出现在节日熙攘的街头，恐怕周遭的目光都将带上惊羡与赞叹，没有人会知道你是如何沉浸在它所营造的纯美音境中。2011 年 B&O 为其最具标志性的头戴式耳机 Form 2 赋予了全新生命力，令其仿佛凤凰涅槃，浴火重生。优雅简约、大气夺目的 Form 2 拥有轻巧环绕耳边的经典设计，作为纽约现代艺术博物馆的永久藏品，历经时光热炼，当之无愧。Form 2 更配备能量强劲的内置驱动，令你在它的带领之下领略优质音色，瞬间从隆冬的寒冷进入栩栩如生的温暖自然之中。厚重的低音和精准的高音为你营造出梦幻般的音乐体验。为庆贺它诞生 25 周年，经过复刻的 Form 2 以四种配色崭新登场（红色、橙色、黄色和白色），足以成为让自己融入节日氛围的不二之选（见图 7.23）。

图 7.23　头戴式耳机 Form 2

4．爱不释手，熠熠生辉——BeoCom 2

BeoCom 2 的与众不同，已成为了它的标志，流畅的弧线形设计让人一握难忘，恐怕世界上没有哪种包装能掩盖得了它的特立独行。修长纤细的机身以单片铝材制成，在任何居室中出现，都将立刻赋予空间一丝天马行空的设计感。这款产品有六种颜色可供选择，其中包括红色、绿色和金色。温暖的色彩将令你如沐春风，更为聆听你话语的人带去关怀的感动（见图 7.24）。

图 7.24　BeoCom 2

5. 珠玉音质　天涯咫尺——EarSet 3i

B &O 全新改良升级的 EarSet 3i 与苹果产品再次以无须手持的解决方案实现完美的融合，简洁独特的设计过目不忘，更具备水晶般澄澈的音质表现与舒畅逸致的设计。奔波于繁忙日程中的你，终于可以借节日的休憩，为远方的挚友送去贴心的祝福与问候，不必担心周围的喧闹会打扰你们久违的对话，B&O 的 EarSet 3i 专为清除背景杂音而设计，不会错过电话那头的只言片语，只需轻触位于耳机线上的一键式整合开关，便能从 iTunes 的播放列表不露痕迹地转换到与知己的畅谈中，而手机仍然安静地躺在你的衣袋里。人性化的设计使 EarSet 3i 时刻贴服于双耳，无论在世界的任何角落，都能与好友无碍沟通，宛若咫尺，共享一刻美妙时光（见图 7.25）。

图 7.25　EarSet 3i

6. 全新 3D 电视打造视听盛宴——Beo Vision12

Beo Vision12 是影音品牌 B&O 联手设计师 David Lewis 推出的全新 3D 平面等离子电视，超薄的外型、整合式的中央声道，无论是外观还是视听效果都达到了无与伦比的境界（图 7.26）。

Beo Vision12 的外型时尚小巧，采用了自主开发的 ICEpower 技术，其内置了 4 个 80W ICEpower 中音扩音器和 1 个 40W 的高音扩音器，能完美呈现自然音效；而电视的屏幕则采用了超薄的 NeoPDP 技术，在强化 3D 观赏的同时，又能保持电视 2D 的优质画面，配合 Automatic Colour Management 系统优异的调节画面性能，使用户获得最佳的视觉盛宴。

今天，B&O 在全球拥有 50 万名用户，这个庞大的群体具有的共同点是，音乐或电视机在他们的生活中占据一个重要角色，他们大多对文化感兴趣，他们通常拥有更多的电视频道，但却收看更少的节目。B&O 正在思考的就是如何将这些信息结构化——变成一种更好的、了解现有顾客群体的工具。总部鼓励经销商参与消费者的购买数据库，在他们看来，一旦对消费者达到一定了解程度，每一家经销商都将从中受益。无论如何，再高品质的产品也只有通过让消费者真正能感受和体验到才能建立永久、美好的产品形象。

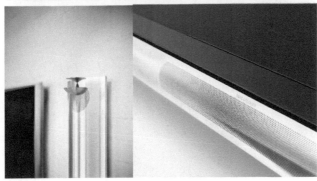

图 7.26　Beo Vision12

7.4　宝马汽车产品形象设计

　　一个品牌的价值对于厂商来说永远是第一位的，品牌价值是品牌资产的核心，它影响着这个品牌的认知度，并给予消费者充足的购买驱动力。而随着"2012 年世界百大品牌排行榜"的公布，汽车部分的排名也颇具看点。在经历了"黑色"的不可抗拒因素影响后，往年的"老大"丰田让出了 2012 年汽车品牌价值第一的宝座，取而代之的是近几年市场表现出色的宝马品牌。2012 年宝马品牌的品牌价值达到了 246.23 亿美元，相对于 2011 年提升了 10%左右，这无疑对宝马品牌的发展是强大的推动力。宝马品牌在中国市场突飞猛进，宝马品牌在 2011 年全年共向客户交付了 217 068 辆汽车，而在全球市场的销售业绩更是达到了 1 380 384 辆，比去年的 1 224 280 辆提升 12.8%（见图 7.27）。

　　为什么宝马能获得这样的成绩？答案就是宝马具有明确地品牌战略，并注重保持自身良好的产品形象。

图 7.27   2012 年宝马品牌的品牌价值

7.4.1   宝马汽车产品线分析

目前，宝马的车系有 1、3、4、5、6、7、i、M、X、Z 几个系列，其中 1 系是小型汽车，3 系是中型汽车，4 系是紧凑型双门轿跑，5 系是中大型汽车，6 系是中大型双门轿跑，7 系是豪华 D 级车，i 系是宝马未量产的概念车系列，M 是宝马的高性能版本，X 系是宝马特定的 SUV（运动型多功能汽车）车系，Z 系是宝马的入门级跑车（见表 7.20）。

表 7.20   最新宝马产品线

1	3	5	6
全新宝马 1 系运动型两厢轿车	宝马 3 系四门轿车	全新宝马 5 系四门轿车	全新宝马 6 系双门轿跑车
新宝马 1 系双门轿跑车	宝马 3 系双门轿跑车	全新宝马 5 系标准轴距版	全新宝马 6 系敞篷轿跑车
新宝马 1 系敞篷轿跑车	宝马 3 系敞篷轿跑车	创新宝马 5 系 GranTurismo	全新宝马 6 系四门轿跑车
		全新宝马 5 系旅行轿车	

（续表）

7	X	Z4	M

7 系四门轿车	X1	Z4 敞篷跑车	新宝马 1 系 M 系双门轿跑车

高效混合动力 7 系	X3		M3 四门轿车

	X5		M3 双门轿跑车

	X6		M3 敞篷轿跑车
7	X	24	M

	高效混合动力 X6		全新宝马 M5 四门轿车

			M6 双门轿跑车

			X5 M

			X6 M

7.4.2　宝马汽车产品形象特征元素的发展分析

产品形象不是在短期内或者一两次传播就能在消费者心目中留下深刻印象的，它需要持续刺激来不断加深同一形象，使消费者对其形成较为固定的印象，因此，企业可以将经过市场洗礼的优秀产品中的经典元素在设计创新时加以继承。下面从宝马标志、前脸和侧面特征造型三个方面的发展分析中，理解宝马汽车整体的产品形象（见图 7.28）。

| 1917 年 | 1929 年 | 1953 年 | 1979 年 | 2007 年 |

图 7.28　宝马标志的演变

1. 宝马汽车标志的设计发展分析

（1）宝马标志的诞生

宝马公司的前身是当时位于德国慕尼黑的拉普飞机发动机制造公司（Rapp Motorenwerke aircraft engine manufacturing firm），1917 年公司经过重组，名称更改为巴伐利亚发动机制造有限公司（Bayerische Motoren Werke AG），而这个简称 BMW 的新公司名称就是如今国人熟知的"宝马"（见图 7.29）。

图 7.29　1917 年诞生的第一款宝马标志

为反映公司的全新名称，公司标志被重新设计。由于宝马公司是由拉普公司重组而来，所以新标志设计时故意采用了类似拉普公司标志的样式与其字母排放方式，最终这枚新的标志继续沿用了拉普标志的内外双圆形设计，外圈一样为黑色，并且把"RAPP"替换成"BMW"，内圈图案改为由 4 片蓝、白色调的扇形填满整个圆形，图案中的蓝、白色调是取自蓝白相间的巴伐利亚旗帜，以此象征新公司名称（见图 7.30）。

图 7.30　新标志拉与普标志设计的对比

　　值得一提的是，图中的宝马标志只能看作宝马公
司在那个历史时期的标志模板，虽然宝马公司的印刷
品上采用的标志与其一致，但是在摩托车、汽车上找
到的宝马标志都与之有差别，最明显的地方就是在印
有"蓝天白云"的小圆里加上与内外双圆边框、字母
同色的"十"字金线，大家可以用这个特征来分辨标
志的用处（见图 7.31）。

图 7.31　宝马标志的典型特征元素

　　（2）名正言顺的宝马汽车标志

　　1932 年奥斯汀公司汽车生产授权到期后，宝马公司决定从此自行研发设计汽车，而
第一款成品便是在一年之后宝马推出的 303 车型。这款新车首次在车头造型上用上了宝马
的招牌，双肾形进气格栅设计，从那时起，宝马车前脸的双肾形进气格栅就成了宝马车上
除了 logo 之外的第二个"标志"。不仅如此，303 车型也是宝马公司旗下第一次搭载了宝
马"招牌"的直列 6 缸发动机的车型。自从 303 车型推出之后，宝马公司开始使用三位数
字的编号来对车型进行区分，以上这些特征全部都可以在现在的宝马车上找到，303 是第
一辆名正言顺贴上宝马标志的宝马车（见图 7.32）。

图 7.32　宝马 303 车型

　　顺应时代的发展，宝马标志做了修改。修改后的这枚宝马标志比 1917 年版的宝马
标志变化虽然很小，但加粗后的双圆金色边框与字体，使其看起来确实更加沉稳、高贵。
这与宝马公司开始就将汽车中高端的定位是十分契合的（见图 7.33）。

在 1953 年左右，宝马公司又一次对其标志进行了修改，新的宝马标志改用了白色的双圆边框、白色的"BMW"字母，以及将中间的图案也变成浅蓝色，看起来更加年轻（见图 7.34）。

图 7.33　1929 年标志的第一次修改

图 7.34　1953 年左右宝马标志的第二次修改

（3）更有科技感的宝马标志

20 世纪 70 年代的宝马公司，在宝马历史上最杰出的 CEO 艾伯哈德·冯·金海姆的带领下，从一个相对小众的品牌成为一个能与奔驰平起平坐的高档汽车品牌，不同的是，宝马走的并不是一味追求豪华的路线。宝马 1975 年推出的第一代宝马 3 系列（E21）双门轿跑车就奠定了之后宝马公司强调车辆优异操控性能的造车理念，宝马 3 系推出后受到市场欢迎，销售成绩非常漂亮，后来成为了宝马公司旗下销量最大的车系（见图 7.35）。

图 7.35　第一代宝马 3 系列（E21）双门轿跑车

除了豪华与运动方面，宝马公司还非常积极开发新技术，并将它们第一时间运用到自家的产品中。其中最好的例子，就是在 1978 年率先用上了 DME（Digital Motor Electronics），用于控制发动机的微电脑，同现在我们所说的 ECU 一个道理，只不过当时的 DME 功能比较简单，使得发动机运行比以往更加高效。从那时起，宝马标志也被赋予了"终极驾乘机器"及代表先进科技的含义，而宝马公司也在 1979 年再次修改了其标志（见图 7.36）。

宝马历史上的第三次标志修改，改动幅度非常小，包括了将老标志中的淡蓝色扇形部分重新改回天蓝色，以及把略显过时的字体替换掉。修改后的新标志更加动感，而且在保持了上一版标志年轻化特点的基础上，又多了些许科技感，同时也比标志修改前更加能够传达出那个时代产品所强调的运动与高科技的特点。

宝马公司的最后一次标志修改发生在 2007 年，这次修改幅度同样不大，就是在旧版标志的基础上加入了立体的效果，使得修改之后的标志不仅保留了之前老标志的所有特点，而且更加醒目、动感，更加现代化。宝马公司在强调了多年的"动力与操控"性能后，选择在这时更换其标志，目的就是让新的图标更加符合现代宝马汽车的特点（见图 7.37）。

图 7.36　1979 年第三次修改的宝马标志　　　　图 7.37　2007 年的标志

2．宝马车身前脸特征造型发展分析

宝马车身前脸的基因主要包括他的双肾型散热器面罩和圆灯的设计，双肾型散热器面罩是宝马前脸上最具视觉识别性的设计特征，是宝马汽车设计的灵魂所在。全球的汽车品牌很多，所以，不同汽车品牌的散热器面罩的形态存在相似或相近的可能性，但宝马的双肾形散热器面罩则是独一无二的，除了宝马之外，世界上再也没有其他的汽车品牌用人类的某个器官作为其产品的象征性特征。宝马推出了自己的第一辆汽车后，就以新的发展契机为目标进行探索和自行设计。这辆 303 汽车改变了以往汽车平板散热器面罩的造型，改为中央稍微向前突出的设计，并且水箱护罩分为左右两边，各自成为一个椭圆形，命名为肾形散热器面罩。自此，双肾型的散热器面罩诞生了，历经 70 多年的演变，一直沿用到今天，成为宝马汽车外观最大的特色。

汽车的前大灯好比人的眼睛，是汽车上最代表精神的部分，眼睛是心灵的窗口，车灯就是车的精神的集中体现。宝马的前大灯从圆形开始，自始至终都是以圆形为基本形态，也经历过几个阶段形态的演变，当代宝马汽车的前大灯的轮廓形态与最早期的宝马圆灯形态发生了很大变化，但是仍然保留了双圆灯的基本结构。

宝马的前脸设计基因的两个主要元素双肾散热器面罩与圆灯的形态演变经历了几个阶段，每个阶段的不同产品上都会有较小的变动，而阶段与阶段之间则在形态上有较大的变化，可谓突变。下面分阶段分析。

（1）第一阶段（1932—1952 年）

1933 年宝马 303，是宝马第一辆采用双肾型的散热器面罩的汽车，两个竖直长椭圆形巨大的散热器面罩。此后的宝马都延续了这个设计特征。1936 年的宝马 328，是宝马历史上的经典作品，他的双肾型的散热器面罩演变成更细长的竖直的椭圆型。1952 年的宝马501，是战后宝马的第一辆汽车，其双肾型散热器面罩的造型与之前相比，基本形不变，只是椭圆形的宽度与高度的比例做了一些调整。这一阶段宝马的车前大灯为规则的圆形碗状，由于车的散热器面罩成竖直长条状，左右两大灯的距离比较近，这一时期为宝马前大灯的雏形。

　　这个阶段宝马前脸设计的特征造型元素，为两个竖直长椭圆形巨大的散热器面罩、规则的圆形碗状大灯，前脸的基因是以几何形存在的，相当程度上受当时生产技术的限制。从 1933—1952 年的二十年里，它的变化仅限于尺度寸变化（见图 7.38）。

1933 年 BMW 303Limousine　　　　1936 年 BMW 328　　　　　　　1952 年 BMW 501

图 7.38　1933—1952 年期间的宝马汽车前脸

　　（2）第二阶段（1955 年的宝马 507）

　　1955 年的宝马 507，是单排座敞蓬跑车优雅的经典作品之一。它的双肾型散热器面罩与之前大不相同，以横向为主题，宽而高度小。这一阶段的宝马车前大灯仍旧为圆形，与早期的宝马大灯不同的是，每侧大灯的下方多出一个小的圆灯，酷似流泪的眼睛，为宝马双圆灯造型的雏形（见图 7.39）。

　　（3）第三阶段（1956 年前后的宝马 503）

　　这个阶段宝马的双肾散热器面罩和第一阶段宝马的双肾散热器面罩形态相似，但是明显小了很多，左右各有两个圆灯的设计也比第二阶段的宝马更为明显（见图 7.40）。

图 7.39　1955 年的宝马 507 前脸　　　　　图 7.40　1956 年的宝马 503

　　（4）第四阶段（1962—1968 年）

　　1962 年宝马开始了新级别车的开发，1968 年的宝马 2002 是经典的代表作。它的双肾型散热器面罩形状借鉴了早期的竖长椭圆形，但是尺寸要小很多。这一阶段宝马的前大灯与第一阶段宝马的前大灯相似，都是两个规则圆形碗状大灯，不同的是两灯之间的距离较早期的要长（见图 7.41）。

| 1962 款宝马 1500 | 1965 款宝马 2000 CS | 1968 款宝马 2002 |

图 7.41　1962—1968 年期间的宝马汽车前脸

（5）第五阶段（1972—2000 年）

这个阶段宝马加快了推出产品的速度，因此，在二十多年中推出的车型较之前增加了许多。1977 年的宝马 7 系，整体造型方正，线条硬朗平直，因此，它的双肾型散热器面罩为了呼应整体造型风格，也是方方正正，只是略有倒圆角。1987 年的宝马 7 系，整体造型风格与 10 年前变化不大，因此，双肾型的散热器面罩也变化不大，只是宽度与高度比例发生变化，横向发展变宽。这一阶段的宝马的前大灯为一大圆灯，或者两个同样大小的圆灯，与当代宝马的双圆灯结构成为当代宝马双圆灯灯组结构的起点。1990 年以后的宝马车型的散热器面罩与七八十年代相比更加圆润，双圆灯的轮廓线也初步形成，1990 年至 2000 年是宝马汽车向当代设计风格过渡时期（见图 7.42）。

| 1973 年宝马 2002 turbo | 1975 年第一辆 BMW 3 系汽车 | 1982 年 BMW3Serie |

| 1987 年 BMW750iL | 1992 年 BMW325i | 1999 年 BMW X5 |

图 7.42　1972—2000 年期间的宝马汽车前脸

（6）第六阶段（2001 年至今）

这个阶段推出的宝马汽车受到宝马新任设计总监克里斯班戈设计思想的影响，设计风格发生了巨大的突变，朝着更加年轻更加运动的方向发展。2001 年饱受争议的宝马 7 系问世，开始了宝马设计风格的新时代。影响到之后推出的 5 系、6 系，3 系和 1 系车型的设计。双肾型的散热器面罩也开始圆润饱满，很有运动感，此后宝马汽车的散热器面罩也都圆润饱满充满运动气息（见图 7.43）。

2001 740i	2003 3 系 ETCC	2004 3 系两门版
2006 1 系 M	2007 M3Concept	2008 X6 轿跑车
2009 5 系 Gran Turismo 概念车	2010 Z4	2012 1-Series_Coupe

图 7.43　2001 年至今的宝马汽车前脸

从以上分析可以看出，虽然按照年代、设计定位的不同，这些车在造型上各具特色，但都有一个相同的形态元素——位于散热器中间的金属双肾形栅格（见表 7.21）。

表 7.21　相同的形态元素——位于散热器中间的金属肾形栅格

第一阶段 1933 年——1952 年期间	
第二阶段 1955 年	
第三阶段 1956 年	

续表

第四阶段 1962 年——1968 年期间	
第五阶段 1972 年——2000 年期间	
第六阶段 2001 年至今	

3．宝马车身侧面特征造型发展分析

宝马车身侧面的造型特征元素主要是倒钩的车窗线和雕刻般的特性线。

宝马的倒钩车窗线成为宝马设计的特征元素，开始于 20 世纪 60 年代，历经多年的发展演变，日趋富有张力与动感，其发展演变的轨迹大致分为如下 3 个阶段。

（1）第一阶段（1960 年~20 世纪 90 年代初期）

这个阶段的宝马汽车的窗线，感觉非常硬朗，是由几段直线拼接起来，然后倒了圆角，窗线尾部的小倒钩显得有点局促（见图 7.44）。

1500（1962）　　　　　2000_CS (1965)　　　　　3.0_CSL（1971）

3.3Li（1975）　　　　　3_Series（1982）　　　　　M_635_CSi (1986)

M3_Evolution (1988)　　　　　M3_Coupe (1992)　　　　　Z13_Concept （1994）

图 7.44　1960 年~20 世纪 90 年代初期的宝马汽车侧面车窗线

（2）第二阶段（20世纪90年代初期~2000年初期）

这个时期宝马汽车的窗线较之前有了明显的变化，已经接近当代宝马汽车窗线的形状，但是窗线中部的一段还是比较平直，因此，略显硬朗保守，尾部的倒勾已经能比较整体的融入到窗线中（见图7.45）。

M5（1995）   3系两门版（1996）   3系紧凑型（1997）

3系DTC（1999）   3系旅行版（2000）   3系（2001）

图7.45　90年代初期至2000年初期的宝马汽车侧面车窗线

（3）第三阶段（2002年至今）

这个时期宝马汽车的窗线具有非常优雅的弧线，富有张力和动感，尤其是尾部的倒勾加强了线条的力度，非常顺畅的融入到整个窗线，现代而且颇具活力（见图7.46）。

3系紧凑型（2002）   3系旅行版（2004）   1系M（2006）

X1概念车（2008）   5系ActiveHybrid概念车（2010）   M3 CRT（2012）

图7.46　2002年至今的宝马汽车侧面车窗线

这三个阶段宝马汽车的车窗线特征总结如表7.22所示。

表 7.22 宝马汽车的车窗线特征总结

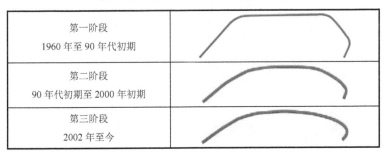

第一阶段 1960 年至 90 年代初期	
第二阶段 90 年代初期至 2000 年初期	
第三阶段 2002 年至今	

宝马汽车侧面的另外一个特征元素，就是他的侧面那雕刻般的特性线，通常，这条线下方形成一个折面，每当提起宝马汽车的设计，没有人不会说起这个设计特征，这个特征也被其他汽车品牌跟风效仿，逐步流行起来。

宝马汽车的侧面特性线最初出现在 20 世纪 50 年代的产品上，其发展历经了大致以下几个阶段。

（1）第一阶段（20 世纪 50、60 年代）

这个时期宝马汽车的侧面特性线侧面如图 7-47 所示，在线的下方有一个小的凹面，此外，在线的上方有镀铬的金属亮条装饰。

502_Coupe (1954)

503_Cabriolet （1956)

3200_Coupe_CS (1962)

2002 (1968)

图 7.47 20 世纪 50 60 年代的宝马汽车侧面特性线

（2）第二阶段（20 世纪 70 年代～2002 年左右）

这个时期宝马汽车侧面特性线的下方，有一个明显而且硬朗的折面，这个特征一直延续到 2002 年的新 7 系车身上（见图 7.48）。

（3）第三阶段（2005 年至今）

这个时期宝马汽车的侧面特性线已经演变成折面，突起和凹进的折面宛如雕刻一般，并且顺畅地过渡到下边的大面上，增加了车身的雕塑感和运动感（见图 7.49）。

图 7.48　20 世纪 70 年代至 2002 年左右的宝马汽车侧面特性线

图 7.49　2005 年至今的宝马汽车侧面特性线

这三个阶段宝马汽车的侧面特性线特征总结如表 7.23 所示。

表 7.23　宝马汽车的侧面特性线总结

第一阶段 20 世纪 50　60 年代	
第二阶段 20 世纪 70 年代至 2002 年左右	
第三阶段 2005 年至今	

7.4.3　2012 年全新宝马 3 系汽车产品设计分析

作为继承宝马运动精髓的最经典车型之一，新 3 系是 3 系家族的第 6 代车型，也是宝马的重要产品，新一代车型在外形方面变化更加年轻，车厢内部空间也与时俱进，轴距较上代增加 50mm，作为高效动力战略的一部分，全面采用了 2.0T 涡轮增压直喷发动机。宝马表示，新一代 3 系将成为最动感三系。

三款不同前脸设计区别最大的是雾灯造型。不同配置使用不同的前脸设计，雾灯造型就可以看到其区别，也是最明显的辨认方法。运动版的造型简单，但是镀铬使得雾灯饰条更加耀眼，豪华版的设计更加内敛，旗舰版在保持内敛的同时更加个性，回旋镖式的银色材质装饰更加精致优雅（见图 7.50、图 7.51、图 7.52）。

图 7.50　2012 款全新宝马 3 系运动版——飞翼式雾灯装饰

图 7.51　2012 款全新宝马 3 系豪华版——两道杠式雾灯装饰

图 7.52　2012 款全新宝马 3 系豪华版——回旋镖式雾灯装饰

全新宝马 3 系的中网设计更加豪华，大灯接眼处更加精致富有设计感，使得双肾格栅更加立体。在侧面的整体造型上，全新的宝马 3 系和老款区别不大，这已经成为 3 系的经典造型，但是在细节方面，新款的腰线设计和从侧窗玻璃起延伸到前引擎盖的腰线，还有下包围的设计，使得侧面更加动感，侧窗使用高光的黑色饰板，并没有使用镀铬，但是看起来更加舒服（见图 7.53、图 7.54、图 7.55）。

图 7.53　2012 款全新宝马 3 系中网设计

图 7.54　2012 款全新宝马 3 系侧面设计

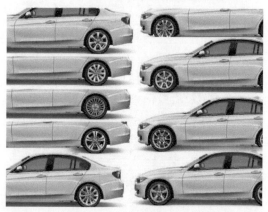

图 7.55　2012 款全新宝马 3 系侧面和老款的区别

　　将具有个性和体现品牌形象的产品形象元素不断继承和创新,这一点对宝马汽车造就闻名世界的产品形象起到了至关重要的作用,对中国的民族汽车产业自主研发、创新发展、不断崛起也有积极的借鉴意义。

7.5　阿莱西产品形象设计

　　尽管全球设计工业的潮流快闪变幻,从奢华到包豪斯再到极简,但拥有梦工厂之称的意大利阿莱西 ALESSI 公司,却以不变应万变,从诞生伊始便坚持搞怪、卡通、玩笑式的设计文化,早已成了生活家有预谋的收藏物。

　　阿莱西(Alessi)应该是一个传奇,才会被冠以设计工厂、梦想工厂等美誉。有人说,要研究后现代主义以来的意大利设计,只需研究阿莱西就可以了;也有人说,要研究后现代主义的设计,研究阿莱西就足够了。

　　这家公司的名字几乎代表了 20 世纪的设计。阿莱西公司成立于 20 世纪 20 年代,但直到八九十年代公司才因其极具个性化和普及性的产品设计而享誉全球,这些产品包括酒瓶起子、刀具、水壶和茶具等。阿莱西公司革新了我们看待家庭用品的方式,把生产基本实用主义产品转化为给家庭创造革新的、多彩的、巧妙的、实用的产品。

　　国际著名的文化评论家艾柯(Umberto Eco)曾指出:"假如其他国家的艺术家是拥抱着具体的设计理论进行创作,那么,让意大利精彩创意发光发热的源头,是一种抽象的设计哲学,一种与生活紧密结合的意识形态。"身为意大利家居用品第一品牌的阿莱西公司,代表着意大利独有的这种设计格调,阿莱西公司是如何透过独特的设计流程,在产品研发与创新和品牌战略上独树一帜,在全世界设计领域中具有不可摇动的地位的?

7.5.1　工艺技术促进品牌的形成

　　品牌是消费社会的必然产物,工业产品全面占居人类生活各个方面,标志着消费时代的到来。美国市场营销协会对品牌的定义如下:"品牌是一种名称、术语、标记、符号或设计,或是它们的组合运用,其目的是借以辨认某个销售者或某销售群的产品或服务,并使之同竞争对手的产品和服务区别开来。"

　　让诺尔·卡菲勒认为:"品牌反映了六种特性:品性、个性、文化、美学、使用者形象、消费者自我形象。"(让诺尔·卡菲勒. 战略性品牌管理. 北京:商务印书馆. 2000年)。品牌是抽象的,是消费者通过某种感受和认知产生的印象,通过品性(工艺技术)、特征(造型设计)以及功能等综合因素构成消费者的认同感。

　　阿莱西秉承了意大利深厚的手工艺传统,从纯铸造性的工业转型成一个积极研究应用美术的制作工场，其闻名世界的手工抛光金属技艺、繁复的部件组合，直到科技发展的今天，还无人能及。这个转变持续了八十多年，最终创立并确立了自己的品牌。在这个消费社会中，阿莱西以工艺技术为支撑，以设计为主导，成为当今全世界许多制造业追求进步的学习典范。一部现代设计史正是在由传统手工艺向现代设计、现代工艺转化的基础上逐步完成的（见图 7.56）。

图 7.56　闻名世界的手工抛光金属技艺

7.5.2　多元文化促进品牌作用的发挥

阿莱西以注重生活创意的态度，设计出许多颠覆传统家居用品的作品。从每件产品的背后，都可看到多元文化的身影，在多元文化的映衬下，每件作品都有他的感性体贴和充满幽默游戏的趣味，无怪乎阿莱西动不动就抱走许多国际性比赛的设计大奖。这归功于阿莱西公司对多元文化的热爱、理解和独到设计理念的执着追求，这种设计理念可以在以下几个方面表现出来。

1. 创意优化生活

从 20 世纪 80 年代开始，阿莱西设计受到美国波普艺术和印第安原始文化的很大影响，这种影响加强了意大利风格的形成和发展，从达达主义和超现实主义中汲取美感，逐步形成一种激进的设计风格，并且大胆开拓设计师的创意视野，使阿莱西的现代设计在保持高雅、艺术化和人情风格的同时充满活力。

能抓住人心的好设计，一定是那个时代大众欲望的体现。设计是创造一个美的人工环境，并向人们提供优质、自由、舒适的生活环境。阿莱西的许多生活用品，往往能使我们在做家务时把事情做得轻松简单，富有趣味（见图 7.57）。

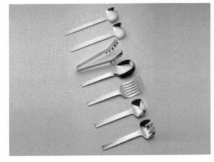

图 7.57　简单却富有趣味的产品

　　主动的创意活动和创意的价值，表现为对生活形态的开拓。各项产品随着创意推陈出新，凝聚着强烈的感观因素，日渐优化人们的生活方式。品牌的一半是文化，而文化更多的是以风格面貌展现出来。人类物质消费在本质上可以归纳为精神消费和文化消费，阿莱西公司突破了一般研发流程，在设计的过程中，他们喜欢找建筑师、供应商、评论家、出版商、艺术家和设计师等不同领域人才，一起讨论产品应该展现的特性和文化意义，之后再处理形式与其他细节问题。这种讨论过程中诞生的产品设计风格，常常和以往的产品形象有所不同，而消费者则热情期待该品牌推出新款产品。

　　激进创意思想指导着阿莱西设计体系的各个环节，特别是吸收并运用东方文化所产生的令人惊喜的效果。如意大利设计师史蒂凡诺·乔凡诺尼，根据中国故宫设计出的主题为"清宫系列"的胡椒盐罐、厨房计时器等系列产品，以一种诗性手法，做到了餐桌上的文化延伸。从这个例子可以看出，阿莱西在打文化牌的同时，其品牌作用也彰显出来（见图 7.58）。

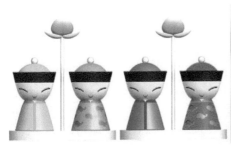

（a）"清宫系列"胡椒盐罐

图 7.58　清宫系列

（b）"清宫系列"厨房计时器

图7.58　清宫系列（续）

与众不同的是阿莱西能结合所谓的高级艺术和低价艺术、奢华和简朴，形成多层次的大众化品味。它所使用的形状、色彩、材料都给人轻松愉快、好玩的感觉，以感性诉求吸引消费人群，而非实用功利。在实际产品上市前，会安排一系列展览，公开发表原型，说明其中所蕴含的概念，以期让更多人了解。

阿莱西突破传统设计方法，不单单从市场着眼，而是着重思考品牌的意义和角色，定义产品后再考虑外形设计。因此，真正吸引人的是阿莱西对品牌的定位与坚持，并非为设计而设计、为生产而设计，而是为设计而生产，是来自想要寻找更受人喜欢的、实用的、体贴的产品，同时富有美感和出人意料的创意。因此，阿莱西的每件产品都具有强大的吸引力，品牌的作用尽情释放出来。

2. 向经典文化靠拢

世界上有许多知名大公司，无论是对品牌还是产品，都努力提升其文化品味，这也是一种品牌战略。一切仿佛都在表明，设计作为科学技术与艺术结合的文化形态，将与绘画、雕塑一样成为经典文化组成部分。博拉尔特曾提出："哪种艺术好？是你要买票和花时间去大城市中的大博物馆里看的巨幅绘画，还是每时每刻你都可以触摸和摆弄的盘子、杯子、茶托和器皿？"阿莱西也正是抓住了这一点而引起消费者的购买欲望，从而做到了不断扩大市场份额，随着产品中文化附加值的增加，其品牌的地位也越来越坚固，很好地完成了价值的转换。

正如阿莱西的掌门人 Alberto Alessi 在 2003 年写的《The Dream Factory:Alessi Since1921》一书中表示："真正的设计是要打动人的，它能传递感情，勾起回忆，给人惊喜，好的设计就是一首关于人生的诗，它会把人们带入深层次的思考境地。"在 Alberto 的眼里，阿莱西已经不止是一种工业产品，而是一件件"艺术品"（见图7.59）。

图 7.59　阿莱西的产品是不折不扣的艺术品

从阿莱西的品牌作用发挥的同时,也清楚地看到了它成功的秘诀——始终应用最先进的技术,用多元文化的力量,不断颠覆自身的创造能力,成功地运用独特的品牌战略,创造了骄人的成绩。

7.5.3　设计师的表现促使品牌形象具体化

阿莱西最为独特之处,在于其发展方向顺应当今工业生产需求,同时也顾及产品设计赋予人们的精神能量,更像是一个从事应用艺术的创意实验室。多年来,阿莱西先后与两百多位设计师合作,其中极具名气的大师有意大利的亚力山士·门迪尼(Alessandno Mendin)、阿切勒·卡斯蒂格利奥尼(Achille Castiglion)、史蒂凡诺·乔凡诺尼(Stefano Giovannoni)、德国的理查德·沙伯(Riehard Sapper)、美国的迈克尔·格雷夫斯(Michael Graves)和法国的菲利普·斯塔克(Philippe starck)。

设计师是由一个专业概念形成的品牌战略伙伴,正因为有众多大师合作,阿莱西奉献给世人的每一件作品都堪称经典。设计师个人的表现,明确清晰地使品牌形象具体化,只要新的阿莱西产品目录一出来,便会引来无数的 Fans,有的人甚至成了阿莱西产品的收藏家。设计师超凡的想象力是阿莱西的一个最明显的特征,例如,史蒂凡诺·乔凡诺尼,他是意大利的顶级设计师,也是一位色彩大师,明快的色彩在他的手中具有一种魔力,他曾经为阿莱西设计过许多彩色商品,每一件都会出现在时尚杂志,给当今生活美学很多质感,他为阿莱西设计的名为"独眼精灵"的开罐器,如图 7.60 所示。

图 7.60　"独眼精灵"开罐器

　　这一头怪兽只有一只眼睛和一条腿，是独立行走的精灵，只需简单地转动它的大眼睛便可以打开圆形铁罐的盖子，其产品极具个性，充满了时尚之感。另一位设计大师菲利普·斯塔克，人称设计鬼才。他的语录是"梦想比设计更伟大"。他在全球设计界享有极高声望，与它的名字同时出现的是一件件新奇古怪的设计作品。从那为人称颂的蜘蛛形柠檬榨汁器，到充满未来文明色彩的香港半岛酒店Felix酒吧等，渗透着这位疯狂的表现欲超群的设计大师的非凡才能。他精彩而脱俗的创意，一次次地让世人惊叹而又匪夷所思。像后来成为阿莱西最畅销的柠檬榨汁器，它的艺术价值已经超出了它的实用价值。与其说它是一件生活用品，不如说它更像一件雕塑艺术品，因而受到许多人的喜爱并被收藏（见图7.61、图7.62）。

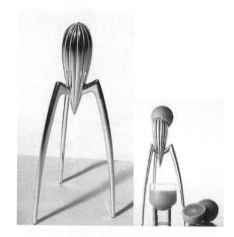

图7.61　蜘蛛形柠檬榨汁器

图7.62　香港半岛酒店Felix酒吧

　　这些设计大师引领着家居产品设计的时尚潮流。消费社会中人的欲望不断被流行的时尚所引导，明显的一种现象是鼓励消费者消费一些原来对生活没有太大意义，但能给人带来愉悦的物品，并为之乐此不彼，人的消费欲望得到极大的满足。阿莱西正是通过设计师的风格激发了消费群体对其产品的追捧热情，满足了某一层次消费者的欲望。由于设计师的个人表现，阿莱西的产品外观不仅成为功能的载体，而且成为某种文化意义的载体，设计向产品融入了更多的价值属性。阿莱西产品的经典特性，被人誉为日用品中的奢侈品。沃夫冈·拉茨勒在畅销书《奢侈带来富足》中这样定义奢侈："奢侈是一种整体或部分人被各自的社会认为是奢华的生活方式，大多由产品或服务决定。"沃夫冈·拉茨勒将之形容为是一种将有形的产品与精神价值、产品形象和品牌融为一体的整体感。这是一种消费文化的认同，因此，阿莱西的设计使品牌形象具体化，而其品牌文化也是一种生活方式和习惯。

　　可以看到当品牌成为一种精神、一种文化时的强大力量。总之，崇尚多元文化表现，设计师创意无限、创意生活是阿莱西设计艺术的主要特征，也是阿莱西塑造品牌的重要手段。

参考文献

[1] 宁绍强. 产品形象设计. 北京：化学工业出版社，2008

[2] 从 I'm lovin' it 到 Choose Lovin' 麦当劳推全球新主张，http://www.wtoutiao.com/a/1295354.html

[3] 日本可口可乐时隔 8 年推出新品牌，http://www.logonews.cn/2015012907344761.html

[4] 女性开胃酒的品牌 VI 设计，http://www.wtoutiao.com/p/gbb6tp.html

[5] 海澜之家羽绒服"多一克温暖"，http://home.qu-zhou.com/romon/3475.html

[6] 一个模块化的壁挂网格一个万用收纳，http://t.sohu.com/20150506/n412469611.shtml

[7] 英菲尼迪立足未来谈美，http://news.cheshi.com/seller/4667515.html

[8] 创意 Pipo 木椅设计，http://www.k1982.com/design/810424.htm

[9] 设计师 Eneida Tavares 的创意草编与陶瓷艺术赏析，http://www.zhengjimt.com/zydq/sjzydq/gongye/39825.html

[10] BMW iDrive 引领现代人车交互科技发展，http://newcar.xcar.com.cn/handan/201501/news_1745873_1.html

[11] 北欧风格设计的传统与创新－丹麦设计品牌 Muuto，http://site.douban.com/108148/widget/notes/164013/note/203737187

[12] 喝可乐的小鲜肉们，已经不关心郭富城和古天乐了，http://www.adquan.com/index.php/post-4-30728.html

[13] MUJI：MUJI Life 不如像广告里那样生活吧，http://www.digitaling.com/projects/14650.html

[14] 模仿中求特色—顶级茶品牌"TWG TEA"的成功之道，http://www.chinadaily.com.cn/hqcj/xfly/2015-01-13/content_13032253.html

[15] 富士怎样转型为"化妆品公司"，http://finance.sina.com.cn/360desktop/leadership/mroll/20150513/171322172447.shtml

[16] Bang & Olufsen 推出 90 周年纪念系列，http://www.neeu.com/news/2015-03-09/54244.html